Versuch
einer
allgemeinen Theorie
der
analytischen Facultäten,
nach
einer neuen Entwickelungs-Methode;
vorbereitet
durch einen Versuch einer critischen
Untersuchung
über
die Potenzen, Logarithmen und
Exponential-Grössen
und
begleitet von Bemerkungen und Erörterungen,
die
Theorie der Winkel-Functionen
betreffend;

von

Dr. A. L. Crelle,

Königl. Preuss. Geheimen Ober-Baurathe.

Preférez-donc toujours dans l'enseignement les méthodes générales, attachez-vous à les présenter de la manière la plus simple, et vous verrez en même temps qu'elles sont presque toujours les plus faciles.

Laplace.

Berlin, 1823.
Gedruckt und verlegt
bei G. Reimer.

Vorrede.

Der Hauptgegenstand dieses Buchs sind allgemeine Entwickelungen und eine allgemeine Theorie der analytischen Facultäten für jeden beliebigen Werth des Exponenten. Diese Entwickelungen sind bis jetzt, strenge genommen, erst für den Fall vorhanden, wenn die Exponenten ganze Zahlen, oder wenn die Facultäten, Producte äquidifferenter Factoren sind. Allgemeine Ausdrücke der Facultäten, für beliebige Exponenten, fehlen noch. Man ſindet zwar Anwendungen und Erweiterungen der für Producte äquidifferenter Factoren vorhandenen Ausdrücke auf den Fall anderer, als ganzzahliger Exponenten; allein, werden die Ausdrücke ohne weitern Beweis allgemein genommen, so ist man bei diesem Verfahren vor der, mit Schlüssen vom Besondern auf das Allgemeine verbundenen Gefahr, zu irren, nicht sicher. Sucht man dagegen den Uebergang zum Allgemeinen zu rechtfertigen, so muss man, so lange man Facultäten, allgemein für Producte von Factoren nimmt, nothwendig auf grosse, und vielleicht unübersteigliche Schwierigkeiten stossen, weil Facultäten, mit andern als ganzzahligen Exponenten, wirklich nicht Producte von Factoren sind, sondern den Facultäten die Eigenschaft, als Producte darstellbar zu sein, vielmehr nur in dem Falle ganzzahliger Exponenten ausschliesslich, keineswegs aber allgemein zukommt. Diese Schwierigkeiten sind hier dadurch zu heben versucht worden, dass die Theorie, mit ihren Entwickelungen, gar nicht von besondern Fällen, sondern gleich von allgemeinen Ausdrücken ausgeht und also der missliche Uebergang vom Besondern zum Allgemeinen gar nicht, sondern nur umgekehrt, der sichere Uebergang vom Allgemeinen zum Besondern Statt findet.

Als Einleitung dient dieser Facultäten-Theorie, welche den zweiten Abschnitt der gegenwärtigen Schrift ausfüllt, eine allgemeine, auf ähnliche Art abgehandelte Theorie der Potenzen, Logarithmen und Exponential-Grössen, im ersten Abschnitte. Auch bei dieser Theorie ist durch eine allgemeinere Behandlung diejenige Schwierigkeit zu heben versucht worden, welche bekanntlich bei dem Uebergange vom Besondern zum Allgemeinen, auch hier, besonders bei dem binomischen Lehrsatze, nicht minder gross ist. Die gegenwärtige Theorie der Potenzen ergab sich aus der Theorie der Facultäten von selbst, weil Potenzen, im allgemeinsten Sinne, nichts anders sind, als

Facultäten, für den einzelnen, besonderen Fall, wenn die Differenz der Facultät Null ist. Die durch den nothwendigen Zusammenhang der Potenzen mit den Facultäten herbeigeführte Gelegenheit ist benutzt worden, um Bemerkungen über eine *critische* Behandlung dieser Gegenstände zu machen und eine *systematische* Aufstellung der Entwickelungeǹ zu versuchen.

Den Beschluss der Schrift machen, im dritten Abschnitte, Bemerkungen über den wahren analytischen Zusammenhang der sogenannten Winkel-Functionen mit den Potenzen, und ein Versuch, die bekannten, bei den Ausdrücken einer beliebigen Potenz eines Cosinus oder Sinus durch die Cosinus und Sinus der vielfachen Winkel und des Cosinus und Sinus vielfacher Winkel durch die Cosinus und Sinus der einfachen Winkel vorkommenden Paradoxen, welche bis jetzt nicht ganz erklärt sind, und deren Erklärung ich für die Potenzen der Cosinus und

Sinus in meiner deutschen Ausgabe der mathematischen Werke von Lagrange, Berlin bei Reimer 1823, im zweiten Bande Seite 162. etc. versuchte, noch zu berichtigen und allgemeiner und einfacher vorzutragen.

Das Rechnungs-Mittel für die sämtlichen gegenwärtigen Entwickelungen der Facultäten, und folglich auch der Potenzen und Winkel-Functionen, ist die Entwickelungs-Formel in §. 54. etc. welche allgemeiner ist, als der Taylorsche Lehrsatz, der nur einen einzelnen besondern Fall derselben ausmacht und die ich deshalb *allgemeinen Taylorschen Lehrsatz* nenne.

Vermittelst dieses allgemeinen Taylorschen Lehrsatzes ist es möglich, die Facultäten eben so leicht und einfach zu entwickeln, wie jede andere einfachere analytische Grösse.

Dieser Satz scheint besonders deshalb wichtig zu sein, weil derselbe nicht allein, seiner Einfachheit wegen, recht eigentlich den ersten Elementen angehört, sondern auch, die schwierigsten Fälle eben so einfach umfassend, zugleich die letzte Schwierigkeit der Begründung der sogenannten Differential- und Integral-Rechnung hebt. Ein einzelner Beweis seiner Wirkung ist die Anwendung desselben auf den binomischen Lehrsatz §. 58. dessen Beweis durch ihn diejenige Allgemeinheit, Klarheit und Einfachheit erhält, welche für die Elemente noch zu wünschen waren.

Noch wichtiger aber dürfte die *Allgemeinheit* der Behandlung analytischer Aufgaben überhaupt sein, welche der gegenwärtigen kleinen Schrift eigen zu machen gesucht worden. Ich habe während des Drucks derselben, weiter rückwärts, über die Potenzen hinaus, auch die ersten Elemente der Analysis, welche bekanntlich, wie überall in der Mathematik, an Schwierigkeit den verwickeltesten Aufgaben gleichen, einer ähnlichen Untersuchung zu unterwerfen und die bessere Aufklärung,

auch

auch der Elemente zu finden gesucht und ich glaube, dass es möglich ist, auf dem allgemeinen Wege, auch hier zum Ziele zu kommen. Gelänge solches, so würde es möglich sein, die Entwickelungen der Analysis von den noch so häufig darin vorkommenden viciösen Uebergängen vom Besondern zum Allgemeinen zu befreien, ihren Sätzen ihre wahre Bedeutung und Stelle zu geben und sie in ein natürliches System zu bringen; was für diese Wissenschaft noch zunächst zu wünschen sein möchte. Ich werde gelegentlich, in so fern es meine Amts-Geschäfte erlauben, weitere Bemerkungen über diesen Gegenstand mittheilen.

Da die gegenwärtige Schrift, wegen der Wichtigkeit der möglichsten Allgemeinheit der Behandlung analytischer Gegenstände, durch welche, nach meiner innigsten Ueberzeugung, allein bedeutende Fortschritte möglich sind, nur besonders dann ihren vorzüglichsten Nutzen erreicht, wenn sie dazu beiträgt, auf die Wichtigkeit dieser Allgemeinheit aufmerksam zu machen, so lege ich auch nicht sowohl auf die einigen, vielleicht neuen Formeln und Ansichten, die die Schrift enthalten mag, sondern nur darauf einigen Werth, dass sie möglicherweise zu jenem Zwecke dienen kann und wünsche, in diesem Sinne, sie gleichsam als ein Beispiel zu der wichtigen Regel betrachtet zu sehen, welche, in der bescheidenen Form eines guten Raths, das Motto auf dem Titel ausspricht.

Berlin, im Januar 1823.

Crelle.

Erster Abschnitt.

Von den Potenzen, Logarithmen und Exponential-Grössen.

1.

Die folgenden Bemerkungen über die Potenzen, Logarithmen und Exponential-Grössen entstanden durch die Bemühung, die Theorie der sogenannten Facultäten oder Factoriellen, welche bekanntlich noch ziemlich neu und streng genommen erst für ganzzahlige Exponenten, oder für den Fall vorhanden ist, wenn die Facultäten Producte von Factoren sind, welche eine arithmetische Reihe erster Ordnung bilden, allgemein zu machen und auf beliebige Exponenten auszudehnen.

Da sich bei dieser Untersuchung der innige Zusammenhang der Facultäten mit den Potenzen, im allgemeinen Sinne genommen, zeigte, so fand sich, dafs, ehe die Theorie der Facultäten systematisch festgestellt werden könne, eine gleiche systematische Feststellung der Lehre von den Potenzen, Logarithmen und Exponential-Grössen, welche Grössen bloss einem besondern Falle der Facultäten angehören, nothwendig sei, so dass den Bemerkungen über Facultäten erst eine weitere Untersuchung über die Theorie der Potenzen, Logarithmen und Exponential-Grössen vorhergehen müsse.

2.

Man könnte zwar diese Untersuchung deshalb für wenig nützlich halten, weil sie einen Gegenstand betrifft, den man schon so vielfältig und in allen Lehrbüchern, selbst in den Elementen, abgehandelt findet. Es ist indessen leicht zu zeigen, dass in der That doch noch Einiges dabei nachzuholen sei.

Erstlich nemlich muss man gestehen, dass selbst die Definition der Grössen, von welchen man handelt, nicht ganz deutlich ist. Als Producte gleicher Factoren nemlich lassen sich offenbar Potenzen allgemein nicht ansehen. Denn wenn der Exponent z. B. ein Bruch ist, so ist die Potenz wirklich nicht mehr ein Product gleicher Factoren und um so weniger, wenn der Exponent eine transcendente oder unmögliche Grösse ist. Dass Potenzen mit gebrochenen Exponenten nicht sowohl Producte, sondern umgekehrt Factoren sind, lässt sich wiederum nicht von transcendenten und imaginairen Grössen sagen. Man unterscheidet zwar zuweilen Dignitäten von Potenzen, allein dieser Unterschied ist dunkel, so lange man von Producten gleicher Factoren ausgeht. Es fehlt also an einer umfassenden, für alle Fälle passenden Erklärung dessen, was unter Potenzen zu verstehen.

Nicht anders verhält es sich mit den Logarithmen. Die Erklärung als Stellenzahlen einer arithmetischen Reihe, die einer geometrische Reihe der Logarithmanden correspondirt, ist nur für ganze Zahlen deutlich. Für andere Zahlen setzt sie ein Interpolations-Verfahren voraus, welches selbst erst wieder auf der Lehre von den Potenzen beruht. Die Erklärung als Exponenten von Potenzen aber beruht erst auf der der Potenzen. Auf den Begriff der Exponential-Grössen hat der Begriff der Potenzen ebenfalls unmittelbaren Einfluss. Die Definitionen in der Lehre von den Potenzen, Logarithmen etc. sind also in der That noch nicht vollkommen deutlich.

Zweitens fehlt es gewöhnlich den Sätzen und Entwickelungen von Potenzen, Logarithmen und Exponential-Grössen an demjenigen innern Zusammenhange, der ihnen ihrer Natur nach eigen ist, also der Theorie an System. Bald nemlich entwickelt man Potenzen erst für ganze positive Exponenten, etwa combinatorisch, oder auch durch eine Art von Induction und geht dann weiter zu Potenzen mit negativen und gebrochenen Exponenten, synthetisch über, wobei aber mit den transcendenten und imaginairen, oder anderen beliebigen Exponenten nicht eben so strenge verfahren wird; oder man macht die Entwickelung durch Differential-Rechnung, was wenigstens nicht elementar ist. Die Entwickelung der Logarithmen und Exponential-Grössen handelt man gewöhnlich nicht elementar ab, sondern verweiset sie in die Differential- oder Functionen-Rechnung, obgleich die

Von den Potenzen, Logarithmen

Aufgabe von denselben durchaus nichts anders ist, als die umgekehrte Aufgabe von den Potenzen. Die mehr elementare Entwickelung der Logarithmen durch eine Art von Interpolation setzt stillschweigend eine Definition der Potenzen voraus, die gewöhnlich nicht ausgesprochen wird und auf Logarithmen mit negativen oder imaginairen Basen, oder auch auf Logarithmen imaginairer Logarithmanden passet sie nicht. Der innige Zusammenhang zwischen Basis oder Wurzel, Logarithmen oder Exponenten und Potenz oder Logarithmanden, so wie eine gleichförmige Behandlung dieser Grössen findet man gewöhnlich nicht. Die Lehrsätze stehen hier isolirter und ungleichförmiger da, als es sein sollte und zur Einsicht gut ist.

Drittens werden auch die hierher gehörigen Entwickelungen gewöhnlich, wenn man will, nicht vollständig gegeben. Die Aufgabe nemlich handelt von drei Grössen; Basis oder Wurzel, Exponent oder Logarithme und Potenz oder Logarithmand. Sie besteht zunächst darin; aus zwei von diesen drei Grössen die dritte zu finden. Nun entwickelt man gewöhnlich nur die Potenz aus der Wurzel und dem Exponenten, die Exponential-Grösse oder den Logarithmanden aus der Basis und dem Logarithmen, und den Exponenten oder Logarithmen aus der Basis und dem Logarithmanden; allenfalls auch noch die Wurzel aus der Potenz und dem Exponenten; welches vier Entwickelungen sind. Es sind aber *sechs* Entwickelungen möglich, weil jede der drei Grössen aus den beiden andern auf zwei verschiedene Arten gefunden werden kann; also bleiben einige der vorkommenden Entwickelungen unberührt.

Zusammengenommen wäre also noch nöthig

1) die Definition der Theorie der Potenzen, Exponential-Grössen und Logarithmen deutlicher zu machen,

2) bei den Entwickelungen den Zusammenhang der Grössen unter einander strenger zu beachten, und die Entwickelungen elementar und ohne Hülfe fremder Sätze auszuführen und

3) dieselben zu vervollständigen.

Wir wollen dieses elementar, und da es besonders auf die Facultäten abgesehen ist, insbesondere so versuchen, wie es die Rücksicht auf diesen Zweck erfordert. In diesem Sinne soll zunächst nicht von der Vieldeutigkeit der vorkommenden Ausdrücke, die durch die imaginairen Grössen entstehet, welche die Ausdrücke in ihrer allgemeinen Form noch enthalten können, sondern nur zunächst von den reellen Werthen der Grössen die Rede sein. Deshalb wird auch vom Anfange nicht von den Winkel-Functionen, die insbesondere den Beitritt der imaginairen Grössen hervorbringen, die Rede sein. Denn die Winkel-Functionen sind zwar im gewissen Betracht eben so innig mit den Potenzen, Logarithmen und Exponential-Grössen verbunden, wie diese selbst unter einander, allein sie sind in anderem Betracht auch wieder nur besondere Fälle der Potenzen und wir kommen darauf erst später.

Man kann im allgemeinen, bei dieser Untersuchung, in so fern man auf schon vorhandene Resultate kommt, noch sagen, dass es wenigstens unnütz sei, *Resultate*, die schon oft und auf vielerlei Art gefunden sind, noch einmal entwickeln zu wollen, weil es im Gegentheil weit mehr auf neue Resultate ankomme, um in der Wissenschaft fortzuschreiten. Eine solche Bemerkung wäre aber nicht in dem Geiste und Sinne der Wissenschaft. Schon mit dem Weiterkommen selbst sieht es misslich aus und man wäre auf Zufall und Glück beschränkt, wenn man zusammengehörige Aufgaben nach Willkür und verschiedenartig behandeln wollte und der nothwendige Zusammenhang der Sätze, wo ein solcher Statt findet, nicht völlig klar wäre. Es ist in der That keinesweges gleich viel, wie man zu Resultaten gelangt. Nur diejenigen Auflösungen sind die besten, welche selbst wiederum die Keime zu neuen Auflösungen enthalten, und welche sich gleichsam bewusst sind, warum sie so und nicht anders geschehen. Diejenigen, welche für sich dastehen, sind in der Regel unfruchtbar und öde. Nur dann erst gelangt die Wissenschaft zu einem, weniger dem Zufall überlassenen Gedeihen, wenn sie die Methoden, durch welche sie zu ihren Resultaten gelangt, einer eben so strengen Untersuchung unterwirft, wie die Entwickelungen und Beweise der Resultate selbst. Resultate allein können höchstens dann eine vorherrschende Wichtigkeit haben, wenn irgend eine Kunst oder Gewerbe, oder irgend ein Lebensbedürfniss Rath und Hülfe bei der Mathematik sucht. Allein auch schon um an Rath und Hülfe reich zu sein, hat Diese Ursach, für ein weniger zufälliges, bestimmteres Gedeihen zu sorgen. Und noch bei weitem wichtiger ist bei den Entwickelungen das *Wie* in Rücksicht des höheren Zweckes der Mathematik, der allgemeinen Verstandes-Bildung. Sie ist wenig zu diesem höheren Zwecke geeignet, wenn eine genaue Untersuchung des Zusammenhanges der Sätze und logische Regelmässigkeit der Entwickelungen fehlt. Es würde nur eine mangelhafte und selbst verfehlte Uebung der Denkkräfte entstehen, wenn man diese Kräfte bloss dazu anwenden wollte, Sätze zu entwickeln, ohne den tiefern Sinn der Wissenschaft, nemlich ohne nachzuweisen, wie dieselbe vollständig wie in einem Keime im Verstande liegt und nur der Anregung bedarf, um sich selbst, aus sich heraus, ins Unendliche fort zu entwickeln. Die Denkkraft würde an solchen einzelnen Sätzen gleichsam aufgerieben und also nicht gestärkt, sondern vielmehr verschwendet werden, wovon Beispiele den Beweis geben. Man nennt dann die Mathematik mit Recht schwer. Sie ist es in der That überall, wo es ihr an innerem Zusammenhange fehlt und der Verstand sich nicht durch sich selbst allein fortbewegt, sondern der Zusammenhang der Schlüsse überall durch Auswendiglernen unterbrochen werden muss. Die Mathematik wird in einem solchen Zustande einem gesunden, frei sich bewegenden Verstande zu einer Last, die ihn drückt und abmattet, anstatt ihn zu erfreuen und zu stärken. Wahrlich! so lange diese Wissenschaft nur eine Sammlung von einzelnen Sätzen sein will, mögen diese noch so tief und sinnreich sein, ist sie nicht Lehre und Beispiel auf dem Wege zur Wahrheit, sondern vielmehr Lehre und Beispiel einer sinnreichen Verwirrung. Erst durch die *Kunst der Wissenschaft*, wenn der Ausdruck erlaubt ist, erst gleichsam durch die Critik ihres Wesens wird sie wirklich zur Wissenschaft und man muss gestehen, dass ihr dieser wichtige Theil noch fehlt, wenigstens pflegt derselbe in den Lehrbüchern noch wenig sichtbar zu sein, so klar er auch sonst den Mathematikern vorschweben mag.

Aus diesen Rücksichten scheint der gegenwärtige Versuch einer solchen critischen Behandlung an dem vorliegenden Gegenstande entschuldigt.

Versuch einer systematischen Theorie der Potenzen, Logarithmen und Exponential-Grössen.

3.

Das nächste was zu verlangen, ist eine bestimmte Erklärung, Benennung und Bezeichnung des Gegenstandes von welchem die Rede ist.

Definition der Potenzen, Logarithmen und Exponential-Grössen.

Dass man Potenzen nicht allgemein als Producte gleicher Factoren betrachten kann, ist schon oben bemerkt. Wenn nemlich u irgend eine Zahl bedeutet, so haben z. B. $u^{\frac{1}{2}}$ oder $u^{\frac{2}{3}}$ als Producte gleicher Factoren gar keinen Sinn, weil man eine Grösse nicht $\frac{1}{2}$ oder $\frac{2}{3}$ mahl mit sich selbst multipliciren kann und die Erklärung passet allein dann, wenn der Exponent eine ganze positive Zahl ist. Indessen giebt der Fall, in welchen Potenzen durch blosse Multiplikation entstehen, *Anlass* zu dem allgemeinen Begriffe dieser Grössen und dem Algorithmus derselben.

Man setze nemlich, man sei übereingekommen ein Product z von y gleichen Factoren u, wo y irgend eine ganze positive Zahl und u eine beliebige Zahl bedeutet, also die Grösse

$$\overset{1}{u} \cdot \overset{2}{u} \cdot \overset{3}{u} \ldots \ldots \overset{y}{u} = z,$$

wo die übergeschriebenen kleinen Zifern bloss die Ordnungs-Zahlen der Factoren bedeuten, durch

$$u^y = z$$

zu bezeichnen, so lassen sich, wie leicht zu sehen, die Eigenschaften welche ein solches Product gleicher Factoren hat, wenn k irgend eine andere positive ganze Zahl ist, auf folgende Weise ausdrücken

$$1.\quad u^{y+k} = u^y . u^k$$

$$2.\quad (uk)^y = u^y . k^y \text{ und}$$

$$3.\quad (u^y)^k = u^{yk}$$

$$4.\quad u^1 = u;$$

denn es ist

erstens $\overset{1}{u}.\overset{2}{u}\ldots\overset{y}{u} \times \overset{1}{u}.\overset{2}{u}\ldots\overset{k}{u} = \overset{1}{u}.\overset{2}{u}.\overset{3}{u}\ldots\overset{y+k}{u}$

zweitens $\overset{1}{uk}.\overset{2}{uk}\ldots\overset{y}{uk} = \overset{1}{u}.\overset{2}{u}\ldots\overset{y}{u} \times \overset{1}{k}.\overset{2}{k}\ldots\overset{y}{k}$

drittens $(\overset{1}{u}.\overset{2}{u}\ldots\overset{y^1}{u})(\overset{1}{u}.\overset{2}{u}\ldots\overset{y^2}{u})\ldots(\overset{1}{u}.\overset{2}{u}\ldots\overset{y^k}{u}) = \overset{1}{u}.\overset{2}{u}.\overset{3}{u}\ldots\overset{y^k}{u}$

viertens $u^1 = u$

Nun hindert Nichts, *willkürlich* eine unbekannte Grösse z, *unter den nemlichen Bedingungen*, auch dann zu *suchen* und zu entwickeln, das heisst, ihren Werth durch u und y, und dann auch vielleicht umgekehrt y durch u und z, oder u durch y und z, kurz eine der *drei* Grössen u, y und z durch die beiden übrigen für den Fall auszudrücken, wenn y nicht bloss eine ganze positive, sondern allgemein irgend eine beliebige negative, oder gebrochene, oder transcendente, oder imaginaire etc. Zahl, kurz irgend eine beliebige Grösse ist. Verrichtet man diese

Entwickelung so, dass sie durchaus nicht von der Natur der Grösse y abhängt, sondern Statt findet, y mag sein was man immer will, so muss zugleich Alles was man findet von selbst auch für den obigen Fall passen, wenn y eine ganze positive Zahl ist, weil diesen Fall die allgemeine Bedeutung von y nicht ausschliesst. Will man also, willkürlich, eine von zwei andern beliebigen Grössen abhängige Grösse, unter der Bedingung, dass sie für den Fall, wenn das eine der beiden Elemente eine ganze Zahl ist, in ein Product gleicher Factoren übergeht, voraussetzen und dieselbe *Potenz* nennen, so darf man ihr nur die nemlichen Eigenschaften beilegen, die einem Producte gleicher Factoren zukommen und ihren Werth darnach entwickeln. *Ob eine solche vorausgesetzte Grösse existire, das heisst, ob ausser Producten gleicher Factoren noch andere Grössen existiren, welche die nemlichen Eigenschaften haben, wie diese, zeigt die Entwickelung selbst, ob sie nemlich, wenn der Exponent keine ganze Zahl ist, etwas Mögliches oder auch nur etwas Bestimmtes giebt, oder nicht.* Ist das was man findet auch nur *bestimmt*, so giebt es, vorausgesetzt dass die Entwickelung richtig ist, nothwendig Grössen wie die vorausgesetzte, weil die entwickelten und die unentwickelten Grössen nothwendig gleichzeitig existiren.

Hiervon ausgehend kann man von Potenzen folgende bestimmte Definition aufstellen.

Es bezeichne $f(u, y)$ oder u^y eine Grösse die von den beiden beliebigen Grössen u und y auf eine noch

Definition der Potenzen,

unbekannte Weise, jedoch so abhängt, dass wenn $f(u, k)$ oder u^k eine Grösse bedeutet, die auf die nemliche Weise von den beiden beliebigen Grössen u und k abhängt, so dass das Zeichen f oder die Stellung der Grössen wie u^y und u^k etc. immer genau die nemliche Abhängigkeit bezeichnet, so wird Potenz diejenige noch unbekannte Grösse genannt, welche die vier Eigenschaften hat dass

5. $f(u,y) \times f(u,k) = f(u,y+k)$ oder $u^y . u^k = u^{y+k}$
6. $f(u,y) \times f(k,y) = f(uk,y)$ oder $u^y . k^y = (uk)^y$
7. $[f(u,y), k] = f(u,yk)$ oder $(u^y)^k = u^{yk}$
8. $f(u,1) = u$ oder $u^1 = u$

ist.

Die Willkür bei dieser Definition geht keinesweges über Dasjenige hinaus, was die Natur der Sache zulässt, denn überall wo Potenzen, in der *allgemeinen* Form, ohne Rücksicht auf die Zahlenwerthe der Grössen, von welchen sie abhängen, vorkommen, müssen sie nothwendig in dem Falle der vorigen Grundbedingungen (5, 6, 7, 8.) sein, wenn sie Potenzen sein sollen. Oder, umgekehrt: man *nennt* nur solche Grössen Potenzen, die die Grundbedingungen vollständig erfüllen. Entsprechen sie den Bedingungen nicht, so ist gar nicht von Potenzen, sondern von irgend etwas Anderm die Rede. Die Grundbedingungen sind nichts anders als die *Kennzeichen* der Potenzen, oder derjenigen Grössen, auf welche man ihre Entwickelung und übrigen etwa noch aus den Grundbedingungen gefolgerten Eigenschaften anwenden darf. Man kann es als eine allgemeine Bedingung betrachten, dass man das, was man unter dem Worte Potenz versteht, nur unter diesen Bedingungen in die Rechnung einführen darf.

Von dem Begriffe eines Products gleicher Factoren geht übrigens der Begriff der Potenz nicht aus. Dieser *veranlasst* nur den allgemeineren Begriff und es folgen nicht aus den Eigenschaften der Producte gleicher Factoren die Eigenschaften der Potenzen, sondern aus diesen folgt umgekehrt, dass wenn in der Potenz u^y die Grösse y eine ganze Zahl ist, die Grösse u^y als ein Product gleicher Factoren, oder durch $y$mal wiederholte Multiplication mit u gefunden werden kann.

Ueberall aber, wo es nicht auf die Zahlenwerthe einer Grösse wie u^y, sondern bloss auf ihre Eigenschaften, das heisst auf die Art und Regel ihrer Verbindung mit ähnlichen und andern Grössen ankommt, ist *nie* von einer wiederholten Multiplication mit der Grösse u die Rede, sondern nur von den durch die Grundformeln (5, 6, 7, 8) ausgedrückten Bedingungen, die für die Fälle, wenn y eine ganze und eine beliebige Zahl ist, gemeinschaftlich Statt finden. So lange es nur auf die allgemeine Form einer Grösse, wie y, oder auf ihr Vorkommen unter den Bedingungen (5, 6, 7, 8.) ankommt, findet kein Unterschied Statt, y mag eine ganze Zahl sein, oder nicht. Erst wenn von dem *Zahlenwerthe* von y die Rede ist, ist der Unterschied der Fälle eines ganzzahligen, oder eines willkührlichen y wesentlich, weil alsdann im ersten Fall u^y durch wiederholte Multiplication mit u berechnet werden kann, im letzten nicht. Dieser Unterschied zeigt sich dann auch an dem Umstande noch deutlicher, dass, im Fall y eine ganze Zahl ist, u^y immer nur einen einzigen Zahlenwerth hat, hingegen wenn y ein Bruch oder eine andere Grösse ist, mehrere und selbst unendlich viele Werthe haben kann. Man hat, wenn man von der *allgemeinen* Entwickelung ausgeht und daraus die Regeln für die Berechnung des Zahlenwerthes von u^y allgemein sucht, den Vortheil, dass der Unterschied der beiden Fälle verschwindet und die nemliche Regel, welche den Zahlenwerth von u^y für ein beliebiges y giebt, nothwendig auch den Werth für ein ganzzahliges y geben muss, weil die allgemeine Entwickelung den besonderen Fall mit umfasst. Verfährt man anders und versucht von dem besonderen Falle zu dem allgemeinen aufzusteigen, so kann man ohne neue willkürliche Voraussetzungen nicht zu einem allgemeinen Ausdrucke gelangen, weil allgemein u^y wirklich nicht ein Product gleicher Factoren, wie für den besondern Fall, ist.

Es ist zwar vollkommen richtig, dass alles Rechnen am Ende auf Addition, Subtraction, Multiplication und Division hinauskommt, aber für die beiden Fälle der Grösse u^y, wenn y eine ganze und eine beliebige Zahl ist, findet der *wesentliche* Unterschied Statt, dass im ersten Falle der Zah-

lenwerth

lenwerth von u^y durch Multiplication allein, im letzten Falle nur durch die vier Rechnungsarten zusammen gefunden werden kann, nemlich durch Reihen. Die Grösse u^y mit einem ganzzahligen y ist allemal nur ein einzelner, besonderer, der allgemeinen Bedingung für u^y ebenfalls genugthuender Fall des allgemeinen Ausdrucks u^y; ungefähr wie der Begriff einer graden Linie ein einzelner Fall des Begriffs einer Linie überhaupt ist. In diesem Sinne kann man sagen, dass eine Potenz, wie u^y, die erste Art einer abhängigen Grösse ist, welche unter Summe, Unterschied, Product oder Quotienten allgemein nicht gehört, die aber die Eigenschaft hat, in ein Product überzugehen, wenn y eine ganze Zahl ist.

Uebrigens lässt sich aus der Definition leicht der bekannte Umstand nachweisen, dass man Grössen, die nicht sowohl Producte gleicher Factoren sind, sondern, selbst erst als Factoren betrachtet, durch wiederholte Multiplication mit sich selbst, eine andere gegebene Grösse, oder ein wiederholtes Product geben, namentlich *Wurzeln*, als Potestäten mit gebrochenen Exponenten schreiben muss. Denn wenn man z. B. eine Grösse z hätte, von welcher bekannt wäre, dass sie, m mal mit sich selbst multiplicirt, eine andere Grösse u ausmacht, so wäre, wenn man z durch fu bezeichnet,

$$\overset{1}{fu} \,.\, \overset{2}{fu} \ldots . \overset{m}{fu} = u,$$

oder, vermöge der allgemeinen Bezeichnungsart eines Products gleicher Factoren, wie hier,

Definition der Potenzen,

$$(fu)^m = u = u^1$$

Wollte man nun noch statt des f einen Exponenten, z. B. p setzen, so wäre

$$(u^p)^m = u^1,$$

Aber vermöge der dritten Grundbedingung ist

$$(u^p)^m = u^{pm};$$

also ist nothwendig $pm = 1$ und folglich $p = \frac{1}{m}$, mithin kann man für $z = fu = u^p$, nur

$$8. \quad z = u^{\frac{1}{m}}$$

schreiben.

Wäre die gegebene Grösse z von der Art, dass sie, $m$mal mit sich selbst multiplicirt, nicht sowohl u, sondern ein Product von n gleichen Factoren u giebt, so wäre, wenn man $z = fu$ setzte,

$$(fu)^m = u^n$$

oder, wenn man wieder statt des f einen Exponenten p setzen wollte,

$$(u^p)^m = u^n, \text{ oder } u^{pm} = u^n;$$

also $pm = n$ und folglich $p = \frac{n}{m}$ mithin

$$9. \quad z = u^{\frac{n}{m}}.$$

Eben so lässt sich leicht zeigen, dass man die Einheit, als Potestät mit dem Exponenten Null und Quotienten der Einheit durch beliebige Potestäten, als die nemlichen Potestäten mit negativen Exponenten schreiben muss. Denn die erste Grundgleichung No. 4. giebt, wenn man z. B. $k = 0$ setzt,

$$u^y . u^0 = u^y, \text{ also}$$

Logarithm. u. Exponential-Grössen.

$$10. \quad u^0 = \frac{u^y}{u^y} = 1.$$

Desgleichen wenn man $k = -y$ setzt, $u^y . u^{-y} = u^{y-y} = u^0 = 1$, also

$$11. \quad \frac{1}{u^y} = u^{-y}.$$

So lässt sich der Begriff von Potenzen deutlich und allgemein feststellen. Das Verfahren ist kein anderes und es findet dabei nicht mehr Voraussetzung Statt, wie bei allen andern Fällen der Rechnung, selbst der einfachsten. Denn es kommt in der That nie darauf an, *wie eine Grösse berechnet wird und die Definition kann nie von dem Rechnungs-Verfahren ausgehen, sondern, umgekehrt, das Rechnungs-Verfahren wird erst durch die Definition bestimmt.* Man stellt einen Begriff allemal *willkürlich* fest und erst was daraus folgt giebt die Regel für die Rechnung. So entsteht z. B. der Begriff von Summe, Unterschied, Product und Quotient nicht aus dem Rechnungs-Verfahren mit diesen Dingen, sondern dieses aus jenem. Eine Summe $x+y$ zweier Grössen x und y ist diejenige Grösse, welche die Eigenschaft hat, dass $x+y=y+x$ ist. Ein Unterschied $y-x$ zweier Grössen $y-x$ ist die Grösse, welche die Eigenschaft hat, dass $(y-x)+x=y$. Ein Product xy zweier Grössen x und y ist die Grösse, welche die Eigenschaft hat, dass $xy=yx$. Ein Quotient $\frac{y}{x}$ zweier Grössen x und y ist die Grösse, welche die Eigenschaft hat, dass $\left(\frac{y}{x}\right).x=y$. Erst aus diesen Grundbedingungen folgen *allgemein* die Rechnungs-Regeln mit diesen Grössen. Sie individualisiren und modalisiren sich in Fällen, in welchen die allgemein bezeichneten Grössen ganze Zahlen sind.

Von den Benennungen bei Potenzen, etc.

4.

Wir kommen, nachdem wir die allgemeine Erklärung der Potenzen festgestellt haben, zu den Benennungen, die ebenfalls der bestimmtesten Feststellung bedürfen, weil Worte die Ueberlieferer der Begriffe, und also bestimmte Begriffe ohne bestimmte Worte nicht möglich sind.

Eine Regel bei Feststellung von Benennungen ist unstreitig, dass man von einmal eingeführten Benennungen so wenig wie möglich abgehen muss. Es kommt also nicht etwa auf neue Benennungen, sondern nur auf die Erklärung und die bestimmte Festsetzung des Gebrauches der vorhandenen an.

I. Da ein wesentlicher Unterschied der Berechnungsart des Zahlenwerths der Grösse u^y Statt findet, wenn y eine ganze, und wenn es eine beliebige Zahl ist, so folgt, dass es wenigstens gut ist, wenn man zwei verscheidene Benennungen für diese beiden Fälle hat. Man könnte die Grösse $z = u^y$, im Fall y eine ganze Zahl ist, *Potenz*, und wenn y keine ganze Zahl ist, *Dignität* nennen; allein diese Unterscheidung scheint nicht rathsam, Theils weil der Gebrauch des Wortes Potenz auch für den zweiten Fall zu sehr gebräuchlich ist, Theils weil das Wort Dignität nicht mit ausdrückt, dass Potenz bloss ein besonderer, keinen anderen Grundbedingungen entsprechender Fall der Dignität sein soll. Es scheint besser, nicht zwei verschiedene Worte zu nehmen, sondern den besondern Fall bloss durch ein Beiwort auszudrücken. Man bediene sich also des Hauptwortes für den allgemeinen Fall und bezeichne den besondern Fall durch das, für den Gegenstand auch sonst gebräuchliche Beiwort *rational*. Zum Hauptworte selbst scheint das Wort *Potestät* besser als *Potenz*, weil *potentia* auschliesslicher den hier fremden Begriff von Macht, Gewalt etc., hingegen *potestas* zugleich Art, Wesen, Eigenschaft eines Dinges bezeichnet, was dem Gegenstande mehr entspricht.

Ich werde also eine Grösse $z = u^y$, nemlich eine Grösse, die den obigen vier Grundbedingungen (5, 6, 7, 8.) genugthut, für den *allgemeinen* Fall *beliebiger* Werthe von y, schlechtweg *Potestät*, hingegen für den besondern Fall, wenn y eine ganze Zahl und also u^y ein Product gleicher Factoren, wie $\overset{1}{u}, \overset{2}{u} \ldots \overset{y}{u}$ ist, *rationale Potestät* nennen. Hierdurch entstehen keine wesentlichen Abweichungen von dem Gewöhnlichen und Eingeführten.

II. Für die Grösse y in der Gleichung $u^y = z$ sind zwei Benennungen gewöhnlich, nemlich *Lo-*

garithme und *Exponent.* Die doppelte Benennung ist nicht überflüssig, weil sich die Grösse y ein Mal auf u, das andere Mal auf z insbesondere beziehen, das heisst, ein Mal u, das andre Mal z als Haupt-Grösse, oder als die veränderliche Grösse betrachtet werden kann. Wir wollen also diese beiden Benennungen, in ihrem eigentlichen Sinne, gänzlich beibehalten.

So nöthig es aber ist, für y zwei Benennungen zu haben, so nöthig sind auch zwei verschiedene Worte für z, in demselben Sinne, je nachdem u oder y die Haupt-Grösse, oder die als veränderlich betrachtete Grösse ist. Wenn u die Haupt-Grösse ist, haben wir schon das Wort *Potestät.* Für den andern Fall findet sich das ziemlich allgemein gebräuchliche, und in Beziehung auf Logarithmen passende Wort *Logarithmand.* Dieses also mag ebenfalls beibehalten werden.

III. So wie endlich für z und für y zwei Benennungen nöthig sind, bedarf man deren auch, aus demselben Grunde, für die dritte Grösse u. Es ist gebräuchlich, diese Grösse, wenn von Logarithmen die Rede ist, *Basis*, und wenn von Potenzen die Rede ist, *Wurzel* zu nennen. Das erste Wort ist unstreitig sehr angemessen und bezeichnend, das zweite könnte Missverständnisse veranlassen, weil, wenn z. B. y ein Bruch ist, nach den gewöhnlichen Begriffen, vielmehr umgekehrt u zur Potenz und z zur Wurzel wird. Indessen scheint es doch besser, lieber nicht ein neues Wort einzuführen, sondern nur den Begriff, der mit dem Worte Wurzel verbunden wird, zu modificiren, nemlich darunter *immer* die Grösse u zu verstehen, y mag sein was man will, so dass also z. B. wenn $u^{\frac{1}{3}} = z$ wäre, nicht z die dritte Wurzel von u, sondern vielmehr u die $\frac{1}{3}$ Wurzel von z sein würde. Zum Unterschiede von dem Falle, wenn y eine ganze Zahl ist, kann man in diesem Falle u, den Gebrauch bei der Potestät nachahmend, *rationale Wurzel* nennen.

Man hat also nunmehr folgendes Schema.

In der Gleichung

$$u^y = z$$

heisst

Erstlich

z allgemein *Potestät* der Wurzel u für den *Exponenten* y, oder, kürzer: y *Potestät* von u (nicht $y$te Potenz von u, weil dieser Ausdruck an ein Product von Factoren erinnert, welches nicht immer Statt findet).

Ferner heisst

z *Logarithmand* des *Logarithmen* y für die *Basis* u, oder kürzer: u *Logarithmand* von y.

Zweitens:

y heisst *Exponent* der *Wurzel* u in der *Potestät* z, oder kürzer: z *Exponent* von u. Desgleichen heisst

y *Logarithmus* des *Logarithmanden* z für die *Basis* u, oder kürzer: u *Logarithmus* von z.

Bezeichnungen der Potestäten,

Drittens:

u heisst *Wurzel* der *Potestät* z für den *Exponenten* y, oder kürzer: y *Wurzel* der *Potestät* z. Endlich heisst

u *Basis* des *Logarithmanden* z für den *Logarithmen* y, oder kürzer: z *Basis* des *Logarithmen* y.

Ist y eine ganze Zahl, so setze man überall den Worten Potestät und Wurzel, auch wenn man will, den Worten Logarithmand und Basis das Wort *rational* vor. Die Benennung Exponential-Grösse fällt bei dieser Einrichtung weg. Sie ist in der That wenig angemessen, und das Wort Logarithmand vertritt sehr gut ihre Stelle.

Von den Bezeichnungen der Potestäten, Logarithmen und Logarithmanden.

5.

Wir kommen ferner zu den Bezeichnungen.

I. Der Gebrauch, die y Potestät der Wurzel u durch

$$u^y$$

zu bezeichnen, ist allgemein eingeführt und eben so passend als einfach. Es sind aber dabei folgende Bemerkungen zu machen.

Erstlich hat nemlich, wenn y eine ganze Zahl, oder u^y eine *rationale* Potestät ist, u^y nur einen einzigen Werth, u mag sein was man will. Ist hingegen y keine ganze Zahl, sondern z. B. ein

Bruch $\frac{m}{n}$, wo m und n ganze Zahlen bedeuten, so hat u^y, n verschiedene Werthe. Unter denselben sind, im Fall u eine positive Grösse und n eine grade Zahl ist, immer zwei reelle, gleiche und den Zeichen nach entgegengesetzte Werthe, und zwei ganz imaginaire Werthe von der Form $q\sqrt{-1}$, wenn n zugleich ein Vielfaches von 4 ist. Die übrigen Wurzeln sind von der Form $p \pm q\sqrt{-1}$, das heisst, sie haben sämmtlich einen reellen und einen imaginairen Theil. Ist n eine ungerade Zahl und u positiv, so hat u^y, unter seinen n Werthen, bloss einen einzigen ganz reellen Werth; alle übrigen sind von der Form $p + q\sqrt{-1}$. Ist u negativ und n grade, so hat u^y keinen reellen Werth, sondern unter seinen n Werthen, nur im Fall $n - 2$ ein Vielfaches von 4 ist, zwei gleiche, und den Zeichen nach entgegengesetzte, ganz imaginaire Werthe, von der Form $q\sqrt{-1}$; die übrigen sind von der Form $p + q\sqrt{-1}$. Ist endlich q negativ und n ungrade, so hat u^y einen einzigen ganz reellen Werth; alle übrigen sind von der Form $p + q\sqrt{-1}$. In jedem Falle hat u^y, oder $u^{\frac{m}{n}}$, n wesentlich verschiedene Werthe. Ist y eine irrationale oder transcendente Grösse, welche man sich als einen Bruch mit unendlich grossen Zähler und Nenner vorstellen hann, so hat u^y unendlich viele verschiedene Werthe. Eben so wenn y eine imaginaire Grösse ist. Alles dieses

Bezeichnung der Potestäten,

wird in der Theorie der Gleichungen gezeigt, die sich wiederum, was diesen Gegenstand betrifft, am besten auf die Winkel-Funktionen gründen lässt. Vorläufig mag hier nur bemerkt werden, dass, weil in der Gleichung $u^y = z$, die Grösse z, für das nemliche u und y, nicht immer bloss einen, sondern mehrere, und selbst unzählige von einander verschiedene Werthe haben kann, die allgemeine Bezeichnung einer y Potestät der Wurzel u eigentlich nicht vollständig ist, das heisst, nicht die Eigenschaften der Grösse u^y für alle Fälle ausdrückt. Es ist daher eine Unterscheidung in der Bezeichnung nothwendig, wenn man durch u^y bloss *einen* Werth der Grösse z, oder wenn man *alle* verschiedenen Werthe derselben bezeichnen will. Da aber die Bestimmung der verschiedenen Werthe von z durch Winkel-Functionen geschieht, so kann von diesem Umstande erst bei der Theorie dieser Grössen vollständig gehandelt, und also auch dort erst weiter die Verschiedenheit der nöthigen Bezeichnung vorgeschlagen werden. Dieser Verschub hält aber die gegenwärtigen Entwickelungen nicht auf, *in so fern für jetzt unter u^y immer nur der eine reelle Werth von z, wenn es einen solchen giebt, verstanden wird.* Giebt es keinen reellen Werth, so zeigt solches die Beschaffenheit der Ausdrücke an, die man findet. Die gegenwärtigen Entwickelungen sind in diesem Betracht eigentlich nur vorbereitende Untersuchungen, die erst durch die Theorie der Winkel-Functionen ihre volle Allgemeinheit erhalten und erschöpft werden, welches bei dieser Gelegenheit im Voraus bemerkt werden mag.

Zweitens haben wir schon oben bei den Benennungen bemerkt, dass die Grösse z im zweifachen Sinne genommen werden kann, nemlich als *Potestät* der Wurzel n für den Exponenten y, und als *Logarithmand* des Logarithmen y für die Basis u. Obgleich in beiden Fällen z identisch die nemliche Grösse ist, so ist die Unterscheidung doch in Rücksicht auf die Entwickelung des Werths der Grösse z, das heisst, auf den Ausdruck ihres Werths in u und y durch Reihen, wesentlich; denn sie beruht darauf, dass zwei wesentlich von einander verschiedene Entwickelungen von z, oder Reihen für z möglich sein müssen, je nachdem man y oder u als die veränderliche Grösse annimmt. Es ist daher wenigstens gut, wenn man diese Unterscheidung auch durch das Zeichen der Grössen ausdrücken kann. Dieses ist, ohne ein neues Zeichen einzuführen, auf eine recht bebezeichnende und natürliche Weise möglich. Man mache nemlich, nicht bloss hier, sondern allgemein die Regel, immer vorzugsweise *diejenige Grösse, welche als veränderlich betrachtet wird, in die Zeile der Schrift zu setzen, ohne sonst weiter die Stellung der Zeichen gegen einander zu verändern*; so hat man eine sinnliche Vorstellung dessen, worauf es ankommt. Nach dieser Regel würde

Bezeichnung der Potestäten,

12. $\begin{cases} z = u^y \text{ die } y \text{ Potestät der Wurzel } u \text{ und} \\ z = {}_u y \text{ den } u \text{ Logarithmanden von } y \end{cases}$
bezeichnen.

In der Regel wird diese Unterscheidung nicht nothwendig sein. Es ist indessen gut, wenigstens ein Mittel zu haben, sie zu bezeichnen, um davon gelegentlich, wenn es erforderlich ist, Gebrauch zu machen.

II. Den Logarithmus einer Grösse, also die Grösse y, in der Gleichung $u^y = z$, bezeichnet man gewöhnlich durch das vor z gesetzte Wort log; also durch $y = \log z$. Diese Bezeichnung ist aber offenbar unvollständig und unbestimmt; denn die Grösse u, von welcher y eben so wohl als von z abhängt, wird durch die Bezeichnung gar nicht ausgedrückt. y kann für das nemliche z unendlich viele verschiedene Werthe haben, je nachdem die Basis u einen andern Werth hat. Die Bezeichnung ist also unzureichend und eben so mangelhaft, als wenn man z. B. die y Potestät von u, statt durch u^y, durch $.^y$ oder sonst auf irgend eine Weise, ohne u, bezeichnen wollte. Dieser Mangel rührt vielleicht noch aus den ersten Zeiten der Analysis und der Erfindung der Logarithmen her, wo man stillschweigend unter Logarithme den Brigischen Logarithmen, dessen Basis 10 ist, also die Grösse y in der Gleichung $10^y = z$ verstand, in welcher Gleichung also die Grösse u den bestimmten Werth 10 hat. Man war nun zwar, als man unter den unzähligen Logarithmen, die möglich sind, ausser demjenigen mit der Basis 10, noch den sogenannten natürlichen oder Neperschen Logarithmen, dessen Basis, die man mit e bezeichnet, gleich 2,718... ist, bemerkte, genöthigt, wenigstens diesen zu unterscheiden. Man bezeichnete also den Briggischen Logarithmen durch Log, oder log und den Neperschen durch lg, oder l; allein es ist leicht einzusehen, dass diese Art zu distinguiren Theils nicht zureicht, Theils willkürlich und folglich unmathematisch ist, indem es nicht zwei, sondern unzählige Logarithmen von einer und derselben Zahl giebt. Die gewöhnliche Bezeichnungsart kann nicht damit entschuldigt werden, dass in der Regel nur die beiden Arten von Logarithmen, die Briggischen und Neperschen, vorkommen: Dieses ist höchstens da der Fall, wo die Mathematik für irgend ein Lebensbedürfniss angewendet werden soll. In der Mathematik selbst, und überall wo man dem Gegenstande auf den Grund gehen will, kommen allerdings alle nur mögliche Logarithmen vor und es ist also, wenn man nicht durch Worte die man unnützerweise statt eines kurzen Zeichens zu setzen gezwungen wird, in Verwirrung, wenigstens in Dunkelheit und unnütze Weitläuftigkeit gerathen will, durchaus nöthig, eine Bezeichnung zu haben, die den Logarithmen *allgemein, also die Basis mit ausdrückt.* Ich habe früher, namentlich im ersten Bande meiner Sammlung mathematischer Abhandlungen, Berlin bei Maurer 1821, S. 207. vorgeschlagen, die Basis über das

Wort log zu setzen, und also z. B. die Grösse y in der Gleichung $z = u^y$ durch $y = \overset{u}{\log}\, z$ zu bezeichnen. Diese Bezeichnung drückt allerdings aus, was nöthig ist; allein sie ist nicht die consequenteste und beste. Ich kann meinen eigenen damaligen Vorschlag nur mit der, bekanntlich leider so allgemeinen, fast unüberwindlichen Macht der Gewohnheit, die so manches Gute zurückhält, entschuldigen. Es wäre in der That wunderlich, wenn man sich, während man in der Gleichung $z = y$ Potestät von u, das was die Worte ausdrücken kurzweg und passend und zweckmässig durch das Zeichen u^y andeutet, um aus dieser Gleichung $u^y = z$ eine andere von den darin vorkommenden drei Grössen u, y, z auszudrücken, eines eigenen Wortes bedienen wollte, ungefähr eben so, als wenn man z. B. die Abscisse einer Curve durch das Zeichen x, die Ordinate aber keineswegs durch ein blosses Zeichen, sondern durch ein Wort, z. B. durch Ord., bezeichnen wollte, gerade als ob die Ordinate etwas vor der Abscisse voraus hätte, oder schwerer, oder weitläuftiger zu begreifen wäre, als sie. Dergleichen Inconsequenzen, so unschuldig sie zu sein scheinen, sind in der That wahrhaft wichtig und von den bedeutendsten Folgen, besonders für den Unterricht. Wenn nemlich der Lernende sieht, dass der Lehrer mit einem Gegenstande kurz verfährt und denselben durch ein Zeichen abfertigt, so bekommt er natürlich Muth und dieser, überall das sicherste Mittel, das Ziel zu erreichen, hilft ihm zu gesunder und richtiger Einsicht. Sieht dagegen der Lernende, dass der Lehrer einen, wenn auch noch so nahe mit dem vorigen zusammenhängenden und damit verwandten Gegenstand umständlicher behandelt, und eine Auszeichnung für denselben, schon in der Bezeichnung, nöthig findet: was anders kann er glauben, als dass dieser Gegenstand von anderer und verwickelterer Natur sei als der erste? Man *darf* daher, wenn man consequent sein und durch die Zeichen die Deutlichkeit der Begriffe befördern, nicht sie vermindern will, keineswegs den Logarithmen *vorzugsweise* durch ein vorgesetztes Wort, sondern man *muss* ihn *nothwendig* ebenfalls, ganz wie die Potestät, bloss durch eine bestimmte Stellung der in Rechnung kommenden Buchstaben andeuten, um nicht den Verdacht eines Unterschiedes zu erregen, der nicht Statt findet. Wie dieses letztere geschehe, ist zwar, bis auf das was schicklich und geschickt ist, willkürlich; allein *durch eine blosse Stellung der Buchstaben*, wie bei den Potestäten, nicht, um es zu wiederholen, durch ein Wort, oder dergleichen, *muss* der Logarithme bezeichnet werden, aus dem Grunde, weil er mit der Potestät innig zusammenhängt, gleichsam nur eine umgekehrte Potestät ist.

Das natürlichste scheint zu sein, eben wie man bei der Potestät den Exponenten, welcher die Nebengrösse ist, in so fern die Wurzel als die veränderliche betrachtet wird, rechterhand, etwas erhöht an die Hauptgrösse, die Wurzel setzt, bei den Logarithmen die Basis welche hier die Nebengrösse ist, in so fern man den Logarithmanden wie gewöhnlich als die Hauptgrösse betrachtet, ebenfalls etwas erhöht neben die Hauptgrösse, und zwar, zum Unterschiede, statt auf die rechte, auf die linke Seite zu setzen, also den *u* Logarithmus von *z*, wenn derselbe *y* heisst, oder die Grösse y aus der Gleichung $u^y = z$, durch

$$y = {}^u z$$

zu bezeichnen, so dass also, in Vergleichung mit den alten Zeichen,

$$\log z \text{ (für die Basis } u\text{) oder } \overset{u}{\log}\, z = {}^u z$$

ist.

Diese Anordnung ergiebt sich, was das Willkürliche dabei betrifft, so natürlich und von selbst, dass man, wie es scheint, wenn man von Dem ausgeht, was die Natur der Sache verlangt, nicht leicht auf eine andere verfällt, und was den Algorithmus betrifft, so ist die Bezeichnung so vollständig und zugleich so einfach und analog mit der der Potestät, wie man sie nur wünschen kann. Das Zeichen ${}^u z$ ist (in so fern, wie bis jetzt immer der Fall war, die Vielfachheit der Werthe der Potestäten noch nicht in Betracht gezogen wird) auf das vollkommenste bestimmt; denn der Logarithme der Grösse *z* für die Basis *u* ist ein

völlig

völlig bestimmter Begriff. Die Bezeichnung ist also einfach, analog, bestimmt und vollständig; daher werde ich mich derselben hinfort bedienen.

Die Andeutung, ob z oder u die Hauptgrösse ist, kann, wo sie nöthig ist, wieder, wie in (I.) dadurch geschehen, dass man die Hauptgrösse in die Schriftzeile setzt, so dass man also, wenn u diejenige Grösse wäre, welche als veränderlich betrachtet wird, $y = u_z$ schreiben müsste.

Es würde also

13. $\begin{cases} {}^{u}z \text{ den } u \text{ Logarithmen des Logarithmanden } z \text{ und} \\ u_z \text{ den } z \text{ Exponenten von } u \text{ bezeichnen.} \end{cases}$

In der Regel ist die zwiefache Bezeichnung nicht nöthig, sondern nur die erste. Die zweite kommt nur vor, wenn eine Unterscheidung unumgänglich nothwendig ist; sonst findet immer die erste Statt.

III. Für den Ausdruck der dritten Grösse u in der Gleichung $u^y = z$ ist eigentlich, in so fern kein besonderes Zeichen nöthig, als aus der dritten Grundbedingung für den Zusammenhang der drei Grössen (7.) nemlich aus der Grundbedingung $(u^y)^k = u^{yk} = z^k$, wenn man $\frac{1}{y}$ statt k setzt, $u^{y \cdot \frac{1}{y}} = u = z^{\frac{1}{y}}$ folgt, so dass also auf der Stelle u auch als *Potestät* von z ausgedrückt werden kann. Indessen kann ein besonderes Zeichen doch in manchen Fällen seinen Nutzen haben; z. B. weil es, wie wir sehen werden, nicht unbedingt nöthig ist, u als Potestät von z, nach der Gleichung $u = z^{\frac{1}{y}}$ zu entwickeln, sondern auch noch andere Entwickelungen von u Statt finden, die nicht unmittelbar aus dieser Gleichung folgen. Man könnte, in diesem Sinne, in den Fällen, wo es nöthig ist, die Grösse u zu bezeichnen, etwa, das Zeichen der Potestäten und Logarithmen nachahmend, die Grösse y über z setzen, und wiederum die Hauptgrösse jedesmal in die Schriftzeile stellen. Auf diese Weise würden

14. $\left\{\begin{array}{l} \overset{y}{z} \text{ die } y \text{ Wurzel der Potestät } z \text{ und} \\ \underset{z}{y} \text{ die } z \text{ Basis des Logarithmen } y \end{array}\right.$

bezeichnen.

Die Bezeichnung darf, wie gesagt, nur gebraucht werden, wo eine Unterscheidung von der Grösse $u = z^{\frac{1}{y}}$ nothwendig und nützlich ist.

Entwickelung der Potestäten, Logarithmen und Logarithmanden.

6.

Vorstehendes wäre nun das System der Definitionen, Benennungen und Bezeichnungen der drei, durch die Gleichung $u^y = z$ und folglich durch die vier Grundbedingungen (5, 6, 7, 8.) mit einander verbundenen Grössen u, y, z. Wir kommen jetzt zur Entwickelung derselben, das heisst, zur Aufstellung von allgemeinen Ausdrücken, vermittelst welcher sich die Grössen, jede durch die beiden andern, berechnen lassen.

Oben wurde erinnert, 'dass zuweilen die Entwickelungen nicht vollständig und nicht nach einerlei Methode, oder mit fremdartigen Vordersätzen, z. B. die Entwickelung der Potestäten, vielleicht combinatorisch, oder nicht für jeden beliebigen Exponenten; dagegen die Entwickelung der Logarithmen durch Interpolation oder Differential-Rechnung, und die Entwickelung der Basis oder Wurzel wohl gar nicht geschehe. Es ist also nöthig, eine elementare oder gleichförmige Entwickelung nach einerlei Methode, ohne fremdartige Vordersätze, vollständig und strenger aufzustellen. Dieses soll jetzt bloss durch einfache Operationen der Buchstaben-Rechnung, und zwar mit Hülfe der *Methode der unbestimmten Coefficienten* geschehn. Diese Methode ist der vorzüglichste und mächtigste Hebel der gesammten Analysis, gleichsam der Nerv derselben, indem auch die gesammte Functionen-Theorie, oder die sogenannte Infinitesimal-Rechnung, genau betrachtet, einzig und allein auf ihr beruht. Die umfassende Wirkung dieser Methode, welche man auch *Methode der Voraussetzung*, oder *Voraussetzungs-Methode* nennen könnte, ist in der That zu wenig anerkannt, und ihrem Erfinder, sei es Descartes oder ein Anderer, gebührt das Verdienst, das eigentliche generirende Princip der Analysis entdeckt, und folglich auch die wahre Theorie der Differential- und Integral-Rechnung vorbereitet zu haben.

Da die Methode der unbestimmten Coefficienten von so grosser Wichtigkeit ist, in den Lehrbüchern aber zuweilen kaum als etwas Wesentliches, sondern gleichsam nur im Vorbeigehen berührt, und ziemlich unerörtert gelassen wird, so müssen wir hier zuförderst ihrer Principien und der Feststellung derselben kürzlich erwähnen.

Von der Methode der unbestimmten Coefficienten.

7.

Die *Voraussetzungs-Methode* oder die *Methode der unbestimmten Coefficienten* besteht darin, dass, wenn man eine abhängige Grösse, entwickeln will, für die entwickelte Grösse einen Ausdruck von bestimmter Form, z. B. eine Reihe von bestimmter Form, aber mit unbestimmten Coefficienten, *vorausgesetzt*, also z. B. eine Reihe, die nach einem oder nach mehreren Elementen der abhängigen Grösse, gewöhnlich nach den *rationalen Potestäten* dieser Elemente, fortschreitet, unter der Bedingung, dass die Coefficienten dieser Potestäten, die Elemente selbst *nicht mehr enthalten sollen*; also eine Reihe, in welcher Alles, was von den Elementen, nach welchen die Entwickelung geschieht, abhängt, vom Uebrigen abgesondert und in bestimmter, einfacher Form, wie gesagt, in rationalen Potestäten der Elemente ausgedrückt ist. Auf diese Weise hat die Methode schon sogleich den grossen Vortheil, dass man die Form der Resultate willkürlich, so wie man sie wünscht und braucht, im Voraus bestimmen kann, welches bei directen Entwickelungs-Methoden nicht der Fall ist, wo man das Resultat vielleicht in einer Form findet, die zu dem Zwecke nicht bequem ist. Ist übrigens die vorausgesetzte Form nicht erlaubt, so muss das Resultat der Entwickelung solches nothwendig anzeigen, und die Methode führt zugleich das Mittel der Prüfung der Resultate mit sich. Dass dieselbe unbeschränkt anwendbar ist, leidet keinen Zweifel, weil, sobald man ein Resultat mit vollständig bestimmten Grössen erhält, kein Bedenken ist, dass solches auch wirklich *existirt*; denn die vollständigste Kenntniss der Bestandtheile und Eigenschaften eines Dinges giebt gerade den strengsten, wenn nicht den einzigen, vollständigen Beweis seiner Existenz.

Der einfachste Fall ist, wenn die vorausgesetzte Reihe nur nach *einem* Elemente der gegebenen Grösse fortschreitet.

I. Es sei also z. B. irgend eine Grösse

$$15. \quad y = f(x, a, b, c \ldots .)$$

die von den Elementen $x, a, b, c \ldots .$ auf irgend eine Weise, jedoch so, abhängt, dass die Elemente $x, a, b, c \ldots .$ *von einander unabhängig* sind, gegeben. Will man diese Grösse nach einem der Elemente, z. B. nach x, entwickeln, so setze man dafür die Reihe

$$16. \quad y = \alpha + \beta x + \gamma x^2 + \delta x^3 \ldots .$$

voraus und nehme an, dass die Coefficienten $\alpha, \beta, \gamma, \delta \ldots .$ kein x weiter, sondern bloss $a, b, c \ldots .$ enthalten. Dieses geht unstreitig allgemein und unbedingt an; denn ist die Voraussetzung etwa nicht erlaubt, das heisst: ist es etwa nicht möglich, die Grösse y in eine Reihe von dieser Form zu entwickeln, sondern muss vielleicht eine andere Form angenommen werden, so muss, wenn man anders von hier ab richtig rechnet, das, was man für $\alpha, \beta, \gamma, \delta \ldots .$ findet, den Fehler nothwendig anzeigen. Findet man für $\alpha, \beta, \gamma, \delta \ldots .$ bestimmte, und von x wirklich nicht mehr abhängende Grössen, so ist gar kein Zweifel, dass die Entwickelung wirklich Statt hat, weil, wie schon gesagt, kein Zweifel ist, dass Etwas, *dessen Grösse sich angeben lässt*, existirt.

II. Nun muss man allemal, wenn die Rechnung ein Resultat geben soll, einen zweiten Ausdruck für y von der nemlichen Form haben. Diesen zweiten Ausdruck erhält man gewöhnlich, wenn man der Grösse x einen Wachsthum, z. B. k beilegt, und die veränderte Grösse auf zweierlei Art entwickelt, also zwei Reihen mit *unbestimmten* Coefficienten aufstellt, welche beide die rationalen Potestäten von k, ausserdem aber weiter kein k enthalten. Doch kann man, nach den Umständen, auch auf anderm Wege zu einer zweiten Reihe gelangen, worauf es hier nicht ankommt.

Man stelle sich also vor, es sei eine zweite Reihe für y, ebenfalls mit rationalen Potestäten von x und unbestimmten Coefficienten, die weiter kein x enthalten, vorhanden, also eine Reihe von der Form

$$17. \quad y = A + Bx + Cx^2 + Dx^3 \ldots .$$

Dann hat man, weil beide Reihen die nemlichen Grössen ausdrücken, die Gleichung:

$$18. \quad \alpha + \beta x + \gamma x^2 + \delta x^3 \ldots = A + Bx + Cx^2 + Dx^3 \ldots,$$

welche für jedes x gelten soll.

Aus dieser Gleichung folgt, ohne besondere Beschränkung, allgemein:

$$19. \quad \begin{cases} \alpha = A \\ \beta = B \\ \gamma = C \\ \delta = D \quad \text{etc.} \end{cases}$$

und Dieses ist es, was gewöhnlich stillschweigend angenommen wird, was aber bewiesen, und wobei die Umstände, unter welchen die Gleichsetzung erlaubt ist, festgestellt werden müssen, weil Fälle vorkommen, wo man über die Befugniss zu einer solchen Gleichsetzung der Coefficienten hinaus gehen und dadurch in Irrthümer gerathen kann.

III. Die Bedingung, unter welcher nur die Folgerung erlaubt ist, besteht darin, dass nicht allein die Grundgleichung

$$y = f(x, a, b, c \ldots .)$$

gelten muss, x mag, während $a, b, c \ldots .$ die nemlichen bleiben, andere Werthe annehmen, sondern die Gleichung muss ausdrücklich für den Fall gelten, wenn $x = 0$ ist. Wäre etwa nur dieser einzige Werth von x ausgenommen, dergleichen Fälle vorkommen, so finden die Gleichungen (19.) nicht Statt. Dieses beruht auf der Art, wie diese Gleichungen gefunden werden. Setzt man nemlich in (18.) $x = 0$, so erhält man

$$\alpha = A.$$

Diese Grössen, auf den beiden Seiten der Gleichung, können also weggelassen werden. Es bleibt

$$\beta x + \gamma x^2 + \delta x^3 \ldots . = Bx + Cx^2 + Dx^3 \ldots .$$

übrig, für jeden beliebigen Werth von x. Dividirt man durch x, so erhält man

$$\beta + \gamma x^2 + \delta x^2 \ldots . B + Cx + Dx^2 \ldots .$$

Diese Gleichung ist wieder in dem Fall von (18.), und man erhält, wenn man abermals $x = 0$ setzt,

$$\beta = B.$$

Führt man auf diese Weise fort, so erhält man

$$\gamma = C, \quad \delta = D \quad \text{u. s. w.}$$

Wie man sieht, ist es aber ganz nothwendig, dass die Gleichung (18.) oder der Ausdruck von y (15.) auch ausdrücklich für $x = 0$ gelten muss. Ohne diese Bedingung findet die Gleichheit der Grössen α und A, β und B, γ und C etc. keineswegs Statt, selbst wenn auch der Ausdruck von y für alle nur mögliche andere Werthe von x gälte.

IV. Es scheint zwar, als wenn man statt der obigen Herleitung der Verhältnisse zwischen α und A, β und B, γ und C .... wenn man z. B. die Gleichung (18.) auf die Gestalt

20. $\alpha - A + (\beta - B)x + (\gamma - C)x^2 + (\delta - D)x^3 \ldots = 0$

brächte, schliessen könnte, dass die Grössen $\alpha - A$, $\beta - B$, $\gamma - C$, $\delta - D$ ...., auch wenn die Gleichung für $x = 0$ nicht gilt, *deshalb* nothwendig einzeln gleich Null, folglich $\alpha = A$, $\beta = B$, $\gamma = C$, $\delta = D$ .... sein müssen, weil man sonst, gegen die anfängliche Voraussetzung, x vermittelst der Gleichung selbst, durch α, A, β, B etc. würde ausdrücken können. Dieses ist indessen wiederum nur für den Fall richtig, wenn die Gleichung auch namentlich für $x = 0$ gilt; denn ist von den

Werthen, die x annehmen kann, der Werth o ausgeschlossen, so ist *eben deshalb* die Grösse x *nicht mehr von den übrigen Grössen unabhängig* und folglich findet dann auch der Schluss, der einzig und allein auf der Unabhängigkeit der Grösse x von den übrigen Grössen beruht, nicht mehr Statt.

V. Dagegen ist die Methode keineswegs auf den Fall beschränkt, wenn, wie oben, x in rationalen Potestäten vorkommt. Diese besondere Form verlangt gerade, dass unter den verschiedenen erlaubten Werthen von x, auch namentlich der Werth Null sein muss. Die Bedingung ist bloss, dass es, welche auch die Form des Vorkommens von x sein mag, immer einen Werth von x, sei es wiederholt immer derselbe, oder immer ein anderer, geben muss, für welchen, wenn die Gleichung auf Null gebracht wird, alle Glieder, bis auf das erste, verschwinden. Ist Dieses der Fall, so können allemal die Coefficienten auf dem obigen Wege gefunden werden. Es sei z. B. allgemein

$$21.\quad 0 = \alpha + \beta X_1 + \gamma X_2 + \delta X_3 \ldots .$$

wo X_1, X_2, X_3 .... beliebige Functionen von x bedeuten. Giebt es hier einen Werth von x, der auch nicht o sein mag, z. B. p, für welchen alle Glieder, die x enthalten, *zugleich* verschwinden, so erhält man

$$\alpha = 0,$$

also nunmehr

$$0 = \beta X_1 + \gamma X_2 + \delta X_3 \ldots .$$

und wenn man mit X_1 dividirt

$$o = \beta + \gamma \frac{X_2}{X_1} + \delta \frac{X_3}{X_1} \dots$$

Giebt es nun wiederum einen Werth von x, sei es Null oder p, oder ein anderer, z. B. q, für welchen alle die Grössen $\frac{X_2}{X_1}$, $\frac{X_3}{X_1} \dots$ *zugleich* verschwinden, so erhält man

$$\beta = o,$$

und folglich

$$o = \gamma \frac{X_2}{X_1} + \delta \frac{X_3}{X_1} \dots,$$

oder, wenn man mit $\frac{X_2}{X_1}$ dividirt

$$o = \gamma + \delta \frac{X_3}{X_2} + \varepsilon \frac{X_4}{X_2} \dots$$

Giebt es wiederum einen Werth von x, z. B. r, für welchen alle die Grössen $\frac{X_3}{X_2}$, $\frac{X_4}{X_2} \dots$ *zugleich* verschwinden, so folgt:

$$\gamma = o,$$

u. s. w. Die Bedingung, dass es immer irgend einen Werth von x geben muss, für welchen alle Glieder, die noch x enthalten, *gänzlich* verschwinden, ist aber *immer* wesentlich nothwendig. Ohne sie können die Coefficienten auf diesem Wege nicht gefunden werden Bei den Gleichungen (16.) oder (18.) war dieser Werth, *der eigenthümlichen Form der Gleichung wegen*, immer Null. Er kann aber dann, wenn x anders als in rationalen Potestäten vorkommt, allerdings auch ein anderer sein.

Von der Methode

VI. Lässt man diese Bedingungen ausser Acht, so kann man irren, und es giebt merkwürdige und berühmte Fälle, wo dieses wirklich geschahe. So z. B. wird in der Theorie der Winkel-Functionen, in den Leçons sur le calcul des fonctions von Lagrange, S. 148., aus einer Gleichung von der Form

$$22.\ \alpha \sin(n+1)x + \beta \sin nx + \gamma \sin(n-1)x + \delta \sin(n-2)x \ldots = 0$$

geschlossen:

$$\alpha = 0,\ \beta = 0,\ \gamma = 0,\ \delta = 0 \text{ etc.}$$

welches unbedingt nicht angeht. Denn die Gleichung giebt, wenn man sie mit $\sin(n+1)x$ dividirt

$$\alpha + \beta \frac{\sin nx}{\sin(n+1)x} + \gamma \frac{\sin(n-1)x}{\sin(n+1)x} + \delta \frac{\sin(n-2)x}{\sin(n+1)x} \ldots$$

und es giebt keinen Werth von x, für welchen die Coefficienten zu β, γ, δ etc. alle zugleich Null sind. Am wenigsten ist solches der Werth Null; denn z. B. weil

$$\sin nx = \cos x\left(n \sin x - \frac{n(n^2-4)}{2.3} \sin x^3 \ldots\right),$$

also

$$\sin(n+1)x = \cos x\left[(n+1)\sin x - \frac{n+1.[(n+1)^2-4]}{2-3} \sin x^3 \ldots\right]$$

ist, so ist

$$\frac{\sin nx}{\sin(n+1)x} = \frac{n - \frac{n.n^2-4}{2.3} \sin x : 1 \ldots}{n+1 - \frac{n+1[(n+1)^2-4]}{2.3} \sin x^2 \ldots :}$$

der unbestimmten Coefficienten.

welches, für $x=0$, gleich $\frac{n}{n+1}$ ist, und nicht gleich Null. Es ist also auch nicht nothwendig $\alpha=0$ und eben so, nicht nothwendig $\beta=0$ u. s. w. In der That ist der Ausdruck, welcher auf diese Weise, an dem angezeigten Orte, aus der Gleichung (22.) gefunden wird, nicht genau. Ich habe solches in den Anmerkungen zu meiner Uebersetzung der Vorlesungen über die Theorie der Functionen nachgewiesen.

VII. Von den Fällen, in welchen die vorausgesetzte Reihe nach mehreren von einander unabhängigen Elementen fortschreitet, mag der Kürze wegen, nur des einfachsten erwähnt werden, wenn nur zwei Elemente und nur in rationalen Potestäten und Producten vorkommen, also die Gleichung, aus welcher die Coefficienten α, β, β', γ, γ', γ'' etc. gefunden werden sollen, etwa von der Form

$$23.\quad \begin{aligned}\alpha + \beta x + \gamma x^2 + \delta x^3 \ldots\ldots &= 0\\ + \beta' y + \gamma' x y + \delta' x^3 y \ldots\ldots&\\ + \gamma'' y^2 + \delta'' x y^2 \ldots\ldots&\\ + \delta''' y^3 \ldots\ldots&\end{aligned}$$

ist, unter der Bedingung, dass die Coefficienten α, β, β', γ, γ', γ'' .... auf keine Weise von x und y abhängen, sondern die nemlichen bleiben, wenn sich die Werthe von x und y verändern.

Man kann diesen Fall auf den obigen, der Gleichung (18.) oder vielmehr (20.) bringen, wenn man z. B. $y = mx$ setzt, wo m eine willkürliche

Grösse ist, weil y von x nicht abhängt. Dieses giebt

24. $\alpha+(\beta+m\beta')x+(\gamma+m\gamma'+m^2\gamma'')x^2$
$+(\delta+m\delta'+m^2\delta''+m^3\delta''')x^3\ldots\ldots=0$

Ist unter den verschiedenen Werthen von x und y auch der Werth Null, so erhält man, wenn man $x=0$ setzt, welches, weil $mx=y$ war, zwar auch zugleich $y=0$ giebt, aber ohne dass deshalb nothwendig $m=0$ sein müsste,

$$\alpha=0.$$

Lässt man $\alpha=0$ aus der Gleichung weg, dividirt durch x und setzt abermals $x=0$, so erhält man

$$\beta+m\beta'=0.$$

Eben so

$$\gamma+m\gamma'+m^2\gamma''=0$$
$$\delta+m\delta'+m^2\delta'+m^3\delta'''=0$$

u. s. w. Diese Resultate sind aber wieder von Neuem in dem Falle der Gleichung (20.). Denn da das willkürliche m bloss von dem augenblicklichen Verhältnisse zwischen x und y abhängt, die Coefficienten α, β, β', γ, γ', γ''.... aber nicht von x und y, also auch nicht von dem Verhältnisse zwischen diesen Grössen abhängen; so folgt aus den gefundenen Resultaten, in so fern sich unter den verschiedenen Werthen, die m haben kann, auch der Werth Null befindet, welches wirklich der Fall ist, indem x ohne y verschwinden kann, und umgekehrt, einzeln:

25. $\alpha=0$, $\beta=0$, $\beta'=0$, $\gamma=0$, $\gamma'=0$, $\gamma''=0$, $\delta=0$ etc.

VIII. Was die Form der Reihen betrifft, die bei der Methode mit unbestimmten Coefficienten vorausgesetzt werden, so lassen sich Mittel finden, die Form im Voraus zu bestimmen. Das Newtonsche Parallelogramm gehört hierher. Indessen ist davon kein recht wesentlicher Nutzen abzusehen. Man läuft mit der Rechnung auf keine Weise Gefahr, zu irren, wenn man auch eine unpassende Form voraussetzt. Rechnet man nur richtig, so muss sich die Unzulässlichkeit daran sehr bald zeigen, dass man mit den Werthen der Coefficienten auf Widersprüche geräth. Man erspart höchstens durch die Vorausbestimmung der Form einige Rechnung. Die Mühe der Vorausbestimmung der Form der Reihe kann aber leicht grösser sein, als das Ersparniss.

Dieses ist das Nöthigste, was von den Principien der Methode mit unbestimmten Coefficienten zu bemerken war. Hiermit können wir nun zu den Entwickelungen selbst übergehen.

Anwendung der Methode der unbestimmten Coefficienten auf die Entwickelung der Potestäten, Logarithmen und Logarithmanden.

8.

Die Zahl der hier vorkommenden Entwickelungen ist *Sechs.* Die Grundgleichung

$$u^y = z$$

Entwickelung der Potestäten,

enthält nemlich drei an sich selbst von einander unabhängige Grössen. Durch die Gleichung ist jede der drei Grössen von den beiden andern abhängig, also muss jede Grösse durch die beiden andern entwickelt oder ausgedrückt werden können. Und da nun die Entwickelung nothwendig bei jeder Grösse auf zwei verschiedene Arten möglich sein muss, je nachdem man die eine oder die andere Grösse als die Hauptgrösse, oder als die veränderliche betrachtet, so ist die Zahl der nothwendigen Entwickelungen *Sechs.*

Sollen diese Entwickelungen elementar und so, dass ihr Zusammenhang unter einander und mit andern Entwickelungen sichtbar gemacht wird, geschehen, so muss zuvor, durch die Methode der unbestimmten Coefficienten, dasjenige allgemeine Princip der Entwickelung einer abhängigen Grösse, nemlich das Gesetz der Abhängigkeit zwischen den Coefficienten einer vorausgesetzten Reihe, welches ganz allgemein existirt, festgestellt werden. Dann sind die besondern Entwickelungen nur einzelne Anwendungen des allgemeinen Satzes.

Wir wollen indessen die Aufstellung jenes allgemeinen Satzes für den Augenblick absichtlich bei Seite setzen, und die Methode der unbestimmten Coefficienten auf den gegenwärtigen besondern Fall einzeln anwenden; eines Theils, um die Möglichkeit zu zeigen, die gegenwärtigen Entwickelungen auch an und für sich, bloss durch die Methode der unbestimmten Coefficienten, auf eine Weise,

die

Logarithmen, Logarithmanden etc.

die man gewöhnlich elementar nennt, aufzustellen und eine aus der andern herzuleiten, andern Theils, um auch an dem gegenwärtigen Beispiele den Vorzug allgemeiner vor besondern Methoden sichtbar zu machen, und zu zeigen, in welche Schwierigkeiten man sich verwickelt, wenn man beim Besondern stehen bleibt, und nicht sogleich zum Allgemeinen übergeht, und wie einfach dagegen Alles wird, sobald man das Allgemeine vorausschickt.

9.

Dass die sechs Entwickelungen nicht von einander unabhängig sein können, sondern, dass sich eine auf die andere muss bringen lassen, ist leicht zu sehen, weil die Grössen, die dabei vorkommen, mit einander verbunden sind. In der That lassen sich die sechs Entwickelungen, in so fern es auf den letzten Grund ankommt, auf eine einzige reduciren, und die übrigen sind blosse Verwandlungen dieser einen.

Es ist selbst gleichgültig, welche man zu dieser einen Haupt-Entwickelung nimmt. Am einfachsten aber ist es, die Entwickelung der Potestät, deren Resultat man auch, in so fern man zur Wurzel eine *zweitheilige* Grösse nimmt, *binomischen Lehrsatz* nennt, zur Haupt-Entwickelung zu machen, weil sich aus dieser alle übrigen am leichtesten ableiten lassen.

Wir müssen also zunächst den binomischen Lehrsatz, ganz allgemein, für jeden beliebigen Werth des Exponenten, strenge, aber ohne fremde Sätze, bloss durch die Methode der unbestimmten Coefficienten und durch Buchstaben-Rechnung beweisen.

Der binomische Lehrsatz.

10.

Vermöge der zweiten von den vier Gleichungen (5, 6, 7, 8.), durch welche die Eigenschaften, oder der vorausgesetzte Zusammenhang der in der Grund-Gleichung

$$u^y = z$$

vorkommenden Grössen u, y, z ausgedrückt wurde, ist

$$26. \quad u^y \,.\, k^y = (uk)^y$$

I. Man setze, und zwar auf Gerathewohl, nur um ein Beispiel zu sehen, wie die Rechnung anzeigt, ob Voraussetzungen passend waren, oder nicht, die Grösse u^y sei folgender Reihe gleich

$$27. \quad u^y = \alpha + \beta u + \gamma u^2 + \delta u^3 \ldots.$$

unter der Bedingung, dass die Coefficienten α, β, γ, δ .... weiter kein u enthalten, oder von u nicht abhängen.

Da die Grössen α, β, γ, δ .... von u gar nicht abhängen sollen, so können sie nur noch von y und Constanten, das heisst, von y und Grössen abhängen, die für alle verschiedene Werthe von u und y die nemlichen bleiben. Daraus folgt,

Vom binomischen Lehrsatze.

dass, wenn man der Grösse u andere Werthe, z. B. k und uk, giebt, y aber ungeändert lässt, die Coefficienten α, β, γ, δ .... die nemlichen bleiben müssen. Man erhält also

$$k^y = \alpha + \beta k + \gamma k^2 + \delta k^3 \dots \text{ und}$$
$$(uk)^y = \alpha + \beta uk + \gamma u^2 k^2 + \delta u^3 k^3 \dots$$

Da nun vermöge (26.) $u^y k^y = (uk)^y$ ist, so ist

$$(\alpha + \beta u + \gamma u^2 + \delta u^3 \dots)(\alpha + \beta k + \gamma k^2 + \delta k^3 \dots)$$
$$= \alpha + \beta uk + \gamma u^2 k^2 + \delta u^3 k^3 \dots$$

oder, wenn man wirklich multiplicirt:

$$\begin{aligned}\alpha^2 + \alpha\beta k + \alpha\gamma k^2 + \alpha\delta k^3 \dots &= \alpha + \beta uk + \gamma u^2 k^2 + \delta u^3 k^3 \dots,\\ + \alpha\beta u + \beta^2 uk + \beta\gamma uk^2 \dots &\\ + \alpha\gamma u^2 + \beta\gamma u^2 k \dots &\\ + \alpha\delta u^3 \dots &\end{aligned}$$

oder

$$\begin{aligned}\alpha^2 + \alpha\beta k + \alpha\gamma k^2 + \alpha\delta k^3 \dots &= 0.\\ -\alpha + \alpha\beta u + (\beta^2 - \beta) uk + \beta\gamma uk^2 \dots &\\ + \alpha\gamma u^2 + \beta\gamma u^2 k \dots &\\ + \alpha\delta u^3 \dots &\end{aligned}$$

Diese Gleichung ist in dem Falle von (Gl. 23., §. 7., VII.), weil u und k weder von einander, noch von α, β, γ, δ etc. abhängen; also ist

$$\alpha^2 - \alpha = 0, \text{ oder } \alpha = 1,$$
$$\alpha\beta = 0, \text{ also } \beta = 0,$$
$$\alpha\gamma = 0, \text{ also } \gamma = 0,$$
$$\alpha\delta = 0, \text{ also } \delta = 0 \text{ u. s. w.}$$

Man würde also, wenn man diese Werthe der

Vom binomischen Lehrsatze.

Coefficienten in die vorausgesetzte Reihe (27.) substituirte,

$$28. \quad u^y = 1.$$

finden, welches anzeigt, dass die vorausgesetzte Reihe nur allein für $y = 0$ gilt, weil nur für $y = 0$, allgemein für jedes u, $u^y = 1$ ist (Gl. 10.) dass also dieselbe, ihrer Form nach, nicht allgemein für jeden Werth von y passt.

II. Hätte man die Reihe

$$29. \quad u^y = \alpha y + \beta y^2 + \gamma y^3 \ldots.$$

vorausgesetzt, so wäre

$$u^y = \alpha k + \beta k^2 + \gamma y^3 \ldots. \text{ und}$$
$$(uk)^y = \alpha uk + \beta u^2 k^2 + \gamma u^3 k^3 \ldots.,$$

und folglich, vermöge (26.),

$$(\alpha u + \beta u^2 + \gamma u^3 \ldots.)(\alpha k + \beta k^2 + \gamma k^3 \ldots.)$$
$$= \alpha uk + \beta u^2 k^2 + \gamma u^3 k^3 \ldots.,$$

oder, wenn man wirklich multiplicirt,

$$\begin{aligned}\alpha^2 uk + \alpha\beta uk^2 + \alpha\gamma uk^3 \ldots. &= \alpha uk + \beta u^2 k^2 + \gamma u^3 k^3 \ldots.;\\ + \alpha\beta u^2 k + \beta^2 u^2 k^2 \ldots. &\\ + \alpha\gamma u^3 k \ldots. &\end{aligned}$$

woraus, vermöge (Gl. 23.) folgt:

$$\alpha^2 = \alpha, \text{ also } \alpha = 1,$$
$$\alpha\beta = 0, \text{ also } \beta = 0,$$
$$\alpha\gamma = 0, \text{ also } \gamma = \text{ etc.}$$

also wiederum

$$u^y = 1$$

wie vorhin, so dass also die Form der vorausgesetzten Reihe ebenfalls nicht allgemein, sondern nur für $y = 0$ passt.

Vom binomischen Lehrsatze.

So zeigt die Rechnung selbst an, ob die vorausgesetzte Form der Reihe Statt findet oder nicht.

III. Das Suchen nach der Form der Reihe ist aber an und für sich nicht nöthig. Es geschahe hier nur Beispielweise. Man kann vielmehr durch eine einfache Betrachtung leicht voraussehen, welche Form passend ist. Setzt man nemlich in die Grund-Gleichung (26.) $u = 1$, so erhält man $1^y . k^y = (k)^y$, also

$$30.\quad 1^y = 1.$$

Daraus folgt, dass der Werth 1 von u die Reihe für u^y auf 1, also auf eine Grösse reduciren muss, die weder von u noch von y abhängt. Eine solche Grösse kann nur ein einzelner Coefficient, nicht die Summe mehrerer oder aller sein, welches also die Form

$$31.\quad u^y = \alpha + \beta(u-1) + \gamma(u-1)^2 + \delta(u-1)^3 \ldots\ldots$$

erfordert, wo sich u^y, für $u = 1$, auf $1^y = \alpha$ reducirt, welches gleich α sein kann.

Setzt man nun $u - 1 = v$, so ist $u = 1 + v$ also

$$(1+v)^y = \alpha + \beta v + \gamma v^2 + \delta v^3 \ldots\ldots,$$

oder, wenn man wieder u statt v schreibt,

$$32.\quad (1+u)^y = \alpha + \beta u + \gamma u^2 + \delta u^3 \ldots\ldots$$

In dieser Form kann die Reihe möglicherweise für beliebige Werthe von u und y passen. Ob es der Fall sei, wird sich zeigen, wenn man für α, β, γ .... bestimmte, von y abhängende Werthe findet.

Vom binomischen Lehrsatze.

IV. Man erhält, vermöge der Grund-Gleichung (26.),

$$33. \quad (1+u)^y(1+k)^y = [(1+u)(1+k)]^y.$$

Nun sind die Coefficienten α, β, γ .... in der vorausgesetzten Reihe, (32.), der Bedingung der Reihe zu Folge, von u unabhängig, indem sie bloss von y abhängen sollen, also auch von k, und folglich auch von dem Verhältnisse zwischen den Grössen u und k. Man muss also nothwendig immer die nemlichen Coefficienten finden, welches Verhältniss man auch zwischen u und k voraussetzen mag, mithin auch die nemlichen Coefficienten, wenn man z. B. $u = k$, und folglich statt der Gleichung (33.) die Gleichung

$$34. \quad (1+u)^y.(1+u)^y = (1+2u+u^2)^y$$

als Grund-Gleichung voraussetzt.

V. Dieses folgt unstreitig a priori. Um indessen, weil es hier nicht sowohl auf das Resultat ankommt, welches längst bekannt ist, als auf die verschiedenen Umstände, die bei den Entwickelungen vorkommen können, wollen wir, ehe wir weiter gehen, sehen, wie die Rechnung den eben gemachten Schluss bestätigt. Wir wollen daher nicht $u = k$, sondern allgemein

$$k = nu,$$

also zur Grund-Gleichung

$$35. \quad (1+u)^y(1+nu)^y = [1+(1+n)u+nu^2]^y$$

annehmen.

Vom binomischen Lehrsatze.

Es wurde vorausgesetzt

$$(1+u)^y = \alpha + \beta u + \gamma u^2 + \delta u^3 \ldots.$$

Dieses giebt, wenn man nu statt u setzt,

$$(1+nu)^y = \alpha + \beta nu + \gamma n^2 u^2 + \delta n^3 u^3 \ldots,$$

und wenn man $(1+n)u + nu^2$ statt u setzt,

$$\begin{aligned}[1+(1+n)u+nu^2] = \alpha + \beta[(1+n)u + nu^2) \\ + \gamma[(1+n)u + nu^2]^2 \ldots\end{aligned}$$

also, vermöge der Grund-Gleichung (35.)

$$\begin{aligned}&(\alpha+\beta u+\gamma u^2+\delta u^3 \ldots)(\alpha+\beta nu+\gamma n^2u^2+\delta n^3u^3 \ldots) \\ &= \alpha + \beta[(1+n)u+nu^2] + \gamma[(1+n)u+nu^2]^2 \ldots\end{aligned}$$

Daraus folgt, wenn man wirklich multiplicirt:

$$\begin{aligned}&\alpha^2 + \alpha\beta nu + \alpha\gamma n^2u^2 + \alpha\delta n^3u^3 \ldots = \\ &\quad + \alpha\beta u + \beta^2 nu^2 + \beta\gamma n^2u^3 \ldots \\ &\qquad + \alpha\gamma u^2 + \beta\gamma nu^3 \ldots \\ &\qquad\qquad + \alpha\delta u^3 \ldots \\ &\alpha + \beta nu + \beta nu^2 + 2\gamma(1+n)nu^3 \ldots \\ &\quad + \beta u + \gamma(1+n)^2u^2 + \delta(1+n)^3u^3 \ldots\end{aligned}$$

Da diese Gleichung für alle u, auch für $u = 0$ gilt, so kann man die Coefficienten zu gleichen Potestäten von u, zu Folge (§. 7.), gleich setzen. Dieses giebt

$$\alpha^2 = \alpha, \text{ also } \alpha = 1,$$

$$\alpha\beta(n+1) = \beta(n+1) \text{ also } \beta = \beta,$$

$$\alpha\gamma(1+n^2)+\beta^2 n = \beta n + \gamma(1+n^2) \text{ oder } (\beta^2-\beta)n = 2\gamma n, \gamma = \frac{\beta.\beta-1}{2}$$

$$\alpha\delta(1+n^3) + \beta\gamma n(1+n) = 2\gamma n(1+n) + \delta(1+n)^3,$$

oder

$$\beta\gamma n(1+n) = 2\gamma n(1+n) + 3\delta n(1+n),$$

Vom binomischen Lehrsatze.

oder

$$\beta\gamma - 2\gamma = 3\delta = (\beta-2)\gamma = \frac{\beta.\beta-1.\beta-2}{2} \text{ also } \delta = \frac{\beta.\beta-1.\beta-2}{2.3}$$

u. s. w.

Wie man sieht, enthalten diese Ausdrücke der Coefficienten $\alpha, \beta, \gamma \ldots$ sämmtlich kein n, welches sich auch allgemein nachweisen liesse. Es folgt also, dass, wie vorauszusehen war, das Verhältniss zwischen den Grössen u und k für die Coefficienten völlig gleichgültig ist, und dass man also die nemlichen Coefficienten findet, wenn man auch ein beliebiges Verhältniss zwischen u und k, z. B. $u = k$ annimmt.

VI. Die Grund-Gleichung (34.) ist also wirklich völlig zureichend.

Man erhält, wenn man darin

$$36. \begin{cases} (1+u)^\gamma = \alpha + \beta u + \gamma u^2 + \delta u^3 \ldots \text{ und} \\ (1+2u+u^2)^\gamma = \alpha + \beta u(2+u) + \gamma u^2(2+u)^2 + \delta u^3(2+u)^3 \ldots \end{cases}$$

substituirt:

$$37. \quad \begin{array}{ll} \alpha^2 + \alpha\beta u + \alpha\gamma u^2 + \alpha\delta u^3 + \alpha\varepsilon u^4 \ldots & = \alpha + 2\beta u + \beta u^2 + 4\gamma u^3 + \gamma u^4 \ldots \\ \quad + \alpha\beta u + \beta^2 u^2 + \beta\gamma u^3 + \beta\delta u^4 \ldots & \quad + 4\gamma u^2 + 8\delta u^3 + 12\delta u^4 \ldots \\ \quad\quad + \alpha\gamma u^2 + \beta\gamma u^3 + \gamma^2 u^4 \ldots & \quad\quad + 16\varepsilon u^4 \ldots \\ \quad\quad\quad + \alpha\delta u^3 + \beta\delta u^4 \ldots & \\ \quad\quad\quad\quad + \alpha\varepsilon u^4 \ldots & \end{array}$$

Dieses giebt, wenn man die Coefficienten zu gleichen Potestäten von u einander gleich setzt,

$\alpha^2 = \alpha$, also $\alpha = 1$,

$2\alpha\beta = 2\beta$, also $\beta = \beta$,

Vom binomischen Lehrsatze.

$$2\alpha\gamma+\beta^2=4\gamma+\beta,\ \gamma=\frac{\beta.\beta-1}{2},$$

$$2\alpha\delta+2\beta\gamma=4\gamma+8\delta, 3\delta=(\beta-2)\gamma,\ \delta=\frac{\beta.\beta-1.\beta-2}{2.3}$$

$$2\alpha\varepsilon+2\beta\delta+\gamma^2=\gamma+12\delta+16\varepsilon,\ \varepsilon=\frac{\beta.\beta-1.\beta-2.\beta-3}{2.3.4}$$

u. s. w.

also nunmehr

38. $(1+u)^y$

$$=1+\beta u+\frac{\beta.\beta-1}{2}u^2+\frac{\beta.\beta-1\beta-2}{2.3}u^3+\frac{\beta.\beta-1\beta-2.\beta-3}{2.3.4}u^4....$$

VII. Der Coefficient der Eins-Potestät von u ist in dieser Reihe noch nicht bestimmt. Um ihn zu finden, nehme man die erste der Grundbedingungen der Potestäten (Gl. 4.) $u^{y+k}=u^y.u^k$ zu Hülfe. Man setze $1+u$ statt u so erhält man

$$39.\quad (1+u)^y(1+u)^k=(1+u)^{y+k}$$

Nun hängt der gesuchte Coefficient β bloss noch von dem Exponenten der Potestät, zu welcher er gehört, und vielleicht von Constanten ab; denn nach der Voraussetzung sollten die Coefficienten α, β, γ, δ.... kein u mehr enthalten. Man kann also den Coefficienten β für den Exponenten y etwa durch φy bezeichnen. Dann ist derselbe für den Exponenten k nothwendig φk, und für den Exponentrn $y+k$, $\varphi(y+k)$, weil die Gleichung für jeden beliebigen Werth von y gilt. Substituirt man Dieses in (32.) und darauf die Resultate in (38.), so erhält man

Vom binomischen Lehrsatze.

$$\left(1+u\varphi y+u^2\frac{\varphi y.(\varphi y-1)}{2}\ldots\right)\left(1+u\varphi k+u^2\frac{\varphi k.(\varphi k-1)}{2}\ldots\right)$$
$$=1+u\varphi(y+k)+u^2\frac{\varphi(y+k).[\varphi(y+k)-1]}{2}\ldots$$

Dieses giebt, wenn man wirklich multiplicirt:

$$1+u\varphi y+u^2\frac{\varphi y.(\varphi y-1)}{2}\ldots=1+u\varphi(y+k)+\frac{u^2}{2}\varphi(y+k)[\varphi(y+k)-1]\ldots$$
$$+u\varphi k+u^2\varphi y\varphi k\ldots$$
$$+u^2\frac{\varphi k(\varphi k-1)}{2}\ldots$$

Da diese Gleichung für alle u, auch für $u=0$ gilt, so erhält man, wenn man die Coefficienten zu einerlei Potestäten von u einander gleich setzt,

$$40.\ \begin{cases}\varphi y+\varphi k=\varphi(y+k)\\ \varphi y(\varphi y-1)+2\varphi y\varphi k+\varphi k(\varphi k-1)=\varphi(y+k)[\varphi(y+k)-1]\end{cases}$$

u. s. w.

Da nur eine einzige Grösse bestimmt werden soll, so kann auch nur eine einzige Gleichung dazu gebraucht werden, oder wenn mehrere Gleichungen vorhanden sind, so müssen sie nothwendig das Nemliche geben. In der That giebt die zweite Gleichung, wenn man darin den Werth von $\varphi(y+k)$ aus der ersten substituirt,

$$\varphi y^2-\varphi y+2\varphi y\varphi k+\varphi k^2-\varphi k=\varphi y^2+2\varphi y\varphi k+\varphi k^2-\varphi y-\varphi k$$

welches identisch ist und wirklich keine neue Bestimmung für φ, ausser der ersten Gleichung, enthält. Eben so muss es sich nothwendig mit der dritten und den folgenden Gleichungen verhalten.

Es ist also nur die einzige Gleichung

$$41.\quad \varphi.(y+k) = \varphi y + \varphi k$$

zur Bestimmung der durch φ bezeichneten Abhängigkeit vorhanden.

VIII. Um dieselbe daraus zu finden, setze man, nach der Methode der unbestimmten Coefficienten, die unbekannte Grösse φy, von welcher man bloss weiss, dass sie *nur* von y und vielleicht von Constanten abhängt, sei in die Reihe

$$42.\quad \varphi y = A + By + Cy^2 \ldots .$$

entwickelt worden, wo A, B, C .... nicht mehr von y abhängen. Findet man Werthe für A, B, C .... die nicht mehr von y abhängen, so ist die Voraussetzung erlaubt. Dieses giebt, wenn man k statt y setzt, welches angeht, weil die Gleichung, nach der Voraussetzung, für jeden beliebigen Werth von y gilt:

$$43.\quad \varphi k = A + Bk + Ck^2 \ldots .;$$

denn die Coefficienten bleiben die nemlichen, weil sie nach der Voraussetzung nicht von dem Werthe von y abhängen; desgleichen erhält man, wenn man $y+k$ statt y setzt,

$$44.\quad \varphi(y+k) = A + B(y+k + C(y+k)^2 \ldots .$$

Substituirt man die Ausdrücke (42, 43, 44.) in die erste Gleichung (41.) so erhält man

$$\begin{array}{ll} A+By+Cy^2 \ldots . = & A+By+Cy^2 \ldots . \\ +A+Bk+Ck^2 \ldots . & \quad +Bk+Cyk \ldots . \\ & \quad\quad +Ck^2 \ldots . \end{array}$$

Vom binomischen Lehrsatze.

woraus, vermöge (§. 7., VII.), weil die Gleichung für jeden beliebigen Werth von u und k, Null eingeschlossen, gilt:

$$2A = A, \text{ also } A = 0,$$
$$B = B,$$
$$2C = 0 \text{ also } C = 0,$$

eben so $D = 0$ etc.

folgt.

Es ist also nothwendig

$$45. \quad \varphi y \text{ oder } \beta = By,$$

wo B eine Grösse ist, die nicht von y abhängt, und die folglich, weil sie auch nicht von u abhängt, nothwendig eine Constante ist.

IX. Substituirt man diesen Werth von β in (Gl. 38.), so erhält man

$$46. \; (1+u)^y = 1 + Byu + \frac{By.(By-1)}{2}u^2 + \frac{By.(By-1)(By-2)}{2.3}u^3 \ldots$$

wo nur noch B unbestimmt ist.

Da diese Grösse B weder von y noch von u abhängt, so ist sie die nemliche für jeden beliebigen Werth von u und y. Man darf sie daher nur für *irgend einen* Werth von u oder y bestimmen, so erhält man ihren Werth für *jedes beliebige* u und y. Dieses ist leicht; denn man darf nur $y = 1$ setzen. Dieses giebt, weil $(1+u)^1 = 1+u$ (Gleichung 7.) ist,

$$47. \; 1+u = 1 + Bu + \frac{B.B-1}{2}u^2 + \frac{B.B-1B-2}{2.3}u^3 \ldots.$$

Hier kann man wieder, weil die Gleichung für

Vom binomischen Lehrsatze.

jeden beliebigen Werth von u, o eingeschlossen, gilt, die Coefficienten zu einerlei Potestäten von u gleich setzen, welches

$$48.\quad \begin{cases} B = 1 \\ B.B-1 = 0 \\ B.B-1,\, B-2 = 0 \text{ etc.} \end{cases}$$

giebt. Der Werth 1 von B, welchen die erste dieser Gleichungen giebt, thut, wie gehörig, auch allen übrigen Genüge; also ist unbedingt

$$49.\quad B = 1.$$

X. Substituirt man noch diesen Werth von B in (46.), so erhält man

$$50.\quad (1+y)^y = 1 + yu + \frac{y.y-1}{2}u^2 + \frac{y.y-1.y-2}{2.3}u^3 \ldots$$

Setzt man $\frac{k}{u}$ statt u, so erhält man

$$\left(1+\frac{k}{u}\right)^y = 1 + y\frac{k}{u} + \frac{y.y-1}{2}\left(\frac{k}{u}\right)^2 + \frac{y.y-1.y-2}{2.3}\left(\frac{k}{u}\right)^3 \ldots,$$

oder, wenn man mit u^y multiplicirt,

$$51.\quad (u+k)^y =$$

$$u^y + yku^{y-1} + \frac{y.y-1}{2}k^2u^{y-2} + \frac{y.y-1.y-2}{2.3}k^3u^{y-3} \ldots$$

XI. Dieses ist der bekannte binomische Lehrsatz in seiner vollen Allgemeinheit. Der vorstehende Beweis desselben ist durchaus strenge, und nirgends an irgend einen besondern Werth von u oder y gebunden. Er gilt, die Wurzel u oder der Exponent y mögen sein, was man immer will: ganze oder gebrochene, positive oder negative Zahlen, transcendente oder unmögliche Grössen. Das Einzige, was dabei nachzuholen wäre, würde noch die Bestimmung des *allgemeinen Gliedes* sein. Hiezu würde nöthig sein, dass man zuvor *allgemein* den Reihen-Ausdruck für *rationale* Potestäten kennt, weil dieselben in der Gleichung (37.) vorkommen. Diesen kann man bekanntlich elementar finden, indem man z. B. für $(1+u)^n$, wo n eine ganze Zahl ist, nach der Methode der unbestimmten Coefficienten, die Reihe

$$52. \quad (1+u)^n = 1 + Au + Bu^2 + Cu^3 \ldots.$$

voraussetzt, dieselbe mit $1+u$ multiplicirt, welches

$$\begin{aligned}(1+u)^{n+1} &= 1 + Au + Bu^2 + Cu^3 \ldots. \\ &\quad\; + 1u + Au^2 + Bu^3 \ldots.\end{aligned}$$

giebt und aus dem Umstande, dass, wie man sieht, wenn der Exponent um 1 steigt, A um 1, B um A, C um B etc. wächst, den Ausdruck dieser Grössen bestimmt.

Wenn auf solche Weise das allgemeine Glied des Reihen-Ausdrucks für rationale Potestäten gefunden ist, so kann man, vermöge der Gleichung (37.) auch zu dem allgemeinen Gliede des Reihen-Ausdrucks für beliebige Potestäten gelangen. Eine Lücke hat daher der obige Beweis nicht, sondern es ist durch das Vorstehende erwiesen, dass der Beweis des binomischen Lehrsatzes, in der höchsten Allgemeinheit, bloss durch die Methode der unbestimmten Coefficienten, wenigstens *möglich* ist; das heisst, es ist bewiesen, dass sich die durch $(1+u)^y$ bezeichnete, von u und y abhängige Grösse,

Vom binomischen Lehrsatze.

welche die durch die vier Bedingungs-Gleichungen (5, 6, 7, 8.) ausgedrückte Eigenschaften hat, ganz allgemein in die Reihe (50.) entwickeln lässt, was auch u und y sein mögen. Wir werden aber weiter unten sehen, dass man durch eine allgemeinere Methode weit kürzer das nemliche Resultat und noch mehr, nemlich auch noch das allgemeine Glied mit der nemlichen Strenge finden kann.

Es ist nicht unnütz, auf den obigen strengen Beweis des so wichtigen binomischen Lehrsatzes aufmerksam zu machen, weil so viele vorhandene Beweise mehr oder weniger noch Schwächen und Lücken haben.

XI. Setzt man $u+k=v$ so dass $u=v-k$, so erhält man in (51.)

$$v^y = (v-k)^y + yk(v-k)^{y-1} + \frac{y.y-1}{2}k^2(v-k)^{y-2}\ldots,$$

oder, wenn man u statt v schreibt,

$$53.\quad u^y = (u-k)^y + y.k.(u-k)^{y-1} + \frac{y.y-1}{2}k^2(u-k)^{y-2}\ldots$$

welches die directe Entwickelung der y Potestät einer beliebigen Grösse u ist, nemlich der Ausdruck der Grösse $z=u^y$, durch u und y. Sie enthält eine neue Grösse k, deren Werth ganz willkürlich ist.

Setzt man z. B. $k=u-1$, so erhält man

$$54.\quad u^y = 1 + y(u-1) + \frac{y.y-1}{2}(u-1)^2 + \frac{y.y-1.y-2}{2.3}(u-1)^3\ldots$$

welches auch unmittelbar aus (50.) folgt, wenn man daselbst $u-1$ statt u setzt.

Die übrigen fünf Entwickelungen der Potestäten etc.

11.

Aus diesem Ausdrucke der Potestät u^y, das heisst, aus der ersten der sechs Entwickelungen, zu welcher die Grund-Gleichung $u^y = z$ Veranlassung giebt, nemlich derjenigen der Grösse z durch u und y, mit u als Hauptgrösse, oder der Potestät durch die Wurzel für einen beliebigen Exponenten, lassen sich nun unmittelbar die übrigen fünf Entwickelungen, wie folgt, finden.

I. Vermöge der dritten Grund-Gleichung (7.) ist

$$55.\quad (u^m)^{\frac{y}{m}} = u^{m \cdot \frac{y}{m}} = u^y,$$

wo m ganz willkürlich ist. Wenn man daher in den für u^y gefundenen Ausdruck (53.) u^m statt u, und $\frac{y}{m}$ statt y setzt, so bleibt der Werth des Ausdrucks gleich u^y und folglich unverändert der nemliche. Dieses giebt

$$56.\quad u^y = (u^m-k)^{\frac{y}{m}} + \frac{y}{m} k(u^m-k)^{\frac{y}{m}-1}$$
$$+ \tfrac{1}{2} \frac{y}{m} \cdot \frac{y}{m} - 1 . k^2 (u^m-k)^{\frac{y}{m}-2} \ldots .$$

in welchem Ausdrucke sich nunmehr zwei willkürliche

liche Grössen k und m befinden. Man kann vermittels dieser Grössen die Reihen convergent machen. Zu dem gegenwärtigen Zwecke setze man

$$57.\quad k = u^m - 1,$$

so ist $u^m - k = 1$ und folglich

$$58\quad u^y =$$

$$1 + y.\frac{u^m - 1}{m} + \frac{y.y-m}{2}\left(\frac{u^m-1}{m}\right)^2 + \frac{y.y-m.y-2m}{2.3}\left(\frac{u^m-1}{m}\right)^3 \ldots$$

welches auch unmittelbar aus (54.) folgt, wenn man daselbst u^m statt u, und $\frac{y}{m}$ statt y setzt.

II. Nimmt man in der Grund-Gleichung $z = u^y$ von z eine willkürliche, z. B. die λ Potestät, so ist, vermöge der dritten Grund-Bedingung (7.),

$$z^\lambda = u^{y\lambda} = (u^\lambda)^y.$$

III. Man setze

$$59.\quad z^\lambda = 1 + p \text{ und } u^\lambda = 1 + q,$$

so ist

$$60.\quad 1 + p = (1 + q)^y.$$

Nun ist, vermöge (50.),

$$(1+q)^y = 1 + yq + \frac{y.y-1}{2}q^2 + \frac{y.y-1.y-2}{2.3}q^3 \ldots,$$

also $1 + yq + \frac{y.y-1}{2}q^2 + \frac{y.y-1.y-2}{2.3}q^3 \ldots = 1 + p,$

woraus, wenn man auf beiden Seiten die Einheit weglässt, und durch q dividirt

$$61.\quad \frac{p}{q} = y + \frac{y.y-1}{2}q + \frac{y.y-1.y-2}{2.3}q^2 \ldots,$$

Entwickelung der Potestäten,

oder, weil $p = z^\lambda - 1$ und $q = u^\lambda - 1$ ist (59.)

$$62.\quad \frac{z^\lambda - 1}{u^\lambda - 1} = y + \frac{y \cdot y-1}{2} q + \frac{y \cdot y-1 \cdot y-2}{2 \cdot 3} q^2 \ldots$$

folgt.

IV. Für $\lambda = 0$ ist, vermöge (59.) $1 = 1 + q$, also $q = 0$. Setzt man diesen Fall in (62.), so erhält man

$$63.\quad \frac{z^\lambda - 1}{u^\lambda - 1} = y, \text{ für } \lambda = 0.$$

Die Grösse y ist, vermöge der Grund-Gleichung $u^y = z$, der Logarithme von z für die Basis u, oder gleich ${}^u z$; also ist vermöge (63.)

$$64.\quad {}^u z = \frac{z^\lambda - 1}{u^\lambda - 1} \text{ für } \lambda = 0.$$

Dieses ist der Ausdruck des Logarithmen der Grösse z für die Basis u, aber noch in unbestimmter Form, weil man noch nicht weiss, was der Ausdruck, der für $\lambda = 0$, wie er genommen werden soll, $\frac{0}{0}$ giebt, bedeutet.

V. Man kann denselben, wie leicht zu sehen, auch wie folgt, schreiben

$$65.\quad {}^u z = \frac{z^\lambda - 1}{\lambda} : \frac{u^\lambda - 1}{\lambda} \text{ für } \lambda = 0.$$

Der Werth der Grösse $\frac{u^\lambda - 1}{\lambda}$ für $\lambda = 0$ hängt offenbar allein von u ab, weil die zweite Grösse λ, die darin vorkommt, Null sein soll. Es muss

Logarithmen und Logarithmanden.

also nothwendig irgend einen Werth von u geben, für welchen $\frac{u^\lambda - 1}{1}$, für den Fall $\lambda = 0$, *der Einheit* gleich ist. Man setze diesen unbekannten Werth von u gleich e, also

$$66. \quad u = e \text{ für } \frac{u^0 - 1}{0} = 1;$$

so ist

$$67. \quad \frac{e^\lambda - 1}{\lambda} = 1 \text{ für } \lambda = 0,$$

folglich, wenn man in (65.) e statt u setzt,

$$68. \quad {}^e z = \frac{z^\lambda - 1}{\lambda} \text{ für } \lambda = 0.$$

Dieser Logarithme einer beliebigen Grösse z für den, durch (66.) bestimmten Werth e der Basis u, heisst gewöhnlich der *natürliche* oder *hyperbolische.* Die Benennung *natürlich* ist unstreitig angemessen, weil die Einheit die Basis aller Zahlen ist, und also derjenige Logarithme, für welchen der von der Basis allein abhängende Nenner des, allgemein den Werth des Logarithmen einer beliebigen Zahl z, für eine beliebige Basis u, ausdrückenden Bruchs, der Einheit gleich ist, mit Recht der *natürliche* heisst. Die andern Benennung: hyperbolischer Logarithme dagegen ist unangemessen, weil die Analysis die Geometrie weder zu Hülfe nehmen darf noch muss, da sie derselben vorhergeht und die Geometrie vielmehr der Analysis bedarf, nicht umgekehrt. Wir werden uns über diese Bemerkung weiter unten ausführlicher äussern.

Entwickelung der Potestäten,

VI. Aus ${}^{e}z = \frac{z^{\lambda}-1}{\lambda}$ für $\lambda = 0$ (68.) folgt, wenn man u statt z setzt,

$$69. \quad \frac{u^{\lambda}-1}{\lambda} = {}^{e}u \text{ für } \lambda = 0,$$

also in (65.)

$$70. \quad {}^{u}z = \frac{{}^{e}z}{{}^{e}u}$$

Diese Gleichung zeigt, wie der Logarithme einer beliebigen Grösse z, für eine beliebige Basis u, aus dem natürlichen Logarithmen der nemlichen Grösse, das heisst, aus demjenigen Logarithmen dieser Grösse, dessen Basis gleich e, nemlich gleich der Grösse ist, für welche $\frac{e^{\lambda}-1}{\lambda}$, für $\lambda = 0$, gleich Eins ist, gefunden werden kann. Man sieht, dass man den Logarithmen einer beliebigen Grösse z, für eine beliebige Basis u findet, wenn von den natürlichen Logarithmen der nemlichen Grösse z mit der Einheit, dividirt durch den natürlichen Logarithmen der neuen Basis u, oder mit der Grösse $\frac{1}{{}^{e}u}$ multiplicirt. Diese Grösse

$$71. \quad \frac{1}{{}^{e}u} = M$$

nennt man gewöhnlich den *Modul* des Systems. Die Logarithmen von einerlei Zahlen sind, wie daraus, dass der Modul bloss von der Basis abhängt, und also für die Logarithmanden eine Constante ist, folgt, in allen Systemen Gleich-Vielfache.

Logarithmen und Logarithmanden.

VII. Man kann auch den Ausdruck ${}^{u}z = \frac{{}^{e}z}{{}^{e}u}$ und selbst noch einen allgemeineren ähnlichen, unmittelbar aus der Grund-Gleichung $u^y = z$ finden. Denn es sei v irgend eine andere Basis und

72. $v^p = u$, desgleichen $v^q = z$,

so ist erstlich, vermöge der dritten Grundbedingung (7.) $(v^p)^y = v^{py} = u^y = z$, also $v^{py} = v^q$, und mithin

73. $py = q$.

Da nun vermöge $v^p = u$ (72.) p der Logarithme von u für die Basis v, also $p = {}^{v}u$, vermöge der Gleichung $u^y = z$, y der Logarithme von z für die Basis u, also $y = {}^{u}z$, und vermöge $v^q = z$ (72.) q der Logarithme von z für die Basis v, also $q = {}^{v}z$ ist; so ist vermöge (73.)

74. ${}^{v}u \,.\, {}^{u}z = {}^{v}z$

und

75. ${}^{u}z = \frac{{}^{v}z}{{}^{v}u}$

welches, wenn man $v = e$ setzt, die Gleichung (70.) giebt, aber allgemeiner ist, weil die gegenwärtige Gleichung nicht bloss auf die natürlichen Logarithmen, oder die Basis e beschränkt ist, sondern allgemein für zwei beliebige, den Basen u und v correspondirende Systeme gilt.

VIII. Es folgt aus der Gleichung (75.)

76. $\frac{{}^{v}z}{{}^{u}z} = {}^{v}u$.

Dieses zeigt, dass, wenn man die Logarithmen

einer und derselben Zahl z für zwei verschiedene Basen u und v durch einander dividirt, der Quotient gar nicht von dem Logarithmanden z abhängt, sondern für ihn eine, von den beiden Basen allein abhängende, Constante ist; und zwar ist diese Constante der Exponent, für welchen die Basis des Logarithmen im Nenner, der Potestät der Basis des Logarithmen im Zähler gleich ist; denn es sei ${}^{v}u = w$ so ist $v^{w} = u$, so dass die Basis u des Logarithmen im Nenner ${}^{u}z$, der Potestät v^{w} der Basis v des Logarithmen ${}^{v}z$ im Zähler, gleich ist.

IX. Setzt man in den Ausdruck der Potestät u^{y} (58.), in welchem m eine willkürliche Grösse ist, diese Grösse $m = 0$, so ist dieser Ausdruck an und für sich unbestimmt, weil darin in jedem Gliede die Grösse $\frac{0}{0}$ vorkommt. So eben aber ist gefunden, was in dem gegenwärtigen Falle diese Grösse $\frac{0}{0}$ bedeutet. Nemlich vermöge (69.) ist $\frac{u^{\lambda}-1}{\lambda}$, für $\lambda = 0$, gleich ${}^{e}u$, oder gleich dem natürlichen Logarithmen der Basis u. Also ist auch die Grösse $\frac{u^{m}-1}{m}$ in (58.), für $m = 0$, gleich ${}^{e}u$. Man erhält also, wenn man in (58.) $m = 0$ setzt,

$$77.\quad u^{y} = 1 + y.{}^{e}u + \frac{y^{2}}{2}.{}^{e}u^{2} + \frac{y^{3}}{2.3}.{}^{e}u^{3} \dots$$

welches ein völlig bestimmter Ausdruck ist.

Derselbe ist der *zweite* Ausdruck der Potestät u^{y} durch u und y. Er ist von dem ersten (53 oder

Logarithmen und Logarithmanden.

54.), welchen der binomische Lehrsatz unmittelbar gab, wesentlich verschieden, und also das Resultat der *zweiten* Entwickelung, wenn man, statt der Basis u, den Exponenten oder Logarithmen y, in der Grund-Gleichung $u^y = z$, als Hauptgrösse betrachtet. Er ist der Ausdruck des Logarithmanden durch die Basis u und den Logarithmen y, oder der Ausdruck dessen, was man gewöhnlich *Exponential-Grösse* nennt. Er ist das Resultat der zweiten von den möglichen *sechs* Entwickelungen. Derselbe wird, wie man sieht, ebenfalls ohne alle fremde Hülfe, allein durch den binomischen Lehrsatz gefunden. Die Rechnung, welche nöthig war, um dazu zu gelangen, gab zugleich, im Vorbeigehen, die Hauptsätze der Theorie der Logarithmen.

X. Da allgemein $u^1 = u$ (Gl. 8.) also ${}^u u = 1$ ist, so ist auch ${}^e e = 1$. Dieses giebt, wenn man in (77.) $u = e$ setzt,

$$78.\quad e^y = 1 + \frac{y^2}{2} + \frac{y^3}{2.3} \ldots$$

Setzt man hierin noch $y = 0$, so erhält man

$$79.\quad e = 1 + 1 + \tfrac{1}{2} + \frac{1}{2.3} + \frac{1}{2.3.4} \ldots$$
$$= 2{,}718281828459 \ldots$$

welches der absolute Zahlenwerth der Basis e der natürlichen Logarithmen ist.

12.

Wir gehen zur *dritten* der möglichen *sechs* Entwickelungen über.

Entwickelung der Potestäten,

I. Man setze in (65.)

$$80.\quad u = 1 + p,\ \text{oder}\ z = 1 + q,$$

so erhält man

$$81.\quad {}^{u}z = \frac{(1+q)^{\lambda} - 1}{\lambda} : \frac{(1+p)^{\lambda} - 1}{\lambda}\ \text{für}\ \lambda = 0.$$

Dieses giebt, wenn man Zähler und Nenner nach dem binomischen Lehrsatze (50.) entwickelt,

$${}^{u}z = \frac{1 + \lambda q + \frac{\lambda . \lambda - 1}{2} q^2 \ldots - 1}{\lambda} : \frac{1 + \lambda p + \frac{\lambda . \lambda - 1}{2} p^2 \ldots - 1}{\lambda}$$

oder

$${}^{u}z = \frac{q + \frac{\lambda - 1}{2} q^2 + \frac{\lambda - 1 . \lambda - 1}{2 . 3} q^3 \ldots}{p + \frac{\lambda - 1}{2} p^2 + \frac{\lambda - 1 . \lambda - 2}{2 . 3} p^3 \ldots}\ \text{für}\ \lambda = 0;$$

also, wenn man wirklich $\lambda = 0$ setzt,

$${}^{u}z = \frac{q - \frac{q^2}{2} + \frac{q^3}{3} - \frac{q^4}{4} \ldots}{q - \frac{p^2}{2} + \frac{q^3}{3} - \frac{p^4}{4} \ldots},$$

oder, wenn man aus (80.) die Werthe $u - 1$ und $z - 1$ von p und q substituirt,

$$82.\quad {}^{u}z = \frac{z - 1 - \frac{(z-1)^2}{2} + \frac{(z-1)^3}{3} - \frac{(z-1)^4}{4} \ldots}{u - 1 - \frac{(u-1)^2}{2} + \frac{(u-1)^3}{3} - \frac{(u-1)^4}{4} \ldots}$$

Dieses ist der allgemeine vollständige Ausdruck des Logarithmen ${}^{u}z$ der Zahl z für die Basis u, also die Entwickelung der Grösse y in der Grund-Gleichung $u^y = z$ durch die beiden andern Grössen u und z, letztere als Hauptgrösse betrachtet. Sie ist also die

Logarithmen und Logarithmanden.

erste der beiden Entwickelungen von y und die dritte der überhaupt Statt findenden sechs Entwickelungen. Auch sie beruht, wie man sieht, allein auf dem binomischen Lehrsatze.

II. Setzt man in den allgemeinen Ausdruck des Logarithmen ${}^{u}z$ (82.), $u = e$, welches den natürlichen Logarithmen giebt, so erhält man für diesen Fall, weil alsdann der Nenner des Bruchs (65.) gleich Eins vorausgesetzt wird (66.)

$$83. \quad {}^{e}z = (z-1) - \frac{(z-1)^2}{2} + \frac{(z-1)^3}{3} + \frac{(z-1)^4}{4} \dots\dots$$

oder auch, wenn man z statt $z-1$ setzt, weil $z = 1 + z - 1$ ist,

$$84. \quad {}^{e}(1+z) = z - \frac{z^2}{2} + \frac{z^3}{3} - \frac{z^4}{4} \dots.$$

III. Da vermöge der dritten Grundbedingung (7.), wenn man in $u^y = z$, u^m statt u setzt, wo m eine willkürliche Zahl bedeutet, $(u^m)^y = u^{my} = (u^y)^m = z^m$ ist, so kann man, wenn man u^m statt u schreibt, z^m statt z setzen, ohne dadurch den Werth von y, oder von ${}^{u}z$ zu verändern. Dieses giebt, vermöge (82.),

$$85. \quad {}^{u}z = \frac{z^m - 1 - \frac{(z^m-1)^2}{2} + \frac{(z^m-1)^3}{3} - \frac{(z^m-1)^4}{4} \dots.}{u^m - 1 - \frac{(u^m-1)^2}{2} + \frac{(u^m-1)^3}{3} - \frac{(u^m-1)^4}{4} \dots,}$$

wo m willkürlich ist.

IV. Man kann vermittels dieser Grösse m die Reihe für den Logarithmen so convergent ma-

Entwickelung der Potestäten,

chen, als man will. Wie leicht zu sehen, ist die Convergenz um so stärker, je kleiner man m annimmt, weil alsdann die Grösse z^m-1 ein um so kleinerer Bruch ist. Die stärkste Convergenz findet also Statt, wenn man $m=0$ setzt. Um zu sehen, was in diesem Falle der Ausdruck (85.) giebt, bringe man ihn auf die Gestalt

86. $$^u z = \frac{(z^m-1)\left[1-\frac{z^m-1}{2}+\frac{(z^m-1)^2}{3}-\ldots\right]}{(u^m-1)\left[1-\frac{u^m-1}{2}+\frac{(u^m-1)^2}{3}-\ldots\right]}.$$

Dieses giebt für $m=0$

$$^u z = \frac{z^m-1}{u^m-1} \text{ für } m=0,$$

welches wieder der Ausdrnck (63.) ist, von welchem man ausgieng und auf welchen man also auf diese Weise zurückkommt.

V. Setzt man in (85.) $u=e$, so erhält man für den natürlichen Logarithmen, den der Convergenz fähigen Ausdruck:

87. $$^e z = \frac{z^m-1-\frac{(z^m-1)^2}{2}+\frac{(z^m-1)^3}{3}-\frac{(z^m-1)^4}{4}\ldots}{e^m-1-\frac{(e^m-1)^2}{2}+\frac{(e^m-1)^3}{3}-\frac{(e^m-1)^4}{4}\ldots}$$

VI. Dieses von Lagrange angegebene Mittel, den Ausdruck, der unmittelbar den Logarithme giebt, convergent zu machen, besteht in der obigen Einführung der willkürlichen Grösse m.

Es giebt bekanntlich noch vielerlei andere Mittel, Ausdrücke, die die Logarithmen z. B. mit Hülfe schon berechneter Logarithmen benachbarter Zahlen geben, convergent zu machen. Sie folgen aus der obigen allgemeinen Theorie der Logarithmen und gehören nicht weiter hier her.

13.

Zur *vierten* Entwickelung nehme man die erste der Basis oder Wurzel, also die Entwickelung des Ausdrucks der Grösse u aus der Gleichung $u^y = z$ vermittels der beiden andern Grössen y und z.

I. Eine solche Entwickelung findet sich unmittelbar, wenn man die Grund-Gleichung selbst verwandelt und gleichsam umgekehrt. Aus $z = u$ nemlich folgt $z^{\frac{1}{y}} = (u^y)^{\frac{1}{y}}$, und da nach der Grundbedingung (7.) $(u^y)^{\frac{1}{y}} = u^{y \cdot \frac{1}{y}} = u$ ist, so ist

$$88. \quad u = z^{\frac{1}{y}}.$$

Man erhält also, vermöge des binomischen Lehrsatzes (Gl. 53.) den Ausdruck der Grösse u durch z und y unmittelbar, wenn man in (Gl. 53.) z statt u und $\frac{1}{y}$ statt y setzt. Dieses giebt

$$89. \quad z^{\frac{1}{y}} = u = (z-k)^{\frac{1}{y}} + \frac{1}{y} k (z-k)^{\frac{1}{y}-1}$$
$$+ \frac{1}{y} \cdot \frac{1}{y} - 1 \cdot \frac{k^2}{2} (z-k)^{\frac{1}{y}-2} \; \ldots \ldots$$

wo k willkürlich ist.

Entwickelung der Potestäten,

II. Setzt man in $z^{\frac{1}{y}} = u$, z^m statt z und my statt y, so behält u den nemlichen Werth. Dieses giebt

$$90.\quad z^{\frac{1}{y}} = u = (z^m - k)^{\frac{1}{my}} + \frac{1}{y} \cdot \frac{k}{m} (z^m - k)^{\frac{1}{my}-1} + \frac{1}{y} \cdot \left(\frac{1}{y} - m\right) \cdot \frac{k^2}{2m^2} (z^m - k)^{\frac{1}{my}} \ldots .$$

wo zwei Grössen k und m *willkürlich* sind, durch welche man den Ausdruck convergent machen kann.

III. Will man den Ausdruck von u bloss auf rationale Potestäten bringen, so darf man nur das willkürliche k, $= z^m - 1$ setzen. Dann ist $z^m - k = 1$ und

$$91.\quad z^{\frac{1}{y}} = u = 1 + \frac{z^m - 1}{m} \cdot \frac{1}{y} + \frac{1}{2}\left(\frac{z^m - 1}{m}\right)^2 \frac{1}{y} \cdot \left(\frac{1}{y} - m\right) + \frac{1}{2.3}\left(\frac{z^m - 1}{m}\right)^3 \frac{1}{y} \cdot \left(\frac{1}{y} - m\right)\left(\frac{1}{y} - 2m\right) \ldots$$

wo noch m willkürlich ist.

IV. Setzt man das willkürliche m gleich 1, so erhält man

$$92.\quad z^{\frac{1}{y}} = u = 1 + \frac{1}{y}(z-1) + \frac{1}{2}\frac{1}{y} \cdot \left(\frac{1}{y} - 1\right)(z-1)^2 + \frac{1}{2.3}\frac{1}{y} \cdot \left(\frac{1}{y} - 1.\right)\left(\frac{1}{y} - 2\right)(z-1)^3 \ldots .$$

V. Setzt man das willkürliche $m = 0$, so erhält man, weil in diesem Fall $\frac{z^m - 1}{m} = {}^0z$ (Gl. 68.)

$$93.\quad z^{\frac{1}{y}} = u + \frac{c_z}{y} + \frac{c_z^{\,3}}{2.3y^3} \ldots .$$

Logarithmen und Logarithmanden.

welches auch unmittelbar aus der Gleichung (77.) folgt, wenn man daselbst z statt u und $\frac{1}{y}$ statt y setzt.

VI. Setzt man $y = 1$, so erhält man die Gleichung

$$94. \quad z = 1 + {}^{e}z + \frac{{}^{e}z^{2}}{2} + \frac{{}^{e}z^{3}}{2.3} \ldots$$

wie in der Gleichung (77.), wenn man in dieselbe $y = 1$ setzt.

Diese Ausdrücke (90, 91, 92, 93, 94.) sind Resultate der vierten Entwickelung.

14.

Eine andere, von der vorigen wesentlich verschiedene, Entwickelung von u, als *fünfte* von den sechsen, erhält man wie folgt.

I. Man setze in die Gleichung (93.) $\frac{1}{1+k} - 1$ statt $\frac{1}{y}$, so erhält man, weil $\frac{1}{1+k} - 1 = (1 - k + k^2 - k^3 \ldots) - 1 = -(k - k^2 + k^3 \ldots)$ ist,

$$z^{\frac{1}{1+k} - 1} = 1 - {}^{e}z(k - k^2 + k^3 \ldots) + \frac{{}^{e}z^{2}}{2}(k - k^2 + k^3 \ldots)^2 \ldots,$$

oder

$$z^{\frac{1}{1+k} - 1} = 1 - k\,{}^{e}z + k^2({}^{e}z + \tfrac{1}{2}\,{}^{e}z^2) - k^3({}^{e}z + {}^{e}z^2 + \frac{{}^{e}z^{3}}{2.3}) \ldots$$

oder $z^{\frac{1}{1+k}} = z\,[1 - k\,{}^{e}z + \frac{k^2}{2}\,{}^{e}z({}^{e}z + 2)$

$$- \frac{k^3}{2.3}\,{}^{e}z({}^{e}z^2 + 2.3\,{}^{e}z + 2.3) \ldots]$$

Setzt man hierin $1 + k = y$, so erhält man

$$95.\quad z^{\frac{1}{y}} = u = z[1 + (1-y).{}^{e}z + \frac{(1-y)^2}{2}\,{}^{e}z\,({}^{e}z + 2) + \frac{(1-y)^3}{2.3}\,{}^{e}z({}^{e}z^2 + 2.3\,{}^{e}z + 2.3)\ldots.]$$

welches eine von der obigen wesentlich verschiedene Entwickelung von u ist.

II. Die Grösse $z^{\frac{1}{y}}$ oder u behält den nemlichen Werth, wenn man z^m statt z und my statt y setzt. Es ist also auch, und zwar weil ${}^{e}(z^m) = m\,{}^{e}z$,

$$96.\quad z^{\frac{1}{y}} = u = z^m[1 + (1-my)m\,{}^{e}z + \frac{(1-my)^2}{2}m\,{}^{e}z(m\,{}^{e}z + 2) + \frac{(1-my)^3}{2.3}m\,{}^{e}z(m^2\,{}^{e}z^2 + 2.3.m\,{}^{e}z + 2.3)\ldots.]$$

wo die Grösse m willkürlich ist, durch welche man also die Reihe convergent machen kann.

15.

Zur sechsten Entwickelung ist noch die zweite des Logarithmen, oder der Grösse y in der Gleichung $u^y = z$ übrig. Man erhält dieselbe aus der Gleichung (95.), wenn man aus derselben y durch u und z ausdrückt.

I. Man bringe sie zu dem Ende auf die Gestalt

$$97.\quad \frac{u-z}{z.{}^{e}z} = 1 - y + \frac{(1-y)^2}{2}(z + 2) + \frac{(1-y)^2}{2.3}({}^{e}z^2 + 2.3\,{}^{e}z + 2.3)\ldots.$$

Der Kürze wegen setze man

Logarithmen und Logarithmanden.

$$98.\quad \frac{u-z}{z\,.\,{}^{c}z} = p,$$

und, nach der Methode mit unbestimmten Coefficienten,

$$99.\quad 1-y = \alpha p + \beta p^2 + \gamma p^3 \ldots\ldots$$

wo die Coefficienten α, β, γ .... zu suchen sind. Substituirt man den für $1-y$ angenommenen Ausdruck (99.). desgleichen den Ausdruck (98.) in die Gleichung (97.), so erhält man

$$p = \alpha p + \beta p^2 + \gamma p^3 + \delta p^4 \ldots\ldots$$

$$+ (\alpha p + \beta p^2 + \gamma p^3 \ldots\ldots)^2 . \frac{{}^{c}z+2}{2}$$

$$+ (\alpha p + \beta p^2 \ldots\ldots)^3 . \frac{{}^{c}z^2 + 2.3\,{}^{c}z + 2.3}{2.3} \ldots$$

oder

$$p = \alpha p + \left(\beta + \alpha^2 . \frac{{}^{c}z+2}{2}\right) p^2$$

$$+ \left(\gamma + \alpha\beta({}^{c}z+2) + \alpha^3 \frac{{}^{c}z^2 + 2.3\,{}^{c}z + 2.3}{2.3}\right) p^3 \ldots\ldots$$

Da zu den verschiedenen möglichen Werthen von p auch der Werth o gehört, indem $u = z$ oder $y = 1$ sein kann, so kann man die Coefficienten der rationalen Potestäten von p gleich setzen, welches giebt:

$$\alpha = 1,$$

$$\beta = -\frac{{}^{c}z+2}{2},$$

$$\left(\ \gamma = + \frac{({}^{c}z+2)^2}{2} - \frac{{}^{c}z^2 + 2.3\,{}^{c}z + 2.3}{2.3}\right.$$

$$= \frac{{}^{c}z^2}{2} + 2\,{}^{c}z + 2 - \frac{{}^{c}z^2}{2.3} - {}^{c}z - 1 = \frac{{}^{c}z^2}{3} + {}^{c}z + 1 \text{ etc.}$$

also

$$1-y = \frac{u-z}{z\,.\,{}^{c}z} - \frac{{}^{c}z+2}{2} . \left(\frac{u-z}{z\,.\,{}^{c}z}\right)^2 + \frac{{}^{c}z^2 + 3\,{}^{c}z + 3}{3} \left(\frac{u-z}{z\,.\,{}^{c}z}\right)^3 \ldots$$

oder

$$100.\quad y = 1 - \frac{u-z}{z\,.\,{}^{e}z} + \left(\frac{{}^{e}z}{2}+1\right)\left(\frac{u-z}{z\,.\,{}^{e}z}\right)^2 - \left(\frac{{}^{e}z^2}{3}+{}^{e}z+1\right)\left(\frac{u-z}{z\,.\,{}^{e}z}\right)^3 \ldots.$$

oder auch

$$101.\quad y = \frac{1}{{}^{e}z}\left[{}^{e}z - \left(\frac{u}{z}-1\right) + \left(\frac{u}{z}-1\right)^2\left(\frac{1}{{}^{e}z}+\frac{1}{2}\right) + \left(\frac{u}{z}-1\right)^3\left(\frac{1}{{}^{e}z^2}+\frac{1}{{}^{e}z}+\frac{1}{3}\right)\ldots.\right]$$

II. Setzt man in die Grund-Gleichung $z = u^y$, z^m statt u, so kann man entweder z^m statt z, oder $\frac{y}{m}$ statt y setzen. Beides verändert die Gleichung nicht. Auch kann man z^m statt z und my statt y setzen, ohne u zu verändern. Das erste giebt

$$102.\quad y = \frac{1}{m\,{}^{e}z}\left[m\,{}^{e}z - \left(\left(\frac{u}{z}\right)^m - 1\right) + \left(\left(\frac{u}{z}\right)^m - 1\right)^2\left(\frac{1}{m\,{}^{e}z}+\frac{1}{2}\right) - \left(\left(\frac{u}{z}\right)^m - 1\right)^3\left(\frac{1}{m^2\,{}^{e}z^2}+\frac{1}{m\,{}^{e}z}+\frac{1}{3}\right)\ldots.\right]$$

Das andere giebt

$$103.\quad y = \frac{m}{{}^{e}z}\left[{}^{e}z - \left(\frac{u^m}{z}-1\right) + \left(\frac{u^m}{z}-1\right)^2\left(\frac{1}{{}^{e}z}+\frac{1}{2}\right) - \left(\frac{u^m}{z}-1\right)^3\left(\frac{1}{{}^{e}z^2}+\frac{1}{{}^{e}z}+\frac{1}{3}\right)\ldots.\right]$$

Das

Entwickelung der Potestäten, etc.

Das dritte giebt

104. $$y = \frac{1}{m^{2e}z}\left[m^{e}z - \left(\frac{u}{z^{m}} - 1\right) + \left(\frac{u}{z^{m}} - 1\right)^{2}\left(\frac{u}{m^{e}z} + \frac{1}{2}\right) - \left(\frac{u}{z^{m}} - 1\right)^{3}\left(\frac{1}{m^{2e}z^{2}} + \frac{1}{m^{e}z} + \frac{1}{3}\right) \ldots\right]$$

Vermittels der willkürlichen Grösse m kann man diese Ausdrücke convergent machen.

Entwickelung der Potestäten etc. durch Ableitungen.

16.

Obiges sind die sechs verschiedenen möglichen Entwickelungen der Grössen-Verbindung $u^y = z$ unter denen, durch die Gleichungen (5, 6, 7, 8.) ausgedrückten Grund-Bedingungen. Dieselben geschehen, wie man sieht, vorzüglich und allein durch die Methode der unbestimmten Coefficienten, und gelten unbeschränkt für jeden beliebigen Werth der darin vorkommenden Grössen. Sie sind also auch recht elementar und geordnet; allein sie sind deshalb noch keinesweges die besten. Das angewandte Verfahren nemlich ist zwar in so fern gleichförmig, als nur allein die Voraussetzungs-Methode als Hauptmittel der Rechnung gebraucht wird; allein es sind mehrere Kunstgriffe bei den Verwandlungen zu Hülfe genommen worden, welche nicht durch sich selbst zeigen, woher sie kommen und warum gerade sie und nicht etwa andere angewendet werden. So z. B. ist die Verwandlung (§. 11.) bei dem Uebergange von dem Ausdrucke der Potestät zum Ausdrucke des Logarithmanden, und die Verwandlung (§. 15.) bei Umkehrung einer Reihe, wie zufällig da, und also fremdartig. Dieses ist einer guten Methode nicht gemäss, die vielmehr eigenthümliche Kunstgriffe, nicht allein verschmähen sondern vermeiden muss, und nur im Nothfalle sich ihrer bedienen darf, wenn das allgemeine und regelmässige Verfahren nicht mehr zureicht. Denn alle Verwandlungen und Sätze, die nicht die Untersuchung selbst an die Hand giebt und nothwendig mit sich führt, sind für die klare Einsicht, und insbesondere für den Unterricht nachtheilig. Sie zwingen zum Auswendiglernen und zur Hülfe des Gedächtniss. Nichts aber ist in einer Wissenschaft, die eine Schule des Denkens sein soll, schädlicher als Dieses. Denn es macht nicht allein die Einsicht von dem Gedächtnisse abhängig, sondern unterbricht wesentlich den logischen Zusammenhang der Sätze.

Die obigen Entwickelungen sind also eigentlich keineswegs elementar zu nennen, und als die besten anzuerkennen.

Der Fehler derselben ist der nemliche, der überall in der Analysis so sehr fühlbar ist, und die Fortschritte derselben auf eine auffallende Weise hemmt, nemlich der, dass man, statt eine *allgemeine* Entwickelung voranzuschicken, und die Sätze daraus nur als besondere Fälle abzuleiten, hiervielmehr die Auflösungs-Methode bloss auf einen einzelnen Satz anwendet, und dadurch ihre Wirkung vorsätzlich schwächt. Die Ableitung verwandter Sätze muss auf diese Weise natürlich, wenn man nicht die Anwendung der allgemeinen Auflösungs-Methode bei jedem Satze wiederholen, sondern die Sätze unmittelbar aus einander ableiten will, nothwendig schwierig sein und Kunstgriffe erfordern, die von der Eigenthümlichkeit der Sätze abhängen, und folglich nicht in der allgemeinen Methode selbst liegen.

Verlangt man daher bessere und gleichförmigere, der besondern Kunstgriffe nicht bedürftige Entwickelungen, die allein *wirklich* elementare zu nennen sind, so muss man nothwendig erst diejenigen Sätze aufstellen, welche sich auf die Methode der unbestimmten Coefficienten, oder auf die Voraussetzungs-Methode, *allgemein* für jede beliebige Zusammensetzungs-Form von Grössen, gründen lassen.

Hiezu gehört vor Allem der bekannte, ganz allgemeine Satz, dass wenn man die Entwickelung einer beliebigen, von einer zweitheiligen Grösse, wie $x+k$, abhängigen Grösse $f(x+k)$ in der Form

105. $f(x+k) = X_0 + x X_1, + k^2 X_2 + k^3 X^3 \ldots$

voraussetzt, wo X_0, X_1, X_2 etc. unbestimmte, nur von x abhängende, aus der Form der ursprünglichen Grösse fx zu bestimmende Coefficienten bedeuten: dass dann in dieser Form die sämmtlichen Coefficienten X_0, X_1, X_2...., unter allen Umständen, jeder aus dem ihm unmittelbar vorhergehenden, ganz durch eine und dieselbe Operation gefunden werden können. Man sieht, dass man durch diesen Satz schon den grossen Vortheil erhält, dass bei allen nur möglichen Entwickelungen im-

Vom Taylorschen Lehrsatze.

mer nur noch von den beiden ersten Coefficienten, oder vielmehr nur von derjenigen Operation die Rede sein kann, durch welche der zweite Coefficient X_1 aus dem ersten X_0 gefunden wird. Kennt man diese, so kennt man auch schon die ganze Reihe, weil alle Coefficienten durch die *nemliche* Operation von einander abhängen. Und was noch wichtiger ist: man ist eher im Stande, das *allgemeine Glied* anzugeben, welches bei besondern einzelnen Entwickelungen gewöhnlich noch eigenthümliche Schwierigkeiten hat. Dieser allgemeine Satz ist also vor Allem nöthig.

Fügt man zu demselben einen zweiten, der sich auf Umkehrung der Abhängigkeit der Grössen bezieht, die überall und z. B. auch oben bei Entwickelung der Grössen-Verbindung $u^y = z$ vorkommt, indem man z. B. z als abhängig von u und y, eben so aber auch *umgekehrt* y als abhängig von u und z, oder u als abhängig von y und z betrachten kann, so wird man weit regelmässigere Entwickelungen auszuführen und weit mehr eigenthümliche Kunstgriffe zu entbehren im Stande sein.

Der Taylorsche Lehrsatz.

17.

Den besten und einfachsten Beweis des durch die Gleichung (105.) vorstellig gemachten allgemeinen Satzes hat Lagrange gegeben. Es ist nöthig, ihn hierher zu setzen, weil dabei Bemerkungen zu machen sind, die auf das Folgende Bezug haben.

I. Zuförderst ist klar, dass, wenn man für $f(x+k)$ die Reihe (105.) voraussetzt, das erste Glied derselben X_0, unter allen Umständen, und welches auch die Zusammensetzungs-Form der ursprünglichen Grösse fx sein mag, dieser Grösse selbst gleich sein muss, weil die Gleichung (105.) für $k=0$ in $fx=X_0$ übergeht. Die vorausgesetzte Reihe (105.) muss also zuförderst, unter allen Umständen, die Form

106. $$f(x+k)=fx+kX_1+k^2X_2+k^3X_3\ldots$$

haben. Da die unbestimmten Coefficienten X_1, X_2, X_3.... nach der Voraussetzung von x allein abhängen sollen, so kann man dieselben auch durch $f'x$, $f''x$, $f'''x$.... bezeichnen, und folglich

107. $$f(x+k)=fx+kf'x+k^2f''x+k^3f'''x\ldots$$

setzen.

II. Nun setze man statt der Grösse k, welche ganz willkürlich ist, die Grösse $k+\varepsilon$, so geht $f(x+k)$ in

108. $$f(x+k+\varepsilon)=$$
$$fx+(k+\varepsilon)f'x+(k+\varepsilon)^2f''x+(k+\varepsilon)^3f'''x\ldots$$

über. Aber auch x ist ganz willkürlich. Also

kann man auch $x+\varepsilon$ statt x setzen. Dieses giebt ebenfalls $f(x+k+\varepsilon)$ und zwar

$$109.\ f(x+k+\varepsilon) =$$
$$f(x+\varepsilon)+kf'(k+\varepsilon)+k^2 f''(x+\varepsilon)+k^3 f'''(x+\varepsilon)\ldots.$$

Man hat also zwei verschiedene Reihen für die Grösse $f(x+k+\varepsilon)$, die genau dieselben Werthe haben.

III. Nun setze man, der binomische Lehrsatz sei für *rationale* Potestäten allgemein bewiesen, welches combinatorisch, oder sonst, wie oben gesagt, auf irgend eine elementare Weise möglich ist, so lässt sich der erste Ausdruck für $f(x+k+\varepsilon)$ (108.) in folgenden verwandeln:

$$110.\quad \begin{aligned} f(x+k+\varepsilon) = fx + kf'x &+ k^2 f''x + k^3 f'''x \ldots \\ +\varepsilon f'x &+ 2k\varepsilon f''x + 3k^2\varepsilon f'''x \ldots \\ &+ \varepsilon^2 f''x + 3k\varepsilon^2 f'''x \ldots \\ &+ \varepsilon^3 f'''x \ldots \end{aligned}$$

IV. Der zweite Ausdruck (109.) lässt sich, weil $f'x$, $f''x$ etc. eben so wohl als x, zusammengesetzte Grössen sind, wie fx, ebenfalls noch weiter entwickeln; denn so wie $f(x+k) = x+kf\,x+k^2 f''x\ldots.$ gesetzt wird, kann man auch

$$111.\ \begin{cases} f(x+\varepsilon) = fx + \varepsilon f'x + \varepsilon^2 f''x + \varepsilon^3 f'''x \ldots. \\ f'(x+\varepsilon) = f'x + \varepsilon' f'x + \varepsilon^{2\,\prime\prime} f''x + \varepsilon^{3\,\prime\prime\prime} f'''x \ldots. \\ f''(x+\varepsilon) = f''x + \varepsilon' f''x + e^{2\,\prime\prime} f''x + \varepsilon^{3\,\prime\prime\prime} f'''x \ldots. \end{cases}$$

u. s. w. setzen, wenn man die Verschiedenheit

Vom Taylorschen Lehrsatze.

der Coefficienten in diesen verschiedenen von x abhängigen Grössen durch Striche zur linken Seite des f anzeigt. Substituirt man die obigen Ausdrücke in die zweite Reihe für $f(x+k+e)$ (109.), so erhält man

$$112.\quad f(x+k+\varepsilon)=fx+\varepsilon f'x+\varepsilon^2 f''x+\varepsilon^3 f'''x\ldots\ldots$$
$$+kf'x+k\varepsilon\,{}'f'x+k\varepsilon^2\,{}''f'x\ldots\ldots$$
$$+k^2f''x+k^2\varepsilon\,{}'f''x\ldots\ldots$$
$$+k^3f'''x\ldots\ldots$$

V. Diese beiden Ausdrücke (111 und 112.) sollen nun identisch gleich sein. Setzt man sie in eine Gleichung, lässt alle gleiche Glieder ohne ε weg und dividirt durch ε, so erhält man

$$f'x+2kf''x+3k^2f'''x\ldots\ldots=f'x+\varepsilon f''x+\varepsilon^2 f'''x\ldots\ldots$$
$$+\varepsilon f''x+3k\varepsilon f'''x\ldots\ldots \qquad +k\,{}'f'x+k\varepsilon\,{}''f'x\ldots$$
$$+\varepsilon^2 f'''x\ldots\ldots \qquad +k^2\,{}'f''x\ldots$$

Endlich erhält man, wenn man die willkürliche Grösse $\varepsilon = 0$ setzt,

$$113.\quad f'x+2kf''x+3k^2f'''x\ldots=f'x+k\,{}'f'x+k^2\,{}'f''x\ldots$$

VI. In diesem Ausdrucke kann die Grösse k beliebige Werthe, und unter diesen auch den Werth Null haben. Man kann also die Coefficienten zu gleichen Potestäten von k einander gleich setzen. Dieses giebt

$$114.\quad f''x=\tfrac{1}{2}\,{}'f'x,\; f'''x=\tfrac{1}{3}\,{}'f''x \text{ etc.}$$

welches zeigt, dass der Coefficient $f''x$ im dritten Gliede der Reihe (107.), welche entsteht, wenn man in fx, $x+k$ statt x setzt, der Hälfte des Coef-

Vom Taylorschen Lehrsatze.

ficienten $'f'x$ im zweiten Gliede der zweiten Reihe in (111.) welche entsteht, wenn man in $f'x$, oder in das zweite Glied von (107.) $x + \varepsilon$ statt x, oder was, weil ε willkürlich ist, das Nemliche sein würde, $x + k$ statt x setzt, gleich ist; dass ferner der Coefficient $f'''x$ zum vierten Glied der Reihe (107.) einem Drittheile des Coefficienten $'f''x$ zum zweiten Gliede der dritten Reihe (111.) gleich ist u. s. w.

VII. Man findet also hieraus den in (§. 16.) angezeigten allgemeinen Satz, dass die Coefficienten $f'x$, $f''x$, $f''x$ etc. in dem vorausgesetzten Ausdrucke

$$f(x + k) = fx + kf'x + k^2 f''x + k^3 f'''x \ldots .$$

alle, jeder aus dem ihm zunächst vorhergehenden, ganz durch einerlei Operationen gefunden werden können. Denn man erhält den ersten $f'x$, wenn man in fx, $x + k$ statt x setzt, und aus der entstehenden Entwickelung den Coefficienten zur ersten Potestät von k nimmt, in so fern ein solcher möglich ist, und denselben durch die Ordnungszahl des Coefficienten 1 dividirt. Man erhält den zweiten $f''x$, wenn man in den vorigen Coefficienten $f'x$ von Neuem $x + k$ statt x setzt, aus der entstehenden Entwickelung wiederum den Coefficienten zur ersten Potestät von k nimmt, und ihn durch die Ordnungszahl des Coefficienten 2 dividirt u. s. w. sämmtliche Coefficienten also, der Reihe nach, einen aus dem andern, ganz durch eine und dieselbe Operation.

Vom Taylorschen Lehrsatze.

Wenn man diese Operation, mit Ausschluss der Division mit der Ordnungszahl des Coefficienten, durch $\frac{d}{x}$ ·bezeichnet, auf dieselbe Weise, wie man eine Grössen-Verbindung z. B. durch f oder φ andeutet, und zwar durch $\frac{d}{x}$, um durch das untergesetzte x anzuzeigen, dass sich die Operation auf x bezieht, und durch x verrichtet wird; so kann man nun die Grösse $f(x+k)$ durch

$$115.\quad f(x+k) = fx + \frac{d}{x}fx + \frac{k^2}{2}\frac{d^2}{x^2}fx + \frac{k^3}{2.3}\frac{d^3}{x^3}fx \ldots$$

ausdrücken. Die Coefficienten $\frac{d}{x}fx$, $\frac{d^2}{x^2}fx$ etc., kann man *Ableitungen* erster, zweiter etc. Ordnung nennen.

18.

Dieser ganz allgemeine Satz ist unter Taylors, seines Erfinders, Namen bekannt. Er hat das Unglück gehabt, unter die vermeintlichen Sätze vom Unendlich-Kleinen zu gerathen, und auf die Weise lange Zeit für etwas Höheres und Schweres gehalten und für die Elemente nutzlos gemacht worden zu sein. Wie man sieht, beruht er lediglich auf der Methode der unbestimmten Coefficienten, und kann durch ganz einfache Operationen der Buchstaben-Rechnung gefunden werden, so dass es kaum etwas Einfacheres und Leichteres giebt, als den Beweis des Satzes. Lagrange hat ihn durch den obigen Beweis zuerst dem Unendlichen, von wel-

Vom Taylorschen Lehrsatze.

chem man eigentlich Nichts weiss, entrissen, und der wahren Mathematik wiedergegeben. Er hat aber einen Schritt zu thun übrig gelassen. Er gab nemlich den Beweis nicht ohne weitere Vorbereitung, sondern suchte zuerst zu *beweisen*, dass sich allgemein für $f(x + k)$ die Form $fx + kf'x + k^2 f''x \ldots$ voraussetzen lasse. Dieser Beweis erforderte natürlich schon im Voraus tiefe und umfassende Kenntniss der Analysis, welche, gerade umgekehrt, der Satz erst begründen zu helfen bestimmt ist. Der Beweis gelang nicht und konnte schwerlich gelingen. Die Folge aber war, dass der schöne Satz so ziemlich abermals noch den Elementen entrissen blieb. Wie man sieht, ist in der That nichts überflüssiger als jener Beweis. Darf die angenommene Form nicht vorausgesetzt werden, so wird sich's schon aus den Resultaten zeigen, die man für $f'x$, $f''x$ etc. findet, wenn man diese Grössen wirklich berechnet. Findet man für $fx, f''x \ldots$ wirkliche bestimmte Ausdrücke, so ist wohl kein Zweifel möglich, dass die Form erlaubt sei. Denn unstreitig existirt, wie weiter oben bemerkt, ein Gegenstand, wovon man vollständige Kenntniss, in allen seinen Theilen hat, zuverlässig gewiss. Der Satz beruht, wie wir sahen, auf der Methode der unbestimmten Coefficienten ganz allein, und man pflegt auch, bei den vielen andern Anwendungen dieser Methode, vorher keinen *Beweis* zu verlangen, dass die vorausgesetzte Form erlaubt sei. Also ist ein solcher auch hier nicht nöthig. Der Satz steht, ohne ihn, in der höchsten Allgemeinheit und mit voller Strenge fest, und heisst wie folgt:

> *Sobald* sich $f(x+k)$ in eine Reihe von der Form $fx + kf'x + k^2 f''x \ldots$ entwickeln lässt, so findet man die Coefficienten zu k, k^2, $k^3 \ldots$, jeden aus dem unmittelbar vorhergehenden, alle durch einerlei Operation. *Ob* die Entwickelung in der vorausgesetzten Form möglich sei, findet sich in jedem besondern Falle, wenn man die Entwickelung wirklich verrichtet. Allgemein lässt sich Dieses nicht sagen; denn in der That findet die Entwickelung zuweilen nicht Statt.

So ausgesprochen giebt es, wie gesagt, nichts Leichteres, als den Beweis dieses Satzes, und so gehört derselbe ganz eigentlich und recht wesentlich den Elementen, wenn man will, der Buchstaben-Rechnung an; denn nicht einmal eine Gleichungs-Auflösung, also selbst nicht einmal die Algebra ist dazu nöthig.

Aus (Gl. 115.) ist leicht zu sehen, dass der erste Coefficient der Reihe $fx + kf'x + k^2 f''x \ldots$, oder die Grösse

$$116. \quad \frac{d}{x} fx = \frac{f(x+k) - fx}{k}$$

ist, wenn man darin $k = 0$ setzt.

Dieser Ausdruck dient allgemein, diesen ersten Coefficienten nach der Natur der gegebenen abhängigen Grösse fx zu finden. Aus demselben finden sich auf gleiche Weise alle übrigen und folglich die ganze Reihe.

19.

So leicht und schön aber auch der Lagrangische Beweis des ganz allgemeinen Taylorschen Satzes in der obigen Gestalt ist, so ist daran doch allerdings noch Einiges auszusetzen. Dieses muss um so mehr bemerkt werden, weil es dahin führt, den Beweis *noch* leichter, elementarer und allgemeiner zu machen.

Erstlich nemlich ist die Vorstellung der Wiederholung der Operation nicht ganz deutlich und wenigstens nicht für Elemente geeignet.

Zweitens kommen bei der Entwickelung der Resultate nicht *alle* Glieder der beiden Entwickelungen (110 und 112.), sondern nur einige in Rechnung. Es folgt nun zwar daraus, dass die einzelnen Glieder schon vollständig bestimmen, was man sucht, dass die übrigen Glieder Nichts *Anderes* geben *können*. Indessen ist auch diese Folgerung nicht für Elemente. Will man für diese strenge verfahren, so muss man *sichtbar* nachweisen, dass die übrigen Glieder Nichts Anderes geben, was aber den Beweis weitläuftiger und folglich schwieriger macht.

Der Beweis hat also noch Einiges, was anders und einfacher zu wünschen ist. Es ist wichtig, sagen zu können, dass der Mangel wiederum nur allein daher kommt, dass der Beweis *noch nicht* allgemein genug ist, sondern, statt alle Fälle zu umfassen, bei einem einzelnen Falle stehen bleibt. Dies ist deshalb wichtig, weil darin abermals eine Bestätigung der allgemeinen Wahrheit liegt, dass in der Analysis nur das Allgemeinste das Beste und zugleich das Einfachste und Leichteste ist. Wir werden die Behauptung, dass der Beweis, allgemein gefasst, besser und leichter gegeben werden könne, weiter unten rechtfertigen. Wir schieben es hier auf, weil die Rechtfertigung nicht bei dem gegenwärtigen Gebrauche des Satzes, sondern erst fernerhin zugleich ihre Anwendung findet. Da der Taylorsche Satz an sich selbst, ohne sie unbezweifelt feststeht, so kann man vorläufig bei dem bisherigen Beweise desselben stehen bleiben und zunächst erst noch zu dem Uebrigen, was noch für den vorliegenden Fall der bei der Grössen-Verbindung $u^y = z$ vorkommenden Entwickelungen nothwendig ist, übergehen.

Noch einige allgemeine Sätze zur Taylorschen Reihe.

20.

Dieses ist erstlich noch ein zweiter, unmittelbar aus dem Taylorschen folgender, eben so all-

zur Taylorschen Reihe.

gemeiner Satz, welcher beim Uebertragen und bei der Umkehrung der Abhängigkeit der Grössen in einer beliebigen Grössen-Verbindung, Anwendung findet. Obgleich dabei Nichts zu erinnern, möge derselbe doch hier, des Zusammenhanges wegen, hergesetzt werden, weil es mit wenigen Worten geschehen kann.

I. Es sei nemlich

117. $y = fx$ und $z = Fy$, so dass $z = Ffx$ ist.

Man setze $x + k$ statt x, so geht y, zu Folge des Ausdrucks 115.), in

118. $f(x+k) = fx + k\frac{d}{x}fx + \frac{k^2}{2}\frac{d^2}{x^2}fx + \frac{k^3}{2.3}\frac{d^3}{x^3}fx \ldots$

über. Man bezeichne solches durch $y + \varepsilon$, so dass

119. $\varepsilon = k\frac{d}{x}fx + \frac{k^2}{2}\frac{d^2}{x^2}fx + \frac{k^3}{2.3}\frac{d^3}{x^3}fx \ldots.$

II. Die Grösse $fx = y$ geht also, wenn man $x + k$ statt x setzt, in $y + \varepsilon$ über. Man darf daher nur, wenn man wissen will was aus z wird, in $z = Fy$, $y + \varepsilon$ statt y setzen. Dieses giebt, nach (Gl. 115.), wenn man x und k mit y und ε verwechselt

120. $F(y+\varepsilon) = Fy + \varepsilon\frac{d}{y}Fy + \frac{\varepsilon^2}{2}\frac{d^2}{y^2}Fy \ldots.$

III. Substituirt man hierin den Werth von ε (119.), so erhält man

Allgemeine Sätze

$$F(y+\varepsilon) = Fy + \frac{d}{y}Fy\left(k\frac{d}{x}fx + \frac{k^2}{2}\frac{d^2}{x^2}fx + \frac{k^3}{2.3}\frac{d^3}{x^3}fx \ldots\right)$$

$$+ \frac{1}{2}\frac{d^2}{y^2}Fy\left(k\frac{d}{x}fx + \frac{k^2}{2}\frac{d^2}{x^2}fx \ldots\right)^2$$

$$+ \frac{1}{2.3}\frac{d^3}{y^3}Fy\left(k\frac{d}{x}fx \ldots\right)^3$$

oder, wenn man statt Fy und fx die obigen einfachen Zeichen z und y setzt und entwickelt,

121. $$F(y+\varepsilon) = z + k\frac{d}{y}z.\frac{d}{x}y + \frac{k^2}{2}\left(\frac{d}{y}z\frac{d^2}{x^2}y + \frac{d^2}{y^2}z\frac{d^1}{x}y^2\right)$$

$$+ \frac{k^3}{2.3}\left(\frac{d}{y}z\frac{d^3}{x^3}y + 3\frac{d^2}{y^2}z\frac{d^2}{x^2}y\frac{d}{x}y + \frac{d^3}{y^3}z\frac{d}{x}y^3\right)$$

....

IV. Da aber $F(y+\varepsilon)$ dadurch entstand, dass man $x+k$ statt x setzte, so ist klar, dass man das Nemliche erhält, wenn man in Ffx oder z, ebenfalls $x+k$ statt x setzt, welches, zu Folge (115.)

122. $$z + k\frac{d}{x}z + \frac{k^2}{2}\frac{d^2}{x^2}z + \frac{k^3}{2.3}.\frac{d^3}{x^3}z \ldots.$$

giebt. Diese Reihe ist also derjenigen rechterhand in (121.) identisch gleich.

V. Da nun k unter allen seinen Werthen auch den Werth Null haben kann, so kann man die Coefficienten zu einerlei Potestäten von k gleich setzen. Dieses giebt

zur Taylorschen Reihe.

$$
123. \quad \begin{cases} \frac{d}{x}z = \frac{d}{y}z\,\frac{d}{x}y \\ \frac{d^2}{x^2}z = \frac{d}{y}z\,\frac{d^2}{x^2}y + \frac{d^2}{y^2}z\,\frac{d}{x}y^2 \\ \frac{d^3}{x^3}z = \frac{d}{y}z\,\frac{d^3}{x^3}y + 3\,\frac{d^2}{y^2}z\,\frac{d^2}{x^2}y\,\frac{d}{x}y + \frac{d^3}{y^3}z\,\frac{d}{x}y^3 \end{cases}
$$

u. s. w.

VI. Eigentlich braucht man, durch Gleichsetzung der Coefficienten der Potestäten von k, nur die erste von diesen Gleichungen aufzustellen. Vermöge des allgemeinen Satzes, dass die Coefficienten alle auf einerlei Weise aus einander gefunden werden, kann solches auch hier geschehen. Wir wollen uns bei dem Beweise nicht aufhalten, weil es zu dem gegenwärtigen Zwecke nur insbesondere auf die erste Gleichung (123.) ankommt.

VII. Dieselbe zeigt, dass wenn eine Grösse z auf irgend eine Weise von einer andern Grösse y, und diese wiederum auf irgend eine Weise von einer dritten Grösse x abhängt, die erste Ableitung der Grösse z nach x ganz allgemein dem Producte der ersten Ableitung von z nach y, in die erste Ableitung von y nach x, gleich ist.

VIII. Ein einzelner, besonders für die bevorstehenden Anwendungen, wichtiger Fall, ist, wenn die Grösse z wiederum die Grösse x selbst ist. Dieser Fall kann vorkommen; denn es ist dabei von nichts anderm als von der Abhängigkeit der Grösse y von x und der *umgekehrten* Abhängigkeit der Grösse x von y die Rede. Man darf, um für diesen Fall das Verhalten der Ableitungen zu finden, nur in die erste Gleichung (123.) x statt z schreiben. Dieses giebt auf der linken Seite die Grösse $\frac{d}{x}x$. Diese Grösse bedeutet, wie immer, den ersten Coefficienten der Entwickelung von x, wenn man darin $x+k$ statt x setzt. Diese Entwickelung ist aber offenbar nichts anderes, als $x+k$ selbst, worin der erste Coefficient, nemlich k gleich 1 ist; also ist ganz allgemein:

$$124.\quad 1 = \frac{d}{y}x \, . \, \frac{d}{x}y,$$

woraus folgt:

$$125.\quad \frac{d}{y}x = \frac{1}{\frac{d}{x}y},$$

das heisst: wenn eine Grösse y auf irgend eine Weise von der Grösse x abhängt, wie es auch sein mag, und man stellt sich die daraus folgende umgekehrte Abhängigkeit der Grösse x von der Grösse y vor, so erhält man die erste Ableitung der Grösse x nach y, wenn man die Einheit durch die erste Ableitung von y nach x dividirt.

21.

Zweitens ist noch zu den bevorstehenden Anwendungen folgender, ebenfalls auf dem Taylorschen beruhender Satz nöthig, welcher der Vollständigkeit wegen, hier stehen mag.

zur Taylorschen Reihe.

Es bedeute nemlich

$$z = f(xy)$$

eine Grösse, die auf irgend eine Weise von den beiden Grössen x und y abhängt. Die Grössen x und y selbst können entweder ganz von einander unabhängig sein, oder auch beide von einer und derselben dritten Grösse u abhängen. Man setze $x + k$ statt x, so erhält man, zu Folge des Ausdrucks (115.),

$$f(x+k, y) = f(x, y) + k\frac{d}{x}f(x, y) + \frac{k^2}{2}\frac{d^2}{x^2}f(x, y) \ldots.$$

In diesen Ausdruck setze man ferner $y + \lambda$ statt y, so erhält man

$$f(x+k, y+\lambda) = f(x, y+\lambda) + k\frac{d}{x}f(x, y+\lambda)$$
$$+ \frac{k^2}{2}\frac{d^2}{x^2}f(x, y+\lambda) \ldots.$$

Da aber auf dieselbe Weise

$$f(x, y+\lambda) = f(x, y) + \lambda\frac{d}{y}f x, y + \frac{\lambda^2}{2}\frac{d^2}{y^2}f(x, y) \ldots.$$

$$\frac{d}{x}f(x, y+\lambda) = \frac{d^2}{x}f(x, y) + \lambda\frac{d^2}{xy}f(x, y) \ldots.$$

$$\frac{d^2}{x^2}f(x, y+\lambda) = \frac{d^2}{x^2}f(x, y) + \text{ etc.}$$

so ist

126. $$f(x+k, y+\lambda) = f(x, y) + k\frac{d}{x}f(x, y) + \frac{k^2}{2}\frac{d^2}{x^2}f(x, y) \ldots.$$
$$+ \lambda\frac{d}{y}f(x, y) + k\lambda\frac{d^2}{xy}f(x, y) \ldots.$$
$$+ \frac{\lambda^2}{2}\frac{d^2}{y^2}f(x, y) \ldots.$$

Es ist offenbar, dass man das Nemliche erhält, wenn man zuerst $y + \lambda$ statt y und dann erst $x + k$ statt x setzt, weil dadurch immer nur die nemliche Grösse $f(x + k, y + \lambda)$ entsteht.

Hängen die Grössen x und y beide von einer dritten Grösse u ab, so erhält man, wenn man dieses ursprüngliche, gemeinschaftliche Element u etwa in ε verändert,

$$x + k = x + \varepsilon \frac{d}{u} x + \frac{\varepsilon^2}{2} \frac{d^2}{u^2} x \ldots .$$

$$\text{also } k = \varepsilon \frac{d}{u} x + \frac{\varepsilon^2}{2} \frac{d^2}{u^2} x^2 \ldots .$$

$$\text{und } y + \lambda = y + \varepsilon \frac{d}{u} y + \frac{\varepsilon^2}{2} \frac{d^2}{u^2} y \ldots .$$

$$\text{also } \lambda = \varepsilon \frac{d}{u} y + \frac{\varepsilon^2}{2} \frac{d^2}{u^2} y \ldots .$$

Substituirt man diese Werthe von k und λ in die Gleichung (126.), so erhält man, weil dann zugleich $f(x, y)$ oder z in

$$z + \varepsilon \frac{d}{u} z + \frac{\varepsilon^2}{2} \frac{d^2}{u^2} z \ldots .$$

übergeht,

127.
$$\left\{\begin{aligned} & z + \varepsilon \frac{d}{u} z + \frac{\varepsilon^2}{2} \frac{d^2}{u^2} z \ldots . \\ & = z + \varepsilon \frac{d}{x} z \frac{d}{u} x + \frac{\varepsilon^2}{2} \frac{d}{x} z \frac{d^2}{u^2} x \ldots . \\ & \qquad + \frac{\varepsilon^2}{2} \frac{d^2}{x^2} z \frac{d}{u} x^2 \ldots . \\ & \quad + \varepsilon \frac{d}{y} z \frac{d}{u} y + \frac{\varepsilon^2}{2} \frac{d}{y} z \frac{d^2}{u^2} y \ldots . \\ & \qquad + \frac{\varepsilon^2}{2} \frac{d^2}{y^2} z \frac{d}{u} y^2 \ldots . \end{aligned}\right.$$

also, wenn man die Coefficienten zu gleichen Potestäten der Grösse ε, die auch Null sein kann, einander gleich setzt,

$$128.\quad \begin{cases} \frac{d}{u}z = \frac{d}{x}z\frac{d}{u}x + \frac{d}{y}z\frac{d}{u}y \\ \frac{d^2}{u^2}z = \frac{d}{x}z\frac{d^2}{u^2}z + \frac{d^2}{x^2}z\frac{d}{u}x^2 + \frac{d}{y}z\frac{d^2}{u^2}y + \frac{d^2}{y^2}z\frac{d}{u}y^2 \end{cases}$$

etc.

Alle diese Sätze sind, wie man sieht, in der höchsten Allgemeinheit, ungemein einfach und leicht zu beweisen. Es gehört überall nichts weiter als blosse Buchstaben-Rechnung dazu; nicht einmal Algebra. Sie gehören also wesentlich und recht eigentlich den ersten *Elementen* der Analysis an.

Wir können nun zu den Anwendungen auf den vorliegenden Fall der der Grössen-Verbindung $u^y = z$ entsprechenden Entwickelungen übergehen.

Anwendung des Taylorschen Satzes auf die Entwickelung der Potestäten etc.

22.

Da nach dem allgemeinen Satze (§. 19.) alle Glieder der Reihe, welche eine Entwickelung geben mag, allemal durch eine und dieselbe Operation aus einander gefunden werden, so ist aus der Natur der Function selbst weiter nichts zu suchen nöthig, *als der Coefficient des ersten Gliedes der entwickelten Reihe*, oder die *erste Ableitung* der gegebenen abhängigen Grösse. Die Entwickelungen reduciren sich daher insbesondere auf die Untersuchung der *ersten Ableitungen* der drei Grössen u, y, z, jede nach einer der beiden andern genommen, welches sechs Fälle giebt. Da aber, ferner, nach dem allgemeinen Satze (§. 20.) die erste Ableitung des Elements einer *abhängigen* Grösse, nach *dieser* genommen, aus der ersten Ableitung der abhängigen Grösse, nach dem Elemente genommen, unmittelbar, allgemein gefunden werden kann (Gl. 125.); so reduciren sich die sechs Aufgaben, von den ersten Ableitungen, weiter auf drei Aufgaben, nemlich darauf: in der Grössen-Verbindung $u^y = z$ die ersten Ableitungen

der Grösse z nach u,
der Grösse z nach y,
und der Grösse u nach y

zu finden. Die drei andern ersten Ableitungen

der Grösse u nach z,
der Grösse y nach z
und der Grösse y nach u,

welche die Umkehrungen der vorigen sind, findet man aus den vorigen, vermöge des allgemeinen Satzes (§. 20.) unmittelbar. Die zuerst benannten drei ersten Ableitungen sind es allein, welche aus der Natur der Abhängigkeit der in Rechnung kommenden Grössen, also aus den, durch die Gleichungen (5, 6, 7, 8.) ausgedrückten Grund-Bedingungen der Aufgabe gefunden werden müssen. Sind die ersten Ableitungen gefunden, so erhält man die verlangten Entwickelungen unmittelbar vollständig.

23.

Bei der *ersten* Aufgabe, bei welcher die erste Ableitung der Grösse z nach u zu suchen, wird z als abhängig von u betrachtet. y ist jetzt eine Constante.

I. Es ist also hier

$$129. \quad z = fu$$

und vermöge des allgemeinen Ausdrucks (116.)

$$130. \quad \frac{d}{u} fu \text{ oder } \frac{d}{u} z = \frac{f(u+k) - fu}{k} \text{ für } k = 0.$$

Nun ist in dem gegenwärtigen Falle z, oder $fu = u^y$; also ist

$$131. \quad \frac{d}{u} z = \frac{(u+k)^y - u^y}{k} \text{ für } k = 0.$$

II. Da k gänzlich willkürlich ist, so kann man

$$132. \quad k = mu$$

setzen, wenn m eine willkürliche Grösse bedeutet, die gleich Null ist für $k = 0$. Dieses giebt

$$133. \quad \frac{d}{u} z = \frac{(1+m)^y u^y - u^y}{mu} = u^{y-1} . \frac{(1+m)^y - 1}{m}$$

für $m = 0$,

wo es nur noch darauf ankommt, den Werth des Ausdrucks $\frac{(1+m)^y-1}{m}$, welcher für $m=0$ unbestimmt und von der Form $\frac{0}{0}$ ist, für $m=0$ finden.

III. Da die Grösse $\frac{(1+m)^y-1}{m}$ bloss von y und nicht von u, auch nicht von m abhängt, weil $m=0$ gesetzt werden soll, so kann man sie durch φy bezeichnen. Bis hierher ist also gefunden, dass der erste Coefficient $\frac{d}{u}z$ in der Reihe für $(u+k)^y = z + k\frac{d}{u}z + \frac{k^2}{2}\frac{d^2}{u^2}z \ldots$, die man sucht, von der Form $u^{y-1}\varphi y$ und folglich

134. $(u+k)^y = u^y + k\varphi y\, u^{y-1} + \frac{k^2}{2}\frac{d^2}{u^2}u^y \ldots$

ist.

IV. Für irgend einen andern Exponenten v wird also auch

135. $(u+k)^v = u^v + k\varphi v\, u^{v-1} + \frac{k^2}{2}\frac{d^2}{u^2}u^v \ldots$

sein; desgleichen für den Exponenten $y+v$,

136. $(u+k)^{y+v} =$

$$u^{y+v} + k\varphi(y+v)u^{y+v-1} + \frac{k^2}{2}\frac{d^2}{u^2}u^{y+v} \ldots$$

V. Da nun nach der ersten Grund-Gleichung (4.) $u^{y+v} = u^y . u^v$ ist, so ist

$$(u^y + k\varphi y\, u^{y-1} + \frac{k^2}{2}\frac{d^2}{u^2} u^y \ldots)(u^v + k\varphi v\, u^{v-1} + \frac{k^2}{2}\frac{d^2}{u^2} u^v \ldots)$$

$$= u^{y+v} + k\varphi(y+v)u^{y+v-1} + \frac{k^2}{2}\frac{d^2}{u^2} u^{y+v} \ldots.$$

oder, wenn man wirklich multiplicirt,

$$137.\quad \left\{\begin{array}{l} u^{y+v} + k\varphi v\, u^{y+v-1} + \frac{k^2}{2} u^y \frac{d^2}{u^2} u^v \ldots \\ \quad + k\varphi y\, u^{y+v-1} + k^2 \varphi y\, \varphi v\, u^{y+v-2} \ldots \\ \quad\quad + \frac{k^2}{2} u^v \frac{d^2}{u^2} u^y \ldots \\ = u^{y+v} + k\varphi(y+v)u^{y+v-1} + \frac{k^2}{2}\frac{d^2}{u^2} u^{y+v} \ldots \end{array}\right.$$

VI. Da die Grösse k, unter allen möglichen Werthen, auch den Werth o haben kann, so sind die Coefficienten gleicher Potestäten von k einander gleich. Also ist zunächst

$$138.\quad \varphi y + \varphi v = \varphi(y + v).$$

In so fern diese Gleichung die Abhängigkeit der Grössen φy oder φv vollständig bestimmt, können die übrigen Glieder der Gleichung (137.) nur das Nemliche geben, weil nichts Widersprechendes aus einer und derselben Gleichung folgen kann.

VII. Die Gleichung (138.) bestimmt in der That die durch φ angedeutete Abhängigkeit vollständig. Denn verfährt man mit dieser Gleichnng wie in (10. VIII. und IX.), so findet man ganz allgemein:

$$139.\quad \varphi y = y, \text{ also } \varphi v = v \text{ etc.}$$

Anwendung des Taylorschen Satzes

VIII. Es ist also, vermöge der Gleichung (133.), ganz allgemein

$$140.\quad \frac{d}{u}z = y\,u^{y-1}.$$

IX. Da nun vermöge des allgemeinen Satzes (§. 19.) $\frac{d^2}{u^2}z$ aus $\frac{d}{u}z$ gefunden wird, wenn man in $\frac{d}{u}z$ von Neuem $u+k$ statt u setzt, und den Coefficienten des ersten Gliedes mit k nimmt, so ist

$$141.\quad \frac{d^2}{u^2}z = y\,.\,y-1\,.\,u^{y-2}.$$

Eben so

$$142.\quad \frac{d^3}{u^3}z = y\,.\,y-1\,.\,y-2\,.\,u^{y-3},$$

$$\frac{d^4}{u^4}z = y\,.\,y-1\,.\,y-2\,.\,y-3\,.\,u^{y-4} \text{ u. s. w.}$$

X. Es ist also allgemein

$$143.\quad (u+k)^y$$

$$= u^y + y\,u^{y-1} + \frac{y\,.\,y-1}{2}k^2\,y^{y-2} + \frac{y.y-1.y-2}{2\,.\,3}k^3\,u^{y-3}\ldots$$

welches der binomische Lehrsatz in seiner ganzen Allgemeinheit ist. Der Beweis beruht hier auf dem, durch die blosse Buchstaben-Rechnung und die Voraussetzungs-Methode bewiesenen allgemeinen Taylorschen Lehrsatze.

Man findet daraus, wie in (10. XI.) die beiden Ausdrücke (53 und 54.).

24.

Bei der *zweiten* Anfgabe, bei welcher die erste Ableitung der Grösse z nach y zu suchen ist, wird z als abhängig von y betrachtet. u ist jetzt eine Constante.

I. Es ist also hier

$$144. \quad z = fy,$$

und wiederum, vermöge des allgemeinen Ausdrucks (116.),

$$145. \quad \frac{d}{y} fy \text{ oder } \frac{d}{y} z = \frac{f(y+k) - fy}{k} \text{ für } k = 0.$$

In dem gegenwärtigen Falle ist z oder $fy = u^y$ also ist

$$146. \quad \frac{d}{y} z = \frac{u^{y+k} - u^y}{k} = u^y . \frac{u^k - 1}{k} \text{ für } k = 0.$$

wo es nur darauf ankommt, den Werth der Grössen $\frac{u^k - 1}{k}$ für $k = 0$ zu finden, die, wie man sieht, von u allein, nicht von y, und auch nicht von k, weil $k = 0$ gesetzt werden soll, abhängt, und die unbestimmt und wieder von der Form $\frac{0}{0}$ ist.

II. Man setze $u = 1 + p$, so ist nach dem binomischen Lehrsatze (143.)

$$u^k \text{ oder } (1+p)^k = 1 + kp + \frac{k.k-1}{2} p^2 + \frac{k.k-1.k-2}{2.3} p^3 \ldots$$

Anwendung des Taylorschen Satzes

also

$$\frac{u^k - 1}{k} = p + \frac{k-1}{2} p^2 + \frac{k-1.k-2}{2.3} p^3 \ldots;$$

folglich ist für $k = 0$,

$\frac{u^k - 1}{k} = p - \frac{1}{2}p^2 + \frac{1}{3}p^3 - \frac{1}{4}p^4 \ldots$, oder, weil $p = u - 1$:

$$147. \quad \frac{u^k - 1}{k} \text{ für } k = 0$$

$$= (u-1) - \tfrac{1}{2}(u-1)^2 + \tfrac{1}{3}(u-1)^3 - \tfrac{1}{4}(u-1)^4 \ldots.$$

Dieses ist der bestimmte Werth des von u allein abhängenden Coefficienten der ersten Ableitung $\frac{d}{y}z$ von z nach u. Man bezeichne ihn, der Kürze wegen, durch φu.

III. Es ist also allgemein

$$148. \quad \frac{d}{y}z = u^y . \varphi u.$$

Dieses giebt, vermöge der allgemeinen Regel für die Entwickelung durch Ableitungen (§. 19.)

$$149. \quad \frac{d^2}{y^2}z = u^y(\varphi u)^2, \quad \frac{d^3}{y^3}z = u^y(\varphi u)^3 \ldots \text{ etc.}$$

also, vermöge der allgemeinen Reihe (115.)

$$u^{y+k} = u^y + k\varphi u . u^y + \frac{k^2}{2}\varphi u^2 . u^y + \frac{k^3}{2.3}\varphi u^3 . u^y \ldots.$$

oder wenn man $y = 0$ und $k = y$ setzt,

150. $u^y = 1 + y\varphi u + \frac{y^2}{2}\varphi u^2 + \frac{y^3}{2.3}\varphi u^3 \ldots$

welches die verlangte allgemeine zweite Entwickelung, namentlich des Logarithmanden ist. Die Grösse φu hat in diesem Ausdrucke den bestimmten Werth

151. $\varphi u = (u-1) - \frac{1}{2}(u-1)^2 + \frac{1}{3}(u-1)^3 \ldots$ (147.).

25.

Bei der *dritten* Aufgabe, bei welcher die erste Ableitung der Grösse u nach y zu suchen ist, wird u als abhängig von y betrachtet. z ist jetzt eine Constante.

I. Bei dieser dritten Aufgabe ist, der eigenthümlichen Beschaffenheit der gegebenen Grössen-Verbindung $u^y = z$ zu Folge, die wiederholte Anwendung des allgemeinen Ausdrucks $dfx = \frac{f(x+u)-fx}{k}$ für $k = 0$ nicht nöthig, sondern die Ableitung lässt sich aus der des vorigen Artikels unmittelbar finden, wenn man die Grund-Gleichung zuvor umkehrt.

II. Aus $u^y = z$ folgt nemlich, vermöge der dritten Grund-Gleichung (6.) $u = z^{\frac{1}{y}}$, wo u als abhängig von y betrachtet werden kann. In diesem Sinne ist die Grösse $u = z^{\frac{1}{y}}$ ein Logarithmand und gehört also zu der Gattung der im vorigen Artikel untersuchten Grössen. Man darf also nur

Anwendung des Taylorschen Satzes

in der Gleichung (148.) u statt z, z statt u und $\frac{1}{y}$ statt y setzen, so erhält man, wenn man, der Kürze wegen, v statt $\frac{1}{y}$ schreibt,

$$152. \quad \frac{d}{v} u = z^v \varphi z = z^{\frac{1}{y}} \varphi z.$$

II. Von dieser Ableitung nach v muss man noch zu der Ableitung nach y übergehen. Es ist hier ein Fall, wie in (§. 20.) wo eine wiederholte Abhängigkeit der gegebenen Grösse von ihren Elementen Statt findet, denn u hängt, vermöge $u = z^v$, von v, und v, vermöge $v = \frac{1}{y}$, erst von y ab. Es ist also, nach der ersten der Gleichungen (123.)

$$153. \quad \frac{d}{y} u = \frac{d}{v} u \frac{d}{y} v$$

IV. Der Werth der Grösse $\frac{d}{v} u$ ist schon gefunden (152.). Es fehlt also nur noch der Werth der Grösse $\frac{d}{y} v$. Da v oder $\frac{1}{y} = y^{-1}$ (Gl. 11.) so ist, vermöge der Gleichung (140.) wenn man daselbst y statt u und -1 statt y setzt,

$$154. \quad \frac{d}{y} v = -y^{-2} = -\frac{1}{y^2}.$$

Es ist also die verlangte Ableitung von u nach y, vollständig:

auf die Entwickel. der Potestäten etc.

$$155.\quad \frac{d}{y}u = -\frac{1}{y^2}\varphi z . z^{\frac{1}{y}}.$$

V. Diese Grösse ist, wenn man daraus die zweite Ableitung $\frac{d^2}{y^2}u$ verlangt, von der Art, wie die Grösse $z = f(x, y)$ in (§. 21.). Sie ist ein Product zweier Grössen $-\frac{1}{y^2} = -y^{-2}$ und $\varphi z . z^{\frac{1}{y}}$ die beide von y abhängen Die erste Ableitung der ersten Grösse ist, zu Folge der Gleichung (140.) wenn man daselbst $y = -2$ setzt, gleich $2y^{-3} = \frac{-2}{y^3}$. Die erste Ableitung der andern ist, zu Folge (155.) $= -\frac{1}{y^2}\varphi z^2 . z^{\frac{1}{y}}$. Also ist, vermöge der ersten Gleichung (128.)

$$\frac{d^2}{y^2}u = \frac{2}{y^3}\varphi z . z^{\frac{1}{y}} + \frac{1}{y^4}\varphi z^2 . z^{\frac{1}{y}},\ \text{oder}$$

$$156.\quad \frac{d^2}{y^2}u = \frac{1}{y^3}\varphi z . z^{\frac{1}{y}}\left(2 + \frac{1}{y}\varphi z\right).$$

VI. Eben so findet man

$$157.\quad \frac{d^3}{y^3}u = -\frac{1}{y^4}\varphi z . z^{\frac{1}{y}}\left(2.3 + \frac{2.3}{y}\varphi z + \frac{1}{y^2}\varphi z^2\right)$$

etc.,

auch würde es auf diesem Wege der Ableitungs-Operation, wenn man wollte, angehen, das allgemeine Glied zu finden.

VIII. Man erhält also, wenn man in

Anwendung des Taylorschen Satzes

$$158.\quad u = z^{\frac{1}{y}} = fy,$$

y + k statt y setzt.

$$159.\quad f(y+k) = z^{\frac{1}{y}} - \frac{k}{y^2}\varphi z . z^{\frac{1}{y}} + \frac{k^2}{2y^3}\varphi z . z^{\frac{1}{y}}(z + \frac{1}{y}\varphi z)$$

$$- \frac{k^3}{2.3y^4}\varphi z . z^{\frac{1}{y}}(2.3 + \frac{2.3}{y}\varphi z + \frac{1}{y^2}\varphi z^2) \ldots .$$

VIII. Setzt man hierin y = 1 und k = y − 1, so dass y + k = 1 + y − 1 = y ist, so erhält man:

$$160.\quad u = z^{\frac{1}{y}} = z\,[1 + (1-y)\varphi z + \frac{(1-y)^2}{2}\varphi z(\varphi z + 2)$$

$$+ \frac{(1-y)^3}{2.3}\varphi z(\varphi z^2 + 2.3\varphi z + 2.3) \ldots .].$$

IX. Setzt man my statt y und z^m statt z, welches ebenfalls $z^{\frac{1}{y}}$ giebt, so erhält man

$$151.\quad u = z^{\frac{1}{y}} = z^m\,[1 + (1 - my)\varphi mz$$

$$+ \frac{(1-my)^2}{2}\varphi mz(\varphi mz + 2)$$

$$+ \frac{(1-my)^3}{2.3}\varphi mz(\varphi mz^2 + 2.3\varphi mz + 2.3) \ldots .]$$

wo m willkürlich ist.

Dieses ist die Entwickelung der ersten Ableitungen in den drei ersten Fällen, nebst der Entwickelung der vollständigen Reihen selbst.

auf die Entwickel. der Potestäten etc.

26.

Die übrigen drei Fälle bedürfen keiner besondern Herleitung der ersten Ableitungen aus den Grund-Bedingungen, sondern die ersten Ableitungen, und folglich auch die Reihen selbst, lassen sich unmittelbar aus dem allgemeinen Satze (§. 20.) finden.

I. Verlangt man nemlich aus der Grössen-Verbindung $u^y = z$, für die ersten der drei übrigen Fälle, die Grösse u nach z zu entwickeln, oder die erste Ableitung von u nach z, so darf man nur, vermöge des allgemeinen Satzes (§. 20.), die Einheit durch die erste Ableitung von z nach u dividiren. Diese ist, vermöge der Gleichung (140.), $\frac{d}{u} z = y u^{y-1}$. Also ist

$$162. \quad \frac{d}{z} u = \frac{1}{y u^{y-1}} = \frac{u}{y u^y} = \frac{1}{y} \cdot \frac{u}{z} = \frac{1}{y} u z^{-1} = \frac{1}{y} z^{\frac{1}{y}-1}$$

II. Dieses stimmt mit Demjenigen überein, was man erhält, wenn man die Umkehrung, nicht sowohl erst bei der Ableitung, sondern schon bei der Stammgrösse bewerkstelligt. Denn aus $u^y = z$ folgt $u = z^{\frac{1}{y}}$. Also vermöge der Gleichung (140.) wenn man daselbst z statt u und $\frac{1}{y}$ statt y setzt,

$$163. \quad \frac{d}{z} u = \frac{1}{y} z^{\frac{1}{y}-1};$$

wie in (162.).

Anwendung des Taylorschen Satzes

III. Man kann aus der ersten Ableitung (162, oder 163.) wenn man will, die folgenden Ableitungen suchen und daraus die Reihe für $(z+k)^{\frac{1}{y}}$ zusammensetzen. Indessen erhält man auch das Nemliche unmittelbar, wenn man in den Ausdruck (143.) z statt u und $\frac{1}{y}$ statt y setzt; welches

164. $(z+k)^{\frac{1}{y}} = z^{\frac{1}{y}} + \frac{1}{y} k z^{\frac{1}{y}-1} + \frac{1}{2} \frac{1}{y}\left(\frac{1}{y}-1\right) k^2 z^{\frac{1}{y}-2} \ldots$

giebt.

27.

I. Verlangt man aus $u^y = z$, für den zweiten der drei übrigen Fälle, die Grösse y in z und folglich die erste Ableitung von y nach z, so darf man nur wieder, vermöge des allgemeinen Satzes (§. 20.), die Einheit durch die erste Ableitung von z nach y dividiren. Diese ist, vermöge der Gleichung (148.), $\frac{d}{y} z = u^y \varphi u$ wo $\varphi u = u - 1 - \frac{1}{2}(u-1)^2 + \frac{1}{3}(u-1)^3 \ldots$ (151.). Also ist

165. $$\frac{d}{z} y = \frac{1}{u^y \varphi u} = \frac{1}{z \varphi u}.$$

II. Hieraus folgt weiter, wenn man, der Gleichung (140.) zu Folge, von $\frac{d}{z} y$ die fernern Ableitungen nach z nimmt,

166. $\frac{d^2}{z^2} y = -\frac{1}{z^2 \varphi u}$, $\frac{d^3}{z^3} y = +\frac{2}{z^3 \varphi u}$, $\frac{d^4}{z^4} y = -\frac{2.3}{z^4 \varphi u}$

etc.

also, wenn

$$y = fz$$

gesetzt wird,

$$f(z+k) = y + \frac{k}{z\varphi u} - \frac{k^2}{2z^2\varphi u} + \frac{2k^3}{2.3z^3\varphi u} - \frac{2.3.k^4}{2.3.4z^4\varphi u} \ldots,$$

oder

167. $$f(z+k) = y + \frac{k}{z\varphi u} - \frac{k^2}{2z^2\varphi u} + \frac{k^3}{3z^3\varphi u} - \frac{k^4}{4z^4\varphi u} \ldots$$

III. Für $y = 0$ ist, aus $u^y = z$, $z = 1$, also

$$f(1+k) = \frac{k}{\varphi u} - \frac{k^2}{2\varphi u} + \frac{k^3}{3\varphi u} - \frac{k^4}{4\varphi u} \ldots,$$

oder

168. $$f(1+k) = \frac{1}{\varphi u}(k - \tfrac{1}{2}k^2 + \tfrac{1}{3}k^3 - \tfrac{1}{4}k^4 \ldots),$$

und für $k = z - 1$,

169. $fz = y =$

$$\frac{1}{\varphi u}[(z-1) - \tfrac{1}{2}(z-1)^2 + \tfrac{1}{3}(z-1)^3 - \tfrac{1}{4}(z-1)^4 \ldots].$$

IV. Nun ist in $u^y = z$, y der Logarithme von z für die Basis u, also ist

170. ${}^u z =$

$$\frac{1}{\varphi u}[(z-1) - \tfrac{1}{2}(z-1)^2 + \tfrac{1}{3}(z-1)^3 - \tfrac{1}{4}(z-1)^4 \ldots],$$

oder, wenn man den schon gefundenen Werth von φu (151.) substituirt,

171. $${}^u z = \frac{(z-1) - \tfrac{1}{2}(z-1)^2 + \tfrac{1}{3}(z-1)^3 - \tfrac{1}{4}(z-1)^4 \ldots}{(u-1) - \tfrac{1}{2}(u-1)^2 + \tfrac{1}{3}(u-1)^3 - \tfrac{1}{4}(u-1)^4 \ldots}$$

Anwendung des Taylorschen Satzes

welches der Ausdruck des Logarithmen der Zahl z für die Basis u ist.

Der Ausdruck stimmt mit dem obigen (82. in §. 12., I.) wie gehörig überein.

V. Durch die Verwandlung (§. 12., III.) kann man ihn auf den Ausdruck (85.) bringen.

VI. Man setze denjenigen unbestimmten Werth von u, für welchen

172. $(u-1)-\frac{1}{2}(u-1)^2+\frac{1}{3}(u-1)^3 \ldots = 1$

ist, gleich e und nenne die Logarithmen, welche diese Basis e haben, *natürliche*, so erhält man aus (171.), weil nunmehr der Nenner dieses Ausdrucks 1 ist,

173. $^{e}z = (z-1)-\frac{1}{2}(z-1)^2+\frac{1}{3}(z-1)^3-\frac{1}{4}(z-1)^4 \ldots;$

welches der Ausdruck des *natürlichen* Logarithmen der Zahl z ist.

VII. Dieses giebt für den natürlichen Logarithmen der Zahl u

174. $^{e}u = (u-1)-\frac{1}{2}(u-1)^2+\frac{1}{3}(u-1)^3-\frac{1}{4}(u-1)^4 \ldots$

Diese Reihe für die Grösse ^{e}u ist genau diejenige, welche oben durch φu bezeichnet wurde; also ist dieses u nichts anderes als der *natürliche* Logarithme der Basis u, und folglich

175. $\varphi u = {}^{e}u.$

VII. Setzt man diesen Werth von φu in die obigen Ausdrücke in welchen solches vorkommt, namentlich in (150, 160, 161.), so sieht man, dass die

Resultate mit den, früher auf einem andern Wege gefundenen Ausdrücken (77, 95, 96.) übereinstimmen. Den Ausdruck (159.) gab die frühere Entwickelung nicht. Den Werth der unbekannten Grösse e findet man, wenn man in (150.) $u = e$ und $y = 1$ setzt.

28.

I. Verlangt man endlich aus $u^y = z$, für den dritten und letzten der drei übrigen Fälle, also für den letzten der sechs Fälle, die Grösse y nach u, und folglich die erste Ableitung von y nach u, so darf man abermals nur, vermöge des allgemeinen Satzes (§. 20.) die Einheit durch die erste Ableitung von u nach y dividiren. Diese ist, vermöge der Gleichung (155.) $\frac{d}{y}u = -\frac{1}{y^2}\varphi z . z^{\frac{1}{y}}$, oder jetzt, weil $\varphi z = {}^{e}z$ ist (175.) $\frac{d}{y}u = -\frac{{}^{e}z}{y^2} . z^{\frac{1}{y}}$. Also ist

$$176. \quad \frac{d}{u}y = -\frac{y^2}{{}^{e}z . z^{\frac{1}{y}}}.$$

II. Daraus folgt, auf eine ähnliche Weise wie in (§. 25.)

$$177. \quad \frac{d^2}{u^2}y = \frac{y^2({}^{e}z + 2y)}{z^{\frac{2}{y}}\,{}^{e}z^2} \text{ u. s. w.,}$$

wo man auch wieder das allgemeine Glied finden könnte.

III. Substituirt man die Ableitungen, so erhält man, wenn $y = fu$ gesetzt wird,

178. $f(u+k) = fu - k\dfrac{y^2}{{}^{e}z \,.\, z^{\frac{1}{y}}} + \dfrac{k^2}{2}\dfrac{y^2)^{e}z + 2y}{{}^{e}z^2 \,.\, z^{\frac{2}{y}}} \ldots$

IV. Vermöge $u^y = z$ ist, für $y = 1$, $u = z$ und $fu = y = 1$, also

179. $f(z+k) = 1 - \dfrac{k}{z \,.\, {}^{e}z} + \dfrac{k^2({}^{e}z + 2)}{2z^2 \,.\, {}^{e}z^2} \ldots.$

Für $k = u - z$ ist

180. $fu = y = 1 - \dfrac{u-z}{z \,.\, {}^{e}z} + \dfrac{(u-z)^2({}^{e}z+2)}{2z^2\, {}^{e}z^2} \ldots,$

welcher Ausdruck mit dem, oben auf einem andern Wege gefundenen Ausdrucke (100.) übereinstimmt.

V. Man kann diese Ausdrücke durch die nöthigen Verwandlungen (§. 15., II.) auf die Ausdrücke (101, 102, 103, 104.) bringen.

Zusammenstellung der Ausdrücke.

29.

Dieses sind die sechs Entwickelungen der Aufgabe, auf den Grund der vorausgeschickten allgemeinen Entwickelungen und Sätze (§. 17, 20, 21.).

Diese Art der Entwickelung ist gleichförmiger und wendet keine Kunstgriffe an, die nicht im Gange der Rechnung selbst lägen. Sie beruht bloss auf dem Taylorschen Satze und den unmittelbar daraus abgeleiteten Sätzen, und erfordert überall ausserdem nichts weiter, als die Bestimmung des

von Potestäten etc.

Werthes der Grösse $\frac{f(x+k)-fx}{k^3}$ für $k=0$, welcher in diesem Falle unbestimmt und von der Form $\frac{0}{0}$ ist, aus den Eigenschaften der gegebenen Grössen-Verbindung. Sie ist dieser Gleichförmigkeit wegen der ersten, obigen vorzuziehen, und zeigt den Nutzen allgemeiner Sätze.

Um die gefundenen Ausdrücke besser zu übersehen, folgt hier eine Zusammenstellung derselben.

Wenn

$$181.\quad u^y = z$$

eine Verbindung dreier beliebiger Grössen u, y und z bezeichnet, welche den vier Bedingungen

$$182.\quad \left\{\begin{array}{l} u^y \,.\, u^k = u^{y+k}, \\ u^y\, k^y = (u\,k)^y, \\ (u^{yk}) = u^{yk} \\ u^1 = 1 \end{array}\right.$$

unterworfen ist, so finden folgende Ausdrücke Statt:

Erstlich, wenn man z als abhängig von u und y, und u als veränderlich, y als constant betrachtet:

$$183.\quad \frac{d}{u}\, z, \text{ oder } \frac{d}{u} \,.\, u^y = y u^{y-1} \;(140.)$$

Dieses ist die erste Ableitung einer Potestät, nach der Wurzel genommen.

$$184.\quad (u+k)^y =$$

$$u^y + y\,k u^{y-1} + \frac{y.y-1}{2} k^2 u^{y-2} + \frac{y.y-1.y-2}{2.3} k^3 u^{y-3} \ldots (143.)$$

Zusammenstellung der Ausdrücke

Dieser Satz (184.) ist der sogenannte *binomische* Lehrsatz.

185. $u^y =$

$$(u-k)^y + y.k(u-k)^{y-1} + \frac{y.y-1}{2} k^2 (u-k)^{y-2} \ldots, (53.)$$

186. $u^y =$

$$1 + y(u-1) + \frac{y.y-1}{2}(u-1)^2 + \frac{y.y-1.y-2}{2.3}(u-1)^3 \ldots (54.)$$

187. $$u^y = 1 + y\frac{u^m - 1}{m} + \frac{y.(y-m)}{2}\left(\frac{u^m-1}{m}\right)^2 + \frac{y.(y-m).(y-2m)}{2.3}\left(\frac{u^m-1}{m}\right)^3 \ldots (58.)$$

wo m willkürlich ist.

Zweitens, wenn man z als abhängig von u und y, und y als veränderlich, u als constant betrachtet:

188. $\frac{d}{y} z$ oder $\frac{d}{y} u^y = u^y . {}^e u$ (148 und 175.)

Dieses ist die erste Ableitung eines Logarithmanden, nach dem Exponenten genommen.

189. $e = 2,718281828459 \ldots$ (79.)

Die Logarithmen, welche diese absolute Zahl e zur Basis haben, heissen *natürliche.*

190. $\frac{u^m - 1}{m} = {}^e u$ für $m = 0$, (68, 147 und 151.)

191. ${}^u z = \frac{z^m - 1}{u^m - 1}$ für $m = 0$ (64.)

192. $M = \frac{1}{{}^e u}$ (71.)

von Potestäten etc.

Diese Grösse $'M$ heisst *Modul* des logarithmischen Systems, dessen Basis u ist.

193. $^{u}z = \frac{^{v}z}{^{v}u}$ (75.) und $\frac{^{v}z}{^{u}z} = {}^{v}u$ (76.)

Diese Gleichungen zeigen, dass die Logarithmen einer und derselben Zahl, für zwei verschiedene Basen, Gleich-Vielfache sind.

194. $u^{y} = 1 + y \,.\, {}^{e}u + \frac{y^2}{2} \,.\, {}^{e}u^2 + \frac{y^3}{2.3}\, {}^{e}u^3 \ldots\ldots$ (77, 150.)

Drittens, wenn man u als abhängig von z und y, und y als veränderlich, z als constant betrachtet:

195. $\frac{d}{y} u$ oder $\frac{d}{y} z^{\frac{1}{y}} = -\frac{1}{y^2} \,.\, {}^{e}z \,.\, z^{\frac{1}{y}}$. (155.)

196, $u = z^{\frac{1}{y}} = z(1 + (1-y)^{e}z + \frac{(1-y)^2}{2} {}^{e}z({}^{e}z + 2)$
$+ \frac{(1-y)^3}{2.3} {}^{e}z({}^{e}z^2 + 2.3.{}^{e}z + 2.3) \ldots\ldots$ (95, 160.)

197. $u = z^{\frac{1}{y}} =$

$z^{m}(1 + (1-my) m {}^{e}z + \frac{(1-my)^2}{2} m\, {}^{e}z\, (m\, {}^{e}z + 2)$
$+ \frac{(1-my)^3}{2.3} m\, {}^{e}z (m^2 . {}^{e}z^2 + 2.3.m.{}^{e}z + 2.3) \ldots\ldots$ (96.)

wo m willkürlich ist.

Diese Ausdrücke (196, 197.) werden sonst gewöhnlich nicht entwickelt, gehören aber zu einer vollständigen Sammlung der Resultate der Aufgabe.

Zusammenstellung der Ausdrücke

Viertens, wenn man u als abhängig von z und y, und z als veränderlich, u als constant betrachtet:

$$198.\quad \frac{d}{z}u = \frac{1}{y} z^{\frac{1}{y}-1} \quad (163.)$$

Dieser Ausdruck folgt auch aus (183.) unmittelbar.

$$199.\quad u = z^{\frac{1}{y}} =$$

$$(z-k)^{\frac{1}{y}} + \frac{1}{y} k(z-k)^{\frac{1}{y}-1} + \frac{1}{y}\left(\frac{1}{y}-1\right)\frac{k^2}{2}(z-k)^{\frac{1}{y}-2} \ldots$$

(89.), wo die Grösse k willkürlich ist. Dieser Ausdruck ist der gewöhnliche und folgt aus dem binomischen Lehrsatze unmittelbar.

$$200.\quad u = z^{\frac{1}{y}} = (z^m - k)^{\frac{1}{my}} + \frac{1}{y}\frac{k}{m}(z^m - k)^{\frac{1}{my}-1}$$

$$+ \frac{1}{y}\left(\frac{1}{y}-m\right) \cdot \frac{k^2}{2m^2}(z^m - k)^{\frac{1}{my}-2} \ldots \quad (90.)$$

Hier sind zwei Grössen k und m willkürlich.

$$201.\quad u = z^{\frac{1}{y}} = 1 + \frac{z^m - 1}{m} \cdot \frac{1}{y} + \frac{1}{2}\left(\frac{z^m-1}{m}\right)^2 \frac{1}{y} \cdot \left(\frac{1}{y}-m\right)$$

$$+ \frac{1}{2.3}\left(\frac{z^m-1}{m}\right)^3 \frac{1}{y}\left(\frac{1}{y}-m\right)\left(\frac{1}{y}-2m\right) \ldots \quad (91.)$$

Hier ist noch m willkürlich.

$$202.\quad u = z^{\frac{1}{y}} = 1 + \frac{{}^e z}{y} + \frac{{}^e z^2}{2y^2} + \frac{{}^e z^3}{2.3y^3} \ldots \quad (93.)$$

welches auch unmittelbar aus (194.) folgt.

Fünftens, wenn man y als abhängig von z und u, und z als veränderlich, u als constant betrachtet:

von Potestäten etc.

203. $\frac{d}{z}y$ oder $\frac{d}{z}\,{}^{u}z = \frac{1}{z\cdot{}^{e}u}$.

Dieses ist der Ausdruck der ersten Ableitung des Logarithmen von z, für die Basis u.

204. $${}^{u}z = \frac{(z-1) - \frac{1}{2}(z-1)^2 + \frac{1}{3}(z-1)^3 - \frac{1}{4}(z-1)^4 \ldots}{(u-1) - \frac{1}{2}(u-1)^2 + \frac{1}{3}(u-1)^3 - \frac{1}{4}(u-1)^4 \ldots}$$

(85., 171.)

205. $${}^{u}z = \frac{(z^m-1)\left(1 - \frac{z^m-1}{2} + \frac{(z^m-1)^2}{3} - \frac{(z^m-1)^3}{4}, \ldots\right)}{(u^m-1)\left(1 - \frac{u^m-1}{2} + \frac{(u^m-1)^2}{3} - \frac{(u^m-1)^3}{4} \ldots\right)}$$

(86.)

wo m willkürlich ist.

Dieses sind Ausdrücke des Logarithmen von z für die Basis u.

Sie gehen in (191.) über, für $m = 0$.

206. $${}^{e}z = (z-1) - \frac{(z-1)^2}{2} + \frac{(z-1)^3}{3} - \frac{(z-1)^4}{4} \ldots$$

(83.)

207. $${}^{e}z = \frac{z^m - 1 - \frac{(z^m-1)^2}{2} + \frac{(z^m-1)^3}{3} - \frac{(z^m-1)^4}{4} \ldots}{z^m - 1 - \frac{(e^m-1)^2}{2} + \frac{(e^m-1)^3}{3} - \frac{(e^m-1)^4}{4} \ldots}$$

(87.)

wo m willkürlich ist.

Dieses sind Ausdrücke des natürlichen Logarithmen von z.

Sechstens, wenn man y als abhängig von z und u, und u als veränderlich, z als constant betrachtet:

Zusammenstellung der Ausdrücke

$$\frac{d}{u},\, y \text{ oder } \frac{d}{u}\, {}^{u}z = -\frac{y^2}{{}^{o}z \,.\, z^{\frac{1}{y}}} \quad (176.)$$

208. $$y = {}^{u}z = 1 - \frac{u-z}{z \,.\, {}^{e}z} + \frac{{}^{e}z + 2}{2} \,.\, \left(\frac{u-z}{z \,.\, {}^{e}z}\right)^2$$
$$- \frac{{}^{e}z^2 + 3\,{}^{e}z + 3}{3} \,.\, \left(\frac{u-z}{z \,.\, {}^{e}z}\right)^3 \ldots\ldots \quad (180,\ 100.)$$

209. $$y = {}^{u}z =$$
$$\frac{1}{m\,{}^{e}z}\Big[m\,{}^{e}z - \left(\left(\frac{u}{z}\right)^m - 1\right) - \left(\left(\frac{u}{z}\right)^m - 1\right)^2 \left(\frac{1}{m\,{}^{e}z} + \frac{1}{2}\right)$$
$$- \left(\left(\frac{u}{z}\right)^m - 1\right)^3 \left(\frac{1}{m^2\,{}^{e}z^2} + \frac{1}{m\,{}^{e}z} + \frac{1}{3}\right) \ldots\ldots\Big] \quad (102.)$$

210. $$y = {}^{u}z =$$
$$\frac{m}{{}^{e}z}\Big[{}^{e}z - \left(\frac{u^m}{z} - 1\right) + \left(\frac{u^m}{z} - 1\right)^2 \left(\frac{1}{{}^{e}z} + \frac{1}{2}\right)$$
$$- \left(\frac{u^m}{z} - 1\right)^3 \left(\frac{1}{z^2} + \frac{1}{{}^{e}z} + \frac{1}{3}\right) \ldots\ldots\Big] \quad (103.)$$

211. $$y = {}^{u}z =$$
$$\frac{1}{m^2\,{}^{e}z}\Big[m\,{}^{e}z - \left(\frac{u}{z^m} - 1\right) + \left(\frac{u}{z^m} - 1\right)^2 \left(\frac{1}{m\,{}^{e}z} + \frac{1}{2}\right)$$
$$- \left(\frac{u}{z^m} - 1\right)^3 \left(\frac{1}{m^2\,{}^{o}z^2} + \frac{1}{m\,{}^{e}z} + \frac{1}{3}\right) \ldots\ldots\Big] \quad (104.)$$

wo *m* willkürlich ist.

Diese Ausdrücke des Logarithmen einer beliebigen Zahl *z* für die Basis *u* pflegen ebenfalls nicht entwickelt zu werden. Sie gehören aber zu einer vollständigen Sammlung der Resultate der Aufgabe.

Entwickelung der Ableitungen von Potestäten etc. durch Functions-Rechnung.

30.

Es kommt, wenn man, wie oben, der Entwickelung einer gegebenen Function den allgemeinen Taylorschen Satz zum Grunde legt, immer nur darauf an, den Ausdruck der *ersten* Ableitung zu finden, weil daraus die übrigen Glieder der Reihe, durch Wiederholung der nemlichen, oder ähnlicher Operationen folgen. Hier wurde die erste Ableitung auf die Weise gefunden, dass man den Werth des aus der allgemeinen Entwickelung von $f(x+k)$ $= fx + k\frac{d}{x}fx + \frac{k^2}{2}\frac{d^2}{x^2}fx \ldots$ folgenden Ausdrucks der ersten Ableitung, $\frac{f(x+k)-fx}{k}$ für $k = 0$, der allemal unbestimmt und von der Form $\frac{0}{0}$ ist, nach den gegebenen Eigenschaften der Grösse fx zu bestimmen suchte. Dieses Verfahren ist unstreitig allgemein gültig und das directeste. Allein es giebt noch ein anderes, welches nicht so gewöhnlich ist und Erwähnung verdient, weil es bei Untersuchung der Abhängigkeit von Grössen, deren Eigenschaften nur zum Theil gegeben sind, nützlich sein kann, und welches also hier eine Stelle finden mag.

Es besteht darin, dass man in der Gleichung, welche als Ausdruck einer Eigenschaft der abhängigen Grössen der Aufgabe gegeben ist, und welche also vielleicht zwei verschiedene Werthe des Elements, oder der Elemente der Aufgabe enthält, diese Werthe so verändert, dass die *eine Seite* der Gleichung unverändert die nemliche bleibt, woraus dann auf der andern Seite Bedingungen zwischen den Ableitungen entstehen, welche zur Auflösung der Aufgabe dienen. Z. B. wenn als Ausdruck der, übrigens unbestimmten, durch f bezeichneten Abhängigkeit der Grösse fx von x, die Gleichung $fx + fy = f(x + y)$ gegeben wäre, so setze man $x + k$ statt x und $y - k$ statt y. Dieses verändert den Theil der Gleichung rechterhand gar nicht, denn es ist $f(x + k + y - k) = f(x + y)$. Dagegen geht der Theil linkerhand in $f(x + k) + f(y - k)$ über, woraus sich, wenn man diesen Theil entwickelt, Verhältnisse zwischen der Ableitung von fx und dem Elemente dieser Grösse finden lassen.

31.

Da diese Methode nicht etwa auf die obigen besondern Fälle der Grössen-Verbindung $u^y = z$ beschränkt ist, sondern allgemeiner gilt, so wollen wir nicht etwa ausdrücklich von dieser Grössen-Verbindung ausgehn, sondern, unabhängig von derselben, beliebige Gleichungen mit unbestimmten Abhängigkeits-Formen annehmen und dieselben auf jenem Wege untersuchen.

Die einfachsten Abhängigkeits-Formen sind

212. $f(x+y)$, $fx+fy$, $f(x, y)$ und $fxfy$.

Verbindet man je zwei von diesen vier Ausdrücken zu Gleichungen, so entstehen sechs verschiedene Gleichungen; denn jeder der vier Ausdrücke lässt sich zwar mit den drei übrigen verbinden, welches zwölf Fälle giebt, jedoch wiederholt sich jede Verbindung einmal.

Man erhält also die sechs Gleichungen:

$$213. \quad \left\{ \begin{aligned} f(x+y) &= fx+fy, \\ f(x+y) &= f(x, y), \\ f(x+y) &= fxfy, \\ fx+fy &= fx.y, \\ fx+fy &= fxfy, \\ fx.y &= fxfy. \end{aligned} \right.$$

Unter diesen sechs Gleichungen sind gerade die mit begriffen, welche den verschiedenen Fällen der obigen Grössen-Verbindung $x^y = z$ entsprechen. Die dritte Gleichung nemlich ist der Fall des Logarithmanden; denn man setze $fx = a^x$, also $fy = a^y$; so ist $a^x a^y = a^{x+y}$, also $fxfy = f(x+y)$. Die vierte Gleichung ist der Fall des Logarithmen; denn man setze z. B. für die Basis a, $fx = {}^a x$, also $fy = {}^a y$, so ist ${}^a x + {}^a y = {}^a(xy)$, oder $fx + fy = f(x.y)$. Die sechste Gleichung ist der Fall von Potestäten; denn man setze z. B. $fx = x^a$, also $fy = y^a$, so ist $x^a . y^a = (xy)^a$, oder $fxfy = f(x.y)$. Die Resultate der Untersuchung der sechs Gleichungen (213.) werden also auch unmittelbar auf die verschiedenen Fälle der Grössen-Verbindung $u^y = z$ Anwendung finden.

32.

I. In die *erste* der sechs Gleichungen (213.)

$$214. \quad f(x+y) = fx + fy,$$

setze man $x+k$ statt x und $y-k$ statt y, so erhält man

$$f(x+y) = f(x+k) + f(y-k)$$

also, wenn man auf der rechten Seite die beiden Grössen $f(x+k)$ und $f(y-k)$ nach dem Taylorschen Lehrsatze entwickelt,

$$f(x+y) = fx + k\frac{d}{x}fx + \frac{k^2}{2}\frac{d^2}{x^2}fx + \ldots$$

$$+ fy - k\frac{d}{y}fy + \frac{k^2}{2}\frac{d^2}{y^2}fy - \ldots$$

II. Da $f(x+y) = fx + fy$ ist (214.) so ist die Grösse rechterhand auch gleich $fx + fy$; folglich erhält man, wenn man auf beiden Seiten $fx + fy$ weglässt,

$$215. \quad k\left(\frac{d}{x}fx - \frac{d}{y}fy\right) + \frac{k^2}{2}\left(\frac{d^2}{x^2}fx - \frac{d^2}{y^2}fy\right)\ldots = 0.$$

III. Da in dieser Gleichung, unter allen Werthen, welche k haben kann, auch der Werth Null ist, so müssen die Coefficienten der verschiedenen

denen Potestäten von k einzeln gleich Null sein. Dieses giebt

$$216. \quad \frac{d}{x}fx = \frac{d}{y}fy, \; \frac{d^2}{x^2}fx = \frac{d^2}{y^2}fy \text{ etc.}$$

IV. Aus der ersten Gleichung folgt

$$217. \quad \frac{d}{x}fx = \frac{d}{y}fy = Const = a;$$

denn der Werth der Grösse $\frac{d}{x}fx$ kann nicht anders dem Werthe der Grösse $\frac{d}{y}fy$ gleich sein, das heisst, nicht anders der nemliche bleiben, während x willkürlich einen andern Werth y erhält, als wenn $\frac{d}{x}fx$ eine Constante und von x unabhängig ist.

V. Diese Gleichung $\frac{d}{x}fx = \frac{d}{y}fy = a$ thut auch den übrigen Gleichungen (216.) genug; denn sie giebt $\frac{d^2}{x^2}fx = \frac{d^2}{y^2}fy = 0$ etc.

VI. Es ist also allgemein

$$\frac{d}{x}fx = a$$

und hieraus:

$$218. \quad fx = ax + b,$$

wo a und b, von x unabhängige constante Grössen sind.

VII. Die zweite Grösse b lässt sich allgemein finden. Denn aus $fx = ax + b$ folgt auch $fy = ay + b$ und $f(x + y) = a(x + y) + b$. Dieses giebt, weil nach der Voraussetzung $f(x + y) = fx + fy$ sein soll,

$$ax + b + ay + b = a(x + y) + b,$$

also

$$219. \quad b = 0.$$

Es ist also allgemein

$$220. \quad fx = ax,$$

wo a eine willkürliche, weiter, der Aufgabe gemäss, zu bestimmende Constante ist.

VIII. Hierdurch ist die Aufgabe vollständig aufgelöset und man findet, dass die Gleichung

$$fx + fy = f(x + y)$$

nicht anders zu erfüllen möglich ist, als wenn

$$fx = ax.$$

Dass dieser Werth von fx sie erfülle, ist leicht zu sehen. Er giebt

$$ax + ay = a(x + y),$$

wie gehörig.

35.

I. In die *zweite* der sechs Gleichungen (213.)

$$221. \quad f(x + y) = f(x \cdot y)$$

setze man wieder $x + k$ statt x und $y - k$ statt y, so erhält man

durch Functions-Rechnung.

$$f(x+y) = f((x+k)(y-k))$$

also, wenn man entwickelt,

$$f(x+y) = f(x.y) = fxy + k\frac{d}{x}fxy + \frac{k^2}{2}\frac{d^2}{x^2}fx.y + \ldots$$
$$-k\frac{d}{y}fxy - k^2\frac{d^2}{xy}fx.y - \ldots$$
$$+\frac{k^2}{2}\frac{d^2}{y^2}fx.y + \ldots$$

woraus, auf dieselbe Weise wie oben,

222. $\frac{d}{x}fxy = \frac{d}{y}fxy,\ \frac{d^2}{x^2}fx.y + \frac{d^2}{y^2}fxy = 2\frac{d^2}{xy}fxy$

etc. folgt.

II. Aus der ersten Gleichung folgt

223. $\frac{d}{x}fxy = \frac{d}{y}fxy = Const = a;$

denn, was auch die Grössen $\frac{d}{x}fxy$, $\frac{d}{y}fxy$ sein mögen: sie können niemals x und y enthalten, weil sie sich sonst nicht nach x und y nothwendig um gleich viel verändern würden, wie es sein müsste, um immer einander gleich zu bleiben.

III. Die Gleichung (223.) thut auch den übrigen Gleichungen (222.) genug; denn sie giebt $\frac{d^2}{x^2}fxy = 0$, $\frac{d^2}{y^2}fxy = 0$, $\frac{d^2}{xy}fxy = 0$ etc.

IV. Es ist also allgemein

$$\frac{d}{x}fxy = \frac{d}{y}fxy = a,$$

woraus folgt:

$$224.\quad fxy = ax + b = ay + c.$$

V. Da $x = y$ sein *kann*, so muss nothwendig $b = c$ sein; also ist $ax = ay$ und folglich nothwendig

$$225.\quad x = y,$$

mithin

$$226.\quad f(2x) = f(x^2) = ax.$$

VI. Daraus folgt weiter $2x = x^2$, also $x = 2$, oder auch aus $f(x^2) = ax$, wenn man x statt x^2 setzt, $fx = a\sqrt{x}$, also $f(2x) = a\sqrt{(2x)}$, und weil $f(2x) = fx^2$ sein soll, $ax = a\sqrt{2x}$, also $x^2 = 2x$, oder

$$227.\quad x = 2,$$

folglich

$$228.\quad fx = f2 = fy,$$

welches auch der Bedingung der Aufgabe $f(x+y) = f(xy)$ genugthut.

VII. Wie man sieht ist aber die Bedingung (221.) für einen *veränderlichen* Werth von x nicht zu erfüllen möglich, sondern nur für den *constanten* Werth 2.

34.

I. In die *dritte* der sechs Gleichungen

$$f(x+y) = fxfy$$

setze man abermals $x+k$ statt x und $y-k$ statt y, so erhält man

$$f(x+y) = f(x+k)f(y-k),$$

folglich, wenn man entwickelt,

$$f(x+y)=fxfy=(fx+k\frac{d}{x}fx+\frac{k^2}{2}\frac{d^2}{x^2}fx+\ldots.)$$
$$\times(fy-k\frac{d}{y}fy+\frac{k^2}{2}\frac{d^2}{y^2}fy-\ldots.),$$

oder

$$fxfy=fxfy+kfy\frac{d}{x}fx+\frac{k^2}{2}fy\frac{d^2}{x^2}fx\ldots.$$
$$-kfx\frac{d}{y}fy-k^2\frac{d}{x}fx\frac{d}{y}fy\ldots.$$
$$+\frac{k^2}{2}fx\frac{d^2}{y^2}fy\ldots.$$

woraus, wenn man wieder die Coefficienten zu den verschiedenen Potestäten von k einzeln gleich Nnll setzt,

229. $$\begin{cases} fy\frac{d}{x}fx=fx\frac{d}{y}fy \\ fy\frac{d^2}{x^2}fx+fx\frac{d^2}{y^2}fy=2\frac{d}{x}fx\frac{d}{y}fy \end{cases}$$

etc., folgt.

II Die erste Gleichung giebt

$$\frac{\frac{d}{x}fx}{fx}=\frac{\frac{d}{y}fy}{fy},$$

woraus, wieder aus demselben Grunde wie oben in (§. 32., IV.),

$$\frac{\frac{d}{x}fx}{fx}=\frac{\frac{d}{y}fy}{fy}=Const=a,\text{ also}$$

$$230. \quad \frac{d}{x} fx = afx$$

folgt, welches auch den übrigen Gleichungen genugthun muss, in so fern die erste Gleichung schon zur vollständigen Auflösung hinreicht, welches, wie sich zeigen wird, der Fall ist.

III. Man erhält aus $\frac{d}{x} fx = afx$,

$$231. \quad \begin{cases} \frac{d^2}{x^2} fx = a\frac{d}{x} fx = a^2 fx, \\ \frac{d^3}{x^2} fx = a^2 \frac{d}{x} fx = a^3 fx \text{ etc.} \end{cases}$$

also, vermöge des Taylorschen Satzes,

$$f(x+k) = fx + k.afx + \frac{k^2}{2}.a^2 fx + \frac{k^3}{2.3} a^3 fx \ldots,$$

oder

$$232. \quad f(x+k) = fx\left(1 + ak + \frac{a^2 k^2}{2} + \frac{a^3 k^3}{2.3} \ldots\right)$$

IV. Da der gegenwärtige Fall, wie in (§. 31.) bemerkt, der des *Logarithmanden* ist, so erhält man, wenn man y statt x und die Basis gleich u setzt,

$$u^{y+k} = u^y\left(1 + ak + \frac{a^2 k^2}{2} + \frac{a^3 k^3}{2.3} \ldots\right)$$

oder, wenn man $y = 0$ und $k = y$ setzt,

$$u^y = 1 + ay + \frac{a^2 y^2}{2} + \frac{a^3 y^3}{2.3} \ldots$$

wo die Constante a nur von der Basis u abhängen kann, so dass $a = \varphi u$ und also

durch Functions-Rechnung.

233. $u^y = 1 + y\varphi u + \frac{y^2 \varphi u^2}{2} + \frac{y^3 \varphi u^3}{2.3} \ldots.$

ist; ganz wie in (§. 24., Gleichung 150.).

V. Die Constante φu kann man wie dort, oder auch durch den binomischen Lehrsatz finden, welcher seinerseits aus der sechsten Gleichung (213.) folgt, so dass man, wenn man nach der gegenwärtigen Methode verfahren will, nur die sechste Gleichung zuerst untersuchen darf.

Der binomische Satz nemlich giebt

$(u + k)^y =$

$$u^y + y u^{y-1} k + \frac{y.y-1}{2} u^{y-2} k^2 + \frac{y.y-1.y-2}{2.3} u^{y-3} k^3 \ldots$$

oder, wenn man $u = 1$ und $k = u - 1$ setzt, $(1 + u - 1)^y$, oder

234. $u^y =$

$$1 + y(u-1) + \frac{y.y-1}{2}(u-1)^2 + \frac{y.y-1.y-2}{2.3}(u-1)^3 \ldots.$$

Nun ist die obige Constante φu der Coefficient zur ersten Potestät von y in der Entwickelung von u^y. Dieser Coefficient ist in dem Ausdrucke (234.), wie leicht zu sehen, gleich $u - 1 - \frac{1}{2}(u - 1)^2 + \frac{1}{3}(u - 1)^3 \ldots.$; also ist

235. $\varphi u = u - 1 - \frac{1}{2}(u - 1)^2 + \frac{1}{3}(u - 1)^3 \ldots.;$

wodurch die Entwickelung der Exponential-Grösse auf die obige Weise vollständig gefunden wird.

35.

I. Bei der *vierten* der sechs Gleichungen (213.)

$$fx + fy = f(x.y)$$

kann man, wenn man will, dass die eine Seite der Gleichung mit veränderten Werthen von x und y den nemlichen Werth behalte, diesen Zweck nicht sowohl durch $x + k$ statt x und $y - k$ statt y, als vielmehr nur durch $x + xk$ oder $x(1 + k)$ statt x und $y . \frac{1}{1+k}$ oder $y(1 - k + k^2 - k^3 + \ldots.)$ statt y erreichen. Dieses giebt

$$f(x + xk) + f(y - yk + yk^2 - yk^3 + \ldots.) = f(x.y),$$

oder, wenn man entwickelt,

$$fx + xk \frac{d}{x} fx + \frac{x^2 k^2}{2} \frac{d}{x^2} fx \ldots.$$

$$+ fy - (yk - yk^2 + yk^3 \ldots.) \frac{d}{y} fy + \frac{(yk - yk^2 \ldots.)^2}{2} \frac{d^2}{y^2} fy \ldots.$$

$$= f(x.y).$$

II. Da nun nach der Voraussetzung $fxy = fx + fy$ ist, so erhält man, wenn man auf beiden Seiten $fx + fy$ weglässt und die Coefficienten zu gleichen Potestäten von k, zusammen gleich Null setzt,

$$236. \begin{cases} x \frac{d}{x} fx = y \frac{d}{y} fy \\ x^2 \frac{d^2}{x^2} fx + 2y \frac{d}{y} fy + y^2 \frac{d^2}{y^2} fx = 0 \quad \text{etc.} \end{cases}$$

In so fern die erste Gleichung zur vollständigen

Auflösung hinreicht, darf man nur bei derselben stehen bleiben, weil die übrigen Gleichungen nichts Widersprechendes geben können.

III. Diese erste Gleichung giebt aus dem nemlichen Grunde, wie oben in (§. 32., IV.),

$$x \frac{d}{x} f x = y \frac{d}{y} f y = Const = a,$$

also

$$237.\quad \frac{d}{x} f x = a x.$$

IV. Daraus folgt weiter, wie sich bei der, den binomischen Lehrsatz betreffenden sechsten Gleichung zeigen wird,

$$238.\quad \frac{d^2}{x^2} f x = -\frac{a}{x^2},\ \frac{d^3}{x^3} f x = \frac{2a}{x^3},\ \frac{d^4}{x^4} f x = -\frac{2 \cdot 3 a}{x^4} \ldots\ldots$$

V. Man erhält also für den gegenwärtigen Fall

$$239.\quad f(x+k) = f x + \frac{k a}{x} - \frac{k^2 a}{2 x^2} + \frac{k^3 a}{3 x^3} - \frac{k^4 a}{4 x^4} \ldots\ldots$$

VI. Da der gegenwärtige Fall, wie in (§. 31.) bemerkt, der des Logarithmen ist, so erhält man, wenn man *z* statt *x* setzt und den Logarithmen, z. B. auf die Basis *u* bezieht,

$$240.\quad {}^{u}(z+k) = {}^{u}z + a\left(\frac{k}{z} - \tfrac{1}{2}\left(\frac{k}{z}\right)^2 + \tfrac{1}{3}\left(\frac{k}{z}\right)^3 - \tfrac{1}{4}\left(\frac{k}{z}\right)^4 \ldots\ldots\right)$$

VII. Setzt man $z = 1$ und $k = z$, so erhält man, weil ${}^{u}1 = 0$ ist,

$$241.\quad {}^{u}(1+z) = a\left(z - \tfrac{1}{2} z^2 + \tfrac{1}{3} z^3 - \tfrac{1}{4} z^4 \ldots\ldots\right),$$

oder, wenn man $z-1$ statt z setzt,

242. $^{u}z = a((z-1)-\frac{1}{2}(z-1)^2+\frac{1}{3}(z-1)^3-\frac{1}{4}(z-1)^4 \ldots)$

VIII. Für $z = u$ ist $^{u}u = 1$, also

$$1 = a\,((u-1)-\frac{1}{2}(u-1)^2+\frac{1}{3}(u-1)^3 \ldots),$$

woraus

243. $a = \dfrac{1}{(u-1)-\frac{1}{2}(u-1)^2+\frac{1}{3}(u-1)^3 \ldots}$,

mithin

244. $^{u}z = \dfrac{(z-1)-\frac{1}{2}(z-1)^2+\frac{1}{3}(z-1)^3-\frac{1}{4}(z-1)^4 \ldots}{(u-1)-\frac{1}{2}(u-1)^2+\frac{1}{3}(u-1)^3-\frac{1}{4}(u-1)^4 \ldots}$

folgt, welches die vollständige Entwickelung des Logarithmen der Zahl z für die Basis u ist; ganz wie oben (Gleichungen 85 und 171.).

36.

I. Auf die *fünfte* der sechs Gleichungen (213.)

$$fx + fy = fxfy$$

lässt sich die bisherige Rechnung zwar nicht unmittelbar anwenden: man kann aber wie folgt verfahren.

II. Man setze $x+k$ statt x und $x+\lambda$ statt y, so erhält man

$$(fx+k\frac{d}{x}fx+\frac{k^2}{2}\frac{d^2}{x^2}fx \ldots)+(fy+\lambda\frac{d}{y}fy+\frac{\lambda^2}{2}\frac{d^2}{y^2}fy \ldots)$$

$$=(fx+k\frac{d}{x}fx+\frac{k^2}{2}\frac{d^2}{x^2}fx \ldots)\times(fy+\lambda\frac{d}{y}fy+\frac{\lambda^2}{2}\frac{d^2}{y^2}fy \ldots).$$

durch Functions-Rechnung.

Setzt man hier

$$k\frac{d}{x}fx+\frac{k^2}{2}\frac{d^2}{x^2}fx\ldots = -(\lambda\frac{d}{y}fy+\frac{\lambda^2}{2}\frac{d^2}{y^2}fy\ldots),$$

so erhält man

$$fx+fy=fxfy+k(fy\frac{d}{x}fx-fx\frac{d}{x}fx)+\frac{k}{2}(\ldots.)\ldots.,$$

woraus, weil nach der Voraussetzung $fx+fy = fxfy$ ist,

$$fy\frac{d}{x}fx-fx\frac{d}{x}x, \text{ oder}$$

$$245.\quad fy = fx$$

folgt.

III. Dieses giebt, vermöge $fx+fy=fxfy$, $2fx=(fx)^2$, also

$$246.\quad fx = 2.$$

IV. Die Grund-Bedingung kann also nicht für einen beliebigen Werth von x, sondern nur dann erfüllt werden, wenn fx den constanten Werth 2 hat. Der Fall ist demjenigen in (§. 33.) ähnlich.

37.

I. In die *sechste* der sechs Gleichungen (213.)

$$f(x.y) = fxfy$$

setze man, wie in (§. 35.), $x+xk$ oder $x(1+k)$ statt x und $\frac{y}{1+k}$, oder $y(1-k+k^2-k^3,\ldots)$ statt y, so erhält man

$$f(x.y) = f(x + xk).f(y - yk + yk^2 - yk^3 \ldots.)$$

oder, wenn man entwickelt,

$$f(x.y) = (fx + xk\frac{d}{x}fx + \frac{x^2k^2}{2}\frac{d^2}{x^2}fx \ldots.)$$

$$\times[fy - (yk - yk^2 + yk^3 \ldots.)\frac{d}{y}fy + \frac{(yk - yk^2 \ldots.)^2}{2}\frac{d^2}{y^2}fy \ldots.],$$

oder

$$\begin{aligned} f(x.y) = fxfy &+ kxfy\frac{d}{x}fx + \frac{k^2}{2}x^2fy\frac{d^2}{x^2}fx \ldots. \\ &- kyfx\frac{d}{y}fy + k^2yfx\frac{d}{y}fy \ldots. \\ &+ \frac{k^2}{2}y^2fx\frac{d^2}{y^2}fy \ldots. \\ &- k^2xy\frac{d}{x}fx\frac{d}{y}fy \ldots. \end{aligned}$$

II. Lässt man $f(x.y) = fxfy$ weg und setzt die Coefficienten zu den einzelnen Potestäten von k gleich Null, so erhält man

247. $$\begin{cases} xfy\frac{d}{x}fx = yfx\frac{d}{y}fy, \\ x^2fy\frac{d^2}{x^2}fx + 2yfx\frac{d}{y}fy + y^2fx\frac{d^2}{y^2}fy = 2xy\frac{d}{x}fx\frac{d}{y}fy \end{cases}$$

etc.

III. In so fern die erste Gleichung, wie es der Fall ist, zur vollständigen Auflösung der Aufgabe zureicht, kann man bei derselben allein stehen bleiben.

durch Functions-Rechnung.

IV. Sie giebt

$$248. \quad \frac{x\frac{d}{x}fx}{fx} = \frac{y\frac{d}{y}fy}{fy},$$

und, aus demselbigen Grunde wie (§. 32., IV.),

$$249. \quad \frac{x\frac{d}{x}fx}{fx} = \frac{y\frac{d}{y}fy}{fy} = Const = a,$$

oder

$$250. \quad x\frac{d}{x}fx = afx.$$

V. Man setze hierin $x+k$ statt x, so erhält man

$$(x+k)\frac{d}{x}f(x+k) = af(x+k),$$

oder, wenn man entwickelt,

$$(x+k)\left(\frac{d}{x}fx + k\frac{d^2}{x^2}fx \ldots\right) = a\left(fx + k\frac{d}{x}fx \ldots\right),$$

oder

$$x\frac{d}{x}fx + k\left(\frac{d}{x}fx + x\frac{d^2}{x^2}fx\right) + k^2(\ldots.)\ldots.$$
$$= afx + ak\frac{d}{x}fx + k^2(\ldots.)\ldots.$$

oder, wenn man die Coefficienten zu gleichen Potestäten von k gleich setzt,

$$\frac{d}{x}fx + x\frac{d^2}{x^2}fx = a\frac{d}{x}fx,$$

woraus folgt:

$$251. \quad x\frac{d^2}{x^2}fx = (a-1)\frac{d}{x}fx.$$

VI. Eben wie aus $x\frac{d}{x}fx = afx$, $x\frac{d^2}{x^2}fx = (a-1)\frac{d}{x}fx$ folgt, findet sich hieraus weiter

$$252. \quad x\frac{d^3}{x^3}fx = (a-2)\frac{d^2}{x^2}fx$$

und hieraus

$$253. \quad x\frac{d^4}{x^4}fx = (a-3)\frac{d^3}{x^3}fx$$

u. s. w., wie allgemein, ohne wiederholte Rechnung leicht zu sehen, wenn man der Reihe nach $\frac{d}{x}fx$ und fx mit $\frac{d^2}{x^2}fx$ und $\frac{d}{x}fx$; mit $\frac{d^3}{x^3}fx$ und $\frac{d^2}{x^2}fx$ u. s. w. so wie a mit $a-1$, $a-2$ etc. verwechselt, welches angeht, weil die Rechnung (V.) von der etwaigen besondern Art der durch $\frac{d}{x}f$ und f angedeuteten Zusammensetzungs-Formen der Grössen $\frac{d}{x}fx$ und fx nicht abhängt.

VII. Man erhält also

$$254. \begin{cases} \frac{d}{x}fx = \frac{afx}{x} \text{ (250.)} \\ \frac{d^2}{x^2}fx = \frac{(a-1)\frac{d}{x}fx}{x} \text{ (251.)} = \frac{a(a-1)fx}{x^2} \text{ (250.)} \\ \frac{d^3}{x^3}fx = \frac{(a-2)\frac{d^2}{x^2}fx}{x} \text{ (252.)} = \frac{a(a-1)(a-2)fx}{x^3} \end{cases}$$

u. s. w.

folglich für den gegenwärtigen Fall

255. $f(x+k) =$

$$fx + \frac{k}{x} a fx + \frac{k^2}{2x^2} a(a-1) fx + \frac{k^3}{2.3x^3} a(a-1)(a-2) fx \ldots$$

VIII. Der Fall ist, wie in (§. 31.) bemerkt, der der Potestäten; also erhält man, wenn man u^y statt fx, folglich $(u+k)^y$ statt $f(x+k)$ schreibt,

$(u+k)^y =$

$$u^y \left(1 + \frac{k}{u} a + \frac{k^2}{2u^2} a(a-1) + \frac{k^3}{2.3u^3} a(a-1).(a-2)\ldots\right).$$

Man setze $u = 1$ und $k = u$, so giebt dieser Ausdruck:

256. $(1+u)^y = 1 + au + \frac{a.a-1}{2} u^2 + \frac{a.a-1a-2}{2.3} u^3 \ldots$

wo noch die Grösse a zu suchen ist, die nur von y abhängen kann.

IX. Man setze selbige $= \varphi y$, so erhält man

257. $(1+u)^y =$

$$1 + u\varphi y + \frac{u^2}{2} \varphi y(\varphi y - 1) + \frac{u^3}{2.3} \varphi y(\varphi y - 1)(\varphi y - 2)\ldots,$$

also auch für irgend einen andern Werth von y, z. B. k,

258. $(1+u)^k =$

$$1 + u\varphi k + \frac{u^2}{2} \varphi k(\varphi k - 1) + \frac{u^3}{2.3} \varphi k(\varphi k - 1)(\varphi k - 2)\ldots,$$

desgleichen für $y + k$ statt y,

259. $$(1+u)^{y+k} = 1 + u\varphi(y+k) + \frac{u^2}{2}\varphi(y+k)(\varphi(y+k)-1) + \frac{u^3}{2.3}\varphi(y+k)(\varphi(y+k)-1)(\varphi(y+k)-2)\ldots.$$

X. Nun ist aber, der Eigenschaften der Potestäten zu Folge,

$$(1+u)^y . (1+u)^k = (1+u)^{y+k},$$

also ist, wenn man hierin die obigen Ausdrücke substituirt,

260. $$\left\{\begin{array}{l} 1 + u\varphi(y+k) + \frac{u^2}{2}\varphi(y+k)(\varphi(y+k)-1)\ldots = \\ 1 + u\varphi y + \frac{u^2}{2}\varphi y(\varphi y - 1)\ldots \\ \quad + u\varphi k + u^2\varphi y\varphi k\ldots \\ \qquad + \frac{u^2}{2}\varphi k(\varphi k - 1)\ldots \end{array}\right.$$

XI. Hieraus folgt, wenn man die Coefficienten zu gleichen Potestäten von u gleich setzt,

261. $$\left\{\begin{array}{l} \varphi(y+k) = \varphi y + \varphi k \\ \varphi(y+k)(\varphi(y+k)-1) = \varphi\cdot(\varphi y - 1) \\ \quad + 2\varphi y\varphi k + \varphi k(\varphi k - 1 \text{ etc.} \end{array}\right.$$

XII. In so fern die erste Gleichung, wie es wirklich der Fall ist, zur Auflösung der Aufgabe hinreicht, können die übrigen Gleichungen nichts Neues geben und man kann blos bei der ersten Gleichung stehen bleiben. Uebrigens lässt sich, wenn man will, auch allgemein durch Facultäten-Ausdrücke nachweisen, dass diese erste Gleichung allen übrigen genugthut.

XIII.

durch Functions-Rechnung.

XIII. Diese erste Gleichung ist genau von der Art der ersten von den sechsen in (§. 31.), also giebt sie, zu Folge (§. 32., VIII.),

$$262.\quad \varphi y = cy,$$

wo c irgend eine Constante ist, die nicht mehr von y abhängt.

XIV. Man erhält also nunmehr in (257.)

$$263.\quad (1+u)^y =$$

$$1 + ucy + \frac{u^2}{2} cy(cy-1) + \frac{u^3}{2.3} cy(cy-1)(cy-2) \ldots.$$

XV. Da die Grösse c weder von y, noch von u abhängt, so kann sie nur eine absolute Zahl sein, das heisst, eine Zahl, die für jeden beliebigen Werth von u und y die nemliche ist.

Für $y = 1$ ist $(1+u)^y = 1 + u$, also

$$1+u = 1 + u.c + \frac{u^2}{2} c(c-1) + \frac{u^3}{2.3}.c(c-1)(c-2) \ldots,$$

woraus

$$264.\quad c = 1$$

folgt, welches der Gleichung vollständig genugthut.

XVI. Man erhält also nunmehr aus (262.) vollständig:

$$265.\ (1+u)^y = 1 + yu + \frac{y.y-1}{2} u^2 + \frac{y.y-1.y-2}{2.3} u^3 \ldots$$

welches der binomische Lehrsatz, völlig allgemein ist.

XVII. Der gegenwärtige Beweis desselben ist demjenigen in (§. 23.) in so fern vorzuziehen, als man hier, in (XI und XII.), wenn man will, besonders nachweisen kann, dass die Gleichung $\varphi(y+k) = \varphi y + \varphi k$ den übrigen, aus (260.) folgenden Gleichungen genugthut, welches in (§. 23., V, VI.) nicht wohl angeht, wo vielmehr das Resultat auf dem allgemeinen Schlusse (§. 23., VI.) beruht.

Einige andere Anwendungen der Entwickelung durch Functions-Rechnung.

38.

In den vorstehenden sechs Entwickelungen kam, wie man sahe, nirgend eine unbestimmte Grösse von der Form $\frac{0}{0}$ vor. Wenn man auf diesen Umstand einen Werth legen will, so würde die auf diese Entwickelungen angewandte Methode vor der obigen Methode, die erste Ableitung aus der allgemeinen Gleichung, $\frac{d}{x} fx = \frac{f(x+k) - fx}{k}$ für $k = 0$, zu finden, einigen Vorzug haben. Allgemein kann ihr indessen ein solcher nicht zugestanden werden, weil sie nicht gleichförmig Anwendung findet, sondern nach den Umständen eigenthümliche Kunstgriffe erfordert, mithin nicht elementar genug ist.

Die Methode kann indessen in verwickelteren Fällen, besonders wo *nicht alle* Eigenschaften einer abhängigen Grösse vollständig gegeben sind, von Nutzen sein. Um an einem Beispiele zu zeigen, wie man damit bei allgemeineren Abhängigkeits-Formen verfahren könne, wollen wir einen solchen Fall untersuchen.

I. Da das wesentliche Mittel der Methode darin besteht, zu machen, dass eine aus zwei oder mehreren Grössen zusammengesetzte Grösse ihren Werth nicht ändert, wenn letztere sich verändern, so kommt es vorzüglich darauf an, zu sehen, wie solches allgemeiner möglich sei.

Es sei zu dem Ende

$$266.\quad F(x, y) = z$$

irgend eine beliebige Verbindung zweier Grössen x und y. Man verlangt zu wissen, was, wenn man etwa $x + k$ statt x setzt, statt y gesetzt werden müsse, wenn $F(x, y)$ seinen Werth nicht ändern soll.

II. Man bezeichne, was in diesem Falle statt y gesetzt werden muss, durch $y + \lambda$, so geht z, wenn man $x + k$ statt x und $y + \lambda$ statt y setzt, in

$$267.\quad z + k\frac{d}{x}z + \frac{k^2}{2}\frac{d^2}{x^2}z \ldots\ldots$$
$$+ \lambda\frac{d}{y}z + k\lambda\frac{d^2}{xy}z \ldots\ldots$$
$$+ \frac{\lambda^2}{2}\frac{d^2}{y^2}z \ldots\ldots$$

über.

Andere Anwendungen der Entwickel.

Man setze

$$268.\quad \lambda = \alpha k + \beta k^2 + \gamma k^3 \ldots$$

wo α, β, γ etc. unbestimmte Coefficienten sind, so erhält man, wenn man Dieses in (267.) substituirt,

$$269.\quad z + k\frac{d}{x}z + \frac{k^2}{2}\frac{d^2}{x^2}z \ldots\ldots$$
$$+ \alpha k\frac{d}{y}z + \beta k^2\frac{d}{y}z \ldots\ldots$$
$$+ \alpha k^2\frac{d^2}{xy}z \ldots\ldots$$
$$+ \frac{\alpha^2 k^2}{2}\frac{d^2}{y^2}z \ldots\ldots$$

IV. Da nnn z seinen Werth nicht verändern soll, wenn man $x+k$ statt x und $y+\lambda$ statt y setzt, so muss die Grösse (269.) *gleich* z sein. Daraus folgt, wenn man die Coefficienten zu den verschiedenen Potestäten der willkürlichen Grösse k, die auch den Werth Null haben kann, einzeln gleich Null setzt,

$$270.\quad \begin{cases} \dfrac{d}{x}z + \alpha\dfrac{d}{y}z = 0, \\ \dfrac{d^2}{x^2}z + 2\beta\dfrac{d}{y}z + 2\alpha\dfrac{d^2}{xy}z + \alpha^2\dfrac{d^2}{y^2}z = 0 \end{cases}$$

u. s. w., aus welchen Gleichungen die Coefficienten α, β, γ .... gefunden werden können, welches alsdann den gesuchten Werth von λ giebt.

V. Da es aber bei der Anwendung zuletzt bloss auf die erste Ableitung, das heisst, blos auf den Coefficienten zur ersten Potestät von k ankommt, so kann man bei diesem Coefficienten, also bei dem Coefficienten α stehen bleiben. Dieser ist, der ersten Gleichung (270.) zu Folge, wie man sieht, ganz allgemein:

$$271. \quad \alpha = -\frac{d}{x}z : \frac{d}{y}z.$$

VI. Wenn man also in die Grösse $z = F(x, y)$ (266.) $x + k$ statt x und $y - k\frac{d}{x}z : \frac{d}{y}z$ .... statt y setzt, so ändert die Grösse z ihren Werth nicht.

VII. Um hiervon eine ziemlich allgemeine Anwendung zu machen, setze man, es sei die Gleichung

$$272. \quad \mathfrak{F}(fx, \varphi y) = \psi F(x, y),$$

als Ausdruck der Eigenschaften der durch $\mathfrak{F}$, f, φ, ψ und F bezeichneten Formen der Grössen unter diesen Zeichen gegeben. Die durch $\mathfrak{F}$ und F bezeichneten Formen mögen gegeben, f, φ und ψ unbekannt sein.

VIII. Man setze, der Kürze wegen,

$$fx = p, \varphi y = q, \mathfrak{F}(p, q) = \mathfrak{L} \text{ und } F(x, y) = z,$$

so dass

$$273. \quad \mathfrak{L} = \psi z.$$

IX. Nun wurde oben gefunden, dass sich z oder $\mathfrak{F}(x, y)$ nicht ändert, wenn man $x + k$ statt x und $y - k\frac{d}{x}z : \frac{d}{y}z$ .... statt y setzt

Die Grösse $\mathfrak{L}$ geht hierdurch in

$$\mathfrak{L} + k\frac{d}{p}\mathfrak{L}\frac{d}{x}p \ldots\ldots$$

$$-k\frac{\frac{d}{x}z}{\frac{d}{y}z} : \frac{d}{q}\mathfrak{L}\frac{d}{y}q \ldots\ldots$$

über. Also muss, weil solche nach wie vor gleich ψz und folglich gleich $\mathfrak{L}$ sein soll,

$$\frac{d}{p}\mathfrak{L}\frac{d}{x}p - \frac{\frac{d}{x}z}{\frac{d}{y}z}\frac{d}{q}\mathfrak{L}\frac{d}{y}q = 0,$$

oder

274. $$\frac{d}{p}\mathfrak{L}\frac{d}{x}p\frac{d}{y}z = \frac{d}{q}\mathfrak{L}\frac{d}{y}q\frac{d}{x}z$$

sein.

X. Es sei z. B.

275. $$(fx)^{\varphi y} = \psi(x, y)$$

so dass $\mathfrak{L} = p^q$ und $z = xy$, so ist $\frac{d}{p}\mathfrak{L} = qp^{q-1}$, $\frac{d}{q}\mathfrak{L} = p^q.{}^{\circ}p$, $\frac{d}{x}p = \frac{d}{x}fx$, $\frac{d}{y}q = \frac{d}{y}\varphi y$, $\frac{d}{x}z = y$, $\frac{d}{y}z = x$; also nach (274.)

$$q.p^{q-1}\frac{d}{x}p.x = p^q.{}^{\circ}p.\frac{d}{y}q.y,$$

oder, wenn man mit p^{q-1} dividirt,

$$qx\frac{d}{x}p = py.{}^{\circ}p\frac{d}{y}, \text{ oder}$$

276. $$x\varphi y.\frac{d}{x}fx = yfx\frac{d}{y}\varphi y.{}^{\circ}fx,$$

woraus

$$277.\quad \frac{x\frac{d}{x}fx}{{}^{e}fx.fx} = \frac{y\frac{d}{y}\varphi y}{\varphi y}$$

folgt.

XI. Da die beiden Grössen x und y von einander unabhängig sind, so kann der Werth der Ausdrücke auf beiden Seiten dieser Gleichung weder x noch y enthalten, weil sich sonst, ausser wenn x und y gleichförmig vorkämen, woraus dann aber Nichts folgte, die beiden Theile der Gleichung unmöglich immer gleichförmig ändern könnten. Die Ausdrücke auf beiden Seiten der Gleichung müssen also nothwendig einer Constante gleich sein und zwar einer und derselben Constante. Man erhält also

$$278.\quad \frac{x\frac{d}{x}fx}{{}^{e}fx.fx} = a \text{ und } \frac{y\frac{d}{y}\varphi y}{\varphi y} = a.$$

XII. Aus der ersten dieser beiden Gleichungen folgt, wenn man, der Kürze wegen, p statt fx schreibt: $\frac{dp}{{}^{e}p.p} = \frac{a}{x}$, wovon die Stammgleichung ${}^{e}({}^{e}p) = a.{}^{e}x + {}^{e}b$, oder ${}^{e}({}^{e}p) = {}^{e}(x^{a}) + {}^{e}b = {}^{e}(x^{a}.b)$ ist, welches

$${}^{e}p = x^{a}b \text{ und } p = e^{x^{a}.b} \text{ also}$$

$$279.\quad fx = e^{x^{a}.b} \text{ giebt.}$$

XIII. Die zweite, Gleichung (278.) giebt $\frac{\frac{d}{y}\varphi y}{\varphi y} = \frac{a}{y}$, also ${}^{e}(\varphi y) = a.y^{a+{}^{e}c} = {}^{e}(y.{}^{a}c)$, also

Andere Anwendungen etc.

$$280. \quad \varphi y = y^a c.$$

XIV. Man erhält also, vermöge der Voraussetzung $(fx)^{\varphi y} = \psi(x, y)$ (275.),

$$e^{x^a . b . y . ^a c} = \psi(xy) = e^{(xy)^a . bc},$$

woraus auch ψ folgt, so dass die Aufgabe aufgelöset ist.

39.

Ohne mehrere Beispiele herzusetzen, sieht man, dass sich auf diesem Wege willkürlich mannigfache Formen aufstellen lassen. Die Methode ist überall unmittelbar anwendbar, wo sich in der Gleichung (274.) die Grössen x und y *sondern lassen*. Wo dieses nicht der Fall ist, ist die Auflösung schwieriger und führt auf eine eigenthümliche Art von Gleichungen, in welchen die Grössen x und y *mit unbekannten Functionen von ihnen* vermischt sind.

Wir wollen die weitere Ausführung dieses Gegenstandes auf eine andere Gelegenheit verschieben. Wir schliessen hiermit den obigen Versuch einer systematischen und allgemeinen Aufstellung der Lehre von den Potenzen, Logarithmen und Logarithmanden, und gehen nunmehr zunächst zu dem zweiten Hauptgegenstande der gegenwärtigen Abhandlung, den *Facultäten*, über.

Zweiter Abschnitt.

Von den Facultäten.

Definition der Facultäten.

40.

Man pflegt Producte von Factoren, welche, der Reihe nach, um Gleich-Viel von einander verschieden sind, also z. B. Producte wie

$$u(u \pm x)\,(u \pm 2x)\,(u \pm 3x)\ldots.\,(\pm(y-1)x)$$

Facultäten, oder auch *Factoriellen*, oder *Potenzen zweiter Ordnung* u..s. w. zu nennen. Den ersten, kleinsten oder grössten Factor u nennt man *Basis*, den Unterschied der Factoren, x, *Differenz*, und die Zahl der Factoren y, *Exponent*. So lange u eine ganze Zahl ist, ist diese Definition völlig deutlich und bestimmt. Sie hört aber auf, es zu sein, wenn n nicht eine ganze Zahl ist; denn eine andere Factoren-Zahl, als eine ganze, hat keinen Sinn, weil man nicht Grössen $1\frac{1}{2}$ oder $\frac{1}{4}$ Mal mit einander multipliciren kann.

Nun aber ist leicht zu sehen, dass diese Art von Grössen mit den Potestäten, wenn man letztere als Producte *gleicher* Factoren betrachtet, nahe verwandt ist. Die Factoriellen oder Producte *äquidifferenter* Factoren sind nichts anders als eine allgemeinere Art von Potenzen, wenn Potenzen Producte *gleicher* Factoren sind. Letztere sind ein einzelner, besonderer Fall der Factoriellen, nemlich derjenige, in welchem die *Differenz* der Factoren Null ist.

So wie nun aber Grössen vorkommen, welche die nemlichen analytischen Eigenschaften und Verhältnisse haben, wie Producte gleicher Factoren, ohne selbst solche Producte zu sein, so kommen auch Grössen vor, welche die analytischen Eigenschaften der Factoriellen haben, ohne dass man sie durch Multiplication äquidifferenter Factoren zusammensetzen könnte. So wie man also veranlasst wird, die Bedeutung des Wortes Potenz, oder Potestät zu erweitern, und nicht bloss Producte gleicher Factoren darunter zu verstehen, welche das Wort alsdann nur in dem einzelnen besondern Falle bezeichnet, wenn die Exponenten ganze Zahlen sind, sondern vielmehr Grössen, welche, ohne durch Multiplication zusammengesetzt werden zu können, die nemlichen analytischen Eigenschaften haben, wie die Producte gleicher Factoren: so wird man auch veranlasst, Grössen zu untersuchen, welche den Gesetzen der Producte äquidifferenter Factoren unterworfen sind, ohne dass sie selbst dergleichen Producte wären.

Die Untersuchung und Entwickelung der *Producte* äquidifferenter Factoren hat keine Schwierigkeit, und es bleibt mit dem, was schon geschehen und vorhanden ist, fast Nichts mehr für dieselbe zu wünschen übrig. Selbst wenn der Exponent ein Bruch ist, mag, wie bei den Potestäten, noch eine vollständige Erklärung und Entwickelung, wie wenn der Exponent eine ganze Zahl wäre, möglich sein. Allein wenn der Exponent eine *beliebige*, transcendente oder imaginaire Grösse ist, ist die deutliche Vorstellung von den Facultäten und die Entwickelung derselben, wie die der Potenzen, wenn nicht unmöglich, so doch gewiss mit sehr grossen, vielleicht noch nicht ganz überwundenen Schwierigkeiten verknüpft.

Die Absicht des gegenwärtigen Aufsatzes ist nicht, zu wiederholen und zusammenzustellen, was seit Stirling und Vandermonde, bis auf Kramp und die neueste Zeit, in dieser Untersuchnng geschehn. Der Zweck dieses Aufsatzes ist vielmehr, eine *allgemeine* und *elementare* Theorie der Facultäten zu versuchen, die durch keine Eigenthümlichkeit der in Rechnung kommenden Grössen beschränkt ist, und die also die Theorie der äquidifferenten Factoren nur als einzelnen, besondern Fall mit umfasset.

Wir stellen zunächst von den Grössen, die den Gegenstand des gegenwärtigen Aufsatzes ausmachen, folgende bestimmte Definition auf.

Sie sind diejenigen, welche die nemlichen analytischen Eigenschaften und Verhältnisse haben, wie Producte äquidifferenter Factoren, ohne selbst nothwendig dergleichen Producte zu sein. Sie sind nur dann dergleichen Producte, wenn die Exponenten

Definition der Facultäten.

ganze Zahlen sind. Ausserdem sind sie Grössen, welche nicht durch blosse Multiplication, sondern nur durch Reihen, oder durch andere analytische Mittel dargestellt werden können.

Diese Definition ist völlig bestimmt und die Aufgabe, dass man dergleichen Grössen entwickeln solle, ist unstreitig *erlaubt*. Es kommt nur darauf an, ob die Entwickelung allgemein *möglich* ist. Ist sie es, so hat man nicht allein die Entwickelung der Producte äquidifferenter Factoren *einschliesslich*, sondern man hat die Theorie aller Grössen, welche die nemlichen Gesetze befolgen, wie jene Producte, *vollständig*. *Diese Theorie ist dann nothwendig überall anwendbar, wo dergleichen Grössen vorkommen.* Die Frage, ob sie auf vorkommende Grössen anwendbar sei, beruht darauf, welche Gesetze die vorkommenden Grössen befolgen, welches die Aufgabe lehren muss. Sind diese Gesetze diejenigen äquidifferenter Factoren, so ist die Theorie ihnen angemessen. Dieses ist Alles, was man für diesen Gegenstand verlangen kann, eben wie bei den Potestäten. Sobald die Theorie der Potestäten, das heisst, von Grössen, welche mit Producten gleicher Factoren einerlei Eigenschaften haben, allgemein vorhanden ist, hat man Ausdrücke, welche überall anwendbar sind, wo Grössen vorkommen, welche den nemlichen analytischen Gesetzen unterworfen werden können, wie Producte gleicher Factoren. *Ob* vorkommende Grössen *Potestäten sind* und folglich für die vorhandenen Ausdrücke passen, hängt davon ab, ob sie jene Gesetze befolgen, welche in der That das bestimmte analytische Kennzeichen der Potestäten sind. Sobald solches der Fall ist, sind sie Gegenstände für die vorhandene Theorie. Eben so bei den Facultäten.

Von den Benennungen bei Facultäten.

41.

Um nun der von den Facultäten aufgestellten allgemeinen Definition ihre bestimmte Bedeutung zu geben, ist es nöthig, die Eigenschaften der Producte äquidifferenter Factoren selbst zu untersuchen und herzusetzen, denn auf diese *bezieht* sich die Definition.

Zu diesem Zwecke ist aber, um mit Bestimmtheit, ohne Missverständnisse und Verwechselungen zu Werke zu gehen, nothwendig, erst über die *Benennung* und *Bezeichnung* des Gegenstandes der Aufgabe im Reinen zu sein.

Es sind, wie oben gesagt, für Producte äquidifferenter Factoren, die Benennungen: Potenz zweiter Ordnung, Factorielle und Facultät gebräuchlich.

Die erste Benennung: *Potenz zweiter Ordnung* würde passend sein, wenn das Beiwort: *zweiter Ordnung* nicht an die dadurch bezeichneten Fälle bei Curven, bei Gleichungen, bei Ableitungen

u. s. w. erinnerte, welche zum Theil anderer Natur sind, als der Gegenstand des gegenwärtigen Falls. Curven, Gleichungen und Ableitungen *zweiter Ordnung* umfassen nicht so bestimmt- und eigenthümlich-ähnliche Dinge erster Ordnung, wie Producte *äquidifferenter* Factoren, Producte *gleicher* Factoren. Das Beiwort ist also nicht ganz passend.

Die zweite Benennung: *Factorielle* ist für die *gegenwärtige* Ansicht ganz unpassend, denn sie bezeichnet *Producte von Factoren*, von welchen, allgemein genommen, gar nicht die Rede ist. Sie würde, *allgemein* angewendet, offenbar unrichtig sein und Vorstellungen ausdrücken, welche dem Gegenstande fremd sind.

Es bleibt also nur noch die dritte Benennung, *Facultät*, übrig. Diese Benennung hat wenigstens nicht den Fehler, *unrichtige* Vorstellungen zu erregen, wegen ihrer Analogie mit der Benennung *Potestät*; aber ist sie auch gerade nicht unpassend, obgleich sie die eigenthümliche Verwandtschaft ihres Gegenstandes mit dem Gegenstande des Wortes *Potestät*, wie es zu wünschen wäre, nicht bezeichnet. Sie ist also, obgleich vielleicht nicht die beste, so doch nicht zu verwerfen. Wollte man dem Gegenstande eine bezeichnende Benennung geben, so müsste man ihn vielleicht: *allgemeine Potestät* nennen. Um indessen so wenig wie möglich neue Benennungen zu gebrauchen, wollen wir bei dem Worte: *Facultät* stehen bleiben, und also die im vorigen Paragraph definirte Grössen *Facultäten* nennen.

nennen. Das Wort *Factorielle* kommt uns dabei mit seiner Eigenthümlichkeit gut zu Statten. Wir wollen nemlich diese letzte Benennung dem besondern Falle der Facultät, wenn der Exponent eine ganze Zahl ist, also den *Producten äquidifferenter Factoren* beilegen, so dass *Factoriellen*, wenn man sich einer analogen Bezeichnung, wie bei den Potestäten, bedienen will, *rationale Facultäten* sind. Es wäre zu wünschen, dass man für rationale Potenzen, oder für Producte gleicher Factoren, ebenfalls ein besonderes Wort hätte.

Die Benennungen der Grössen, aus welchen eine Facultät zusammengesetzt ist, nemlich *Basis, Differenz* und *Exponent* können unstreitig ganz bleiben, weil dagegen Nichts einzuwenden ist, und dieselben vielmehr den Zusammenhang der Facultäten mit den Potestäten recht gut bezeichnen. Man könnte für die Elemente der Facultäten, nach ihren verschiedenen Beziehungen auf einander, wie bei den Potestäten, auch verschiedene Benennungen verlangen; allein der Nutzen der Verschiedenheit der Benennungen wäre nur geringe, und dagegen der Nachtheil gehäufter Worte und Unterscheidungen bedeutend, daher wir davon abstehen. Bei den Potestäten sind ebenfalls die verschiedenen Benennungen beibehalten worden, weil sie einmal vorhanden waren.

Von den Bezeichnungen der Facultäten.

42.

Die Bezeichnung der Facultäten ist eben so verschieden, wie die Benennung. Am häufigsten bezeichnet man z. B. das Product

$$u(u \pm x)(u \pm 2x) \ldots (u \pm (y-1)x)$$

durch $u^{y|x}$. Andere bezeichnen solches durch $[u, x]^y$, oder bloss durch $[u]^y$, wenn $x = 1$ ist. Die erste Bezeichnung scheint weniger passend, als die letzte, weil die Differenz x, in ihrem Einflusse auf die Zusammensetzung der Grössen, nichts mit dem Exponenten gemein hat und also nicht in die Gegend desselben gehört. Die zweite Bezeichnungs-Art setzt die Differenz an den Ort, wo sie in Rechnung kommt, und ist also in so fern passender. Wir wollen daher bei dieser Bezeichnungs-Art bleiben, uns aber der eckigen Klammern nicht bedienen, weil das, was in den Klammern steht, durch das Comma hinreichend von einem Producte, oder dergleichen unterschieden ist.

Man könnte, wie bei den Potestäten, auch für die umgekehrte Abhängigkeit der Grössen u, x, y, aus welchen eine Function, z. B. z, zusammengesetzt ist, eigene Zeichen wünschen, z. B. wie oben bei den Potestäten, für die Logarithmen: wir wollen indessen für jetzt keine neue Zeichen vorschlagen, sondern nur erst zur Sache selbst schreiten.

Grund-Gleichungen der Facultäten.

Wir begnügen uns, eine Grösse, welche die analytischen Eigenschaften des Products

281. $z = u\,(u \pm x)\,(u \pm 2x) \ldots (u \pm (y-1)\,x)$,

in welchem natürlich y eine ganze Zahl ist, *auch dann* hat, wenn y keine ganze Zahl, sondern allgemein eine beliebige Grösse ist, durch

282. $z = (u, \pm x)^y$

zu bezeichnen. Wir nennen die Grösse z allgemein *Facultät*, und in dem besondern Falle, wenn y eine ganze Zahl ist, *Factorielle* der *Basis* u mit der *Differenz* x und dem *Exponenten* y.

Grund-Gleichungen der Facultäten.

43.

Wir kommen nunmehr zu der Aufstellung der analytischen Eigenschaften der Facultäten, welche, der Voraussetzung zu Folge, denen der Factoriellen gleich sein sollen.

I. Da $(u, + x)^y$ das Product

$$u\,(u + x)\,(u + 2x) \ldots (u + (y-1)\,x)$$

bezeichnet, so bezeichnet auch $(u + yx, + x)^k$ das Product

$$(u + yx)\,(u + (y+1)\,x \ldots (u + (y + k - 1)\,x).$$

Das Product beider Producte ist

$$u\,(u + x)\,(u + 2x)\,(u + 3x) \ldots (u + (y + k - 1)\,x);$$

Grund-Gleichungen der Facultäten.

denn die Glieder bilden eine ununterbrochene Reihe. Auf das letzte Glied des ersten Products $u+(y-1)x$ folgt unmittelbar in der Reihe das erste Glied des zweiten Products $u+yx$. Dieses Product der beiden Producte aber ist nichts anders als $(u,+x)^{y+k}$; also ist für Factoriellen, oder für rationale Facultäten, oder *wenn der Exponent eine ganze Zahl ist,*

283. $(u,+x)^{y+k} = (u,+x)^y \cdot (u+yx,+x)^k.$

Dieses ist der Ausdruck der *ersten* Eigenschaft der *Factoriellen.* Es ist nicht nöthig, der Grösse x ein zweifaches Zeichen $+$ und $-$ vorzusetzen, da man sich x selbst, sowohl positiv als negativ vorstellen kann.

II. Ferner ist leicht zu sehen, dass sich das Product

$$(u,+x)^y = u(u+x)(u+2x)\ldots.(u+(y-1)x)$$

in

$$(u,+x)^y = \frac{1}{m^y} \cdot mu(mu+mx)(mu+2mx)\ldots.$$
$$\ldots.+(mu+m(y-1)x)$$

verwandeln lässt, wo m eine beliebige Grösse ist. Der Theil rechterhand in dieser Gleichung lässt sich aber, nach der allgemeinen Regel, durch $(mu,+mx)^y$ bezeichnen; also ist zweitens

284. $(u,+x)^y = \frac{(mu,+mx)^y}{m^y},$

wo m gänzlich willkürlich ist.

Grund-Gleichungen der Facultäten.

Dieses ist der Ausdruck der *zweiten* Eigenschaft der Factoriellen.

III. Eine dritte Eigenschaft des Products

$(u, +x)^y = u(u+x)(u+2x) \ldots (u+(y-1)x)$

besteht darin, dass für $y = 1$,

$$285. \quad (u, +x)^1 = u$$

ist.

Dieses ist der Ausdruck der *dritten* Eigenschaft der Factoriellen.

Die drei Ausdrücke (283, 284 und 285.) sind zunächst hinreichend, alle übrige Eigenschaften der Factoriellen zu finden, und folglich zunächst die Grundlage ihrer vollständigen Definition.

44.

Wir dehnen nunmehr die Gleichungen (283, 284 und 285.) welche die Eigenschaften der Factoriellen, das heisst der Facultäten in dem Falle ausdrücken, wenn der Exponent y eine ganze Zahl ist, allgemein auf alle mögliche Fälle aus, y mag sein was man will: eine ganze Zahl, oder ein Bruch, oder eine transcendente, imaginaire Grösse u. s. w. Die übrigen Grössen u und x können schon auch bei den Factoriellen sein, was man will.

Die vollständige Exposition der bevorstehenden Untersuchung ist also nunmehr folgende:

Grund-Gleichungen der Facultäten.

Diejenige von den beliebigen drei Grössen u, x und y abhängende, durch $(u, + x)^y$ bezeichnete Grösse z, welche die drei Eigenschaften hat, dass, wenn man $y + k$ statt y setzt, wo k ebenfalls eine beliebige Grösse bedeutet,

$$286. \quad (u, + x)^{y+k} = (u, + x)^y . (u + y x, + x)^k,$$

und wenn man mu statt u und zugleich mx statt x setzt, wo m eine beliebige Grösse bedeutet,

$$287. \quad (u, + x)^y = \frac{(mu, + mx)^y}{m^y};$$

desgleichen

$$288. \quad (u, + x)^1 = u$$

ist, heisst allgemein *Facultät* der *Basis* u mit der *Differenz* x und dem *Exponenten* y. Man sucht nun den Ausdruck der Grössen u, x, y und z, und zwar jeder durch die drei übrigen, sei es durch Reihen, oder wie es sonst möglich ist. Das, was man findet, muss nothwendig auch in dem besondern Falle, wenn der Exponent y eine ganze Zahl ist, also auch für *Factoriellen* gelten, weil dieselben durch die nemlichen Grund-Gleichungen vollständig bestimmt werden. Es gilt aber zugleich überall, wo Grössen vorkommen, deren analytische Verhältnisse und Bezeichnungen den drei Grund-Gleichungen gemäss sind.

Zur Erläuterung dieser Exposition ist eine wesentliche Bemerkung nöthig.

Es könnte nemlich wiederum scheinen, als wenn in der Ausdehnung der für *Factoriellen* geltenden Grund-Gleichungen auf den allgemeinen Fall der *Facultäten* eine Willkür liege, zu welcher man nicht berechtigt sei, gleichsam ein fehlerhafter Schluss vom Besondern auf das Allgemeine. Dieses wäre auch in der That der Fall, wenn man *auch die weitere Rechnung und Entwickelung* etwa an die Bedingung bände, dass der Exponent y eine ganze Zahl sein soll, oder mit andern Worten: wenn man bei den Entwickelungen die Grösse z *als ein Product von Factoren* betrachtete. Das Bedenken fällt aber weg, sobald man *die Entwickelungen* so macht, dass sie allgemein, für jedes beliebige y gelten. *Hierin* liegt die ganze Schwierigkeit und *nicht in der Darstellung der Grösse* $(u, +x)^y$, *für den allgemeinen Fall eines beliebigen* y, *durch Factoren, oder dergleichen.* Besteht man auf der letztern, so kann man nicht allein in den Fall kommen, Etwas zu verlangen, was unmöglich ist, sondern man bemüht sich auch um Etwas, was, wenn es möglich wäre, nicht einmal einen wesentlichen Nutzen haben würde. Denn Alles, was man auch fände, könnte am Ende doch zu keinem andern Resultate führen, als das, welches man erhält, wenn man die Grösse unmittelbar aus der Grund-Gleichung, aber mit der strengen Beobachtung entwickelt, dass durchaus der Werth von y nicht etwa an die Bedingung gebunden sein soll, eine ganze Zahl zu sein. Es ist übrigens, was das Erste betrifft, auch noch vorauszusehen, dass der Ausdruck der allgemeinen Facultät, auf die

Weise der Factoriellen, oder *durch Factoren*, allerdings unmöglich ist; denn schon der Ausdruck der *Potestäten* mit einem andern als ganzzahligen Exponenten findet nicht Statt, *weil eine solche Potestät wirklich kein Product von Factoren ist.* Um so weniger also kann der Ausdruck einer *allgemeinen Potestät*, für jeden beliebigen Exponenten, als Product von Factoren darstellbar sein. Es wäre, wenn man dergleichen verlangte, ungefähr eben so, als wenn man verlangte: das Verhältniss des Kreis-Umfanges zum Durchmesser, oder das Verhältniss des Logarithmen einer beliebigen Zahl zu seinem Logarithmanden solle durch eine ganze Zahl ausgedrückt, oder eine Curve solle als aus graden Linien zusammengesetzt dargestellt werden u. dgl. Man würde die Schwierigkeit, wenn man so verfahren wollte, an den unrechten Ort legen, wo sie unübersteiglich sein kann. Sie ist deswegen allerdings da und bestehet darin, die Entwickelungen *so zu machen, dass sie durchaus nicht an die Bedingung gebunden sind, dass der Exponent y eine ganze Zahl ist.* Eben diese Bedingung ist es, welche macht, dass eine mehr als erlaubte Willkür bei dem Uebergange von den Factoriellen zu den Facultäten keinesweges Statt findet. Nicht die für Factoriellen passenden *Resultate* werden auf Facultäten willkürlich ausgedehnt, sondern die *Grund-Gleichungen* und diesen wird für den allgemeinen Fall die *neue Bedingung* hinzugefügt, dass der Exponent nicht nothwendig eine ganze Zahl sein soll. Wegen dieser letztern Bedingung, die zu denen der Factoriellen hinzukommt, sind Facultäten und Factoriellen *wesentlich verschiedene Grössen*, und haben weiter nichts gemein, als dass die Factoriellen ein einzelner, besonderer Fall der Facultäten sind. Wir betrachten den vorliegenden Gegenstand als eine freie analytische Aufgabe. Sie besteht darin, dass man diejenige, von u, x und y abhängende Function sucht, welche allgemein die drei Bedingungen (286, 287 und 288.) erfüllt. Man weiss von dieser Function im Voraus noch nichts weiter, als dass sie, für den Fall, wenn y eine ganze Zahl ist, ein Product äquidifferenter Factoren ist. Was sie in den übrigen Fällen sei, weiss man noch nicht. Man weiss nicht, ob sie sich als Product von Factoren, oder vielleicht durch Logarithmen, oder andere transcendente Grössen, oder nur durch Reihen darstellen lasse. Alles dieses soll erst gefunden werden. Die Resultate sind aber nothwendig völlig allgemein und sie sollen und können immer nur da angewandt werden, wo Grössen vorkommen, welche den drei Grund-Bedingungen (286, 287 und 288.) entsprechen.

Eigenschaften der Facultäten, welche unmittelbar aus den Grund-Gleichungen folgen.

45.

Die Eigenschaften der Facultäten, welche nun unmittelbar weiter aus den Grund-Gleichungen gefunden werden können, sind folgende.

Eigenschaften der Facultäten etc.

I. Da $(u, +x)^{y+k}$ seinen Werth nicht ändert, wenn man x mit k *verwechselt*, so ist auch, wenn man diese beiden Grössen in der Gleichung (206.) vertauscht,

$$289.\quad (u, +x)^{y+k} = (u, +x)^{k} . (u + kx, +x)^{y}.$$

II. Ferner erhält man, wenn man $mu = 1$ setzt, $m = \frac{1}{u}$, also in (287.)

$$290.\quad (u, +x)^{y} = \left(1, +\frac{x}{u}\right)^{y} . u^{y}.$$

III. Setzt man hingegen $mx = 1$, so ist $m = \frac{1}{x}$ und

$$291.\quad (u, +x)^{y} = \left(\frac{u}{x}, +1\right)^{y} . x^{y}.$$

IV. Aus (286.) folgt ferner

$$292.\quad (u + yx, +x)^{k} = \frac{(u, +x)^{y+k}}{(u, +x)^{y}}.$$

Setzt man hierin, aus (290.) $(u, +x)^{y} = \left(1 + \frac{x}{u}\right)^{y} . u^{y}$, oder, wenn man $y + k$ statt y schreibt, $(u, +x)^{y+k} = \left(u, + \frac{x}{u}\right)^{y+k} . u^{y+k}$, so erhält man:

$$(u + yx, +x)^{k} = \frac{\left(1, + \frac{x}{u}\right)^{y+k} . u^{y+k}}{\left(1, + \frac{x}{u}\right)^{y} . u^{y}} = \frac{\left(1, + \frac{x}{u}\right)^{y+k} . u^{k}}{\left(1, + \frac{x}{u}\right)^{y}}.$$

Setzt man in diese Gleichung $u = x$, so erhält man

$$(x(1+y),+x)^k = \frac{(1,+1)^{y+k}.x^k}{(1,+1)^y}.$$

Man setze ferner $x(1+y)=u$, so dass $\frac{u-x}{x}=y$ ist, so erhält man

$$(u,+x)^k = \frac{(1,+1)^{\frac{u-x}{x}+k}.x^k}{(1,+1)^{\frac{u-x}{x}}}.$$

Schreibt man endlich y statt k, so erhält man

$$293. \quad z = (u,+x)^y = \frac{(1,+1)^{\frac{u}{x}+y-1}}{(1,+1)^{\frac{u}{x}-1}}.x^y.$$

Aus diesem Ausdrucke sieht man, dass sich eine Facultät, mit beliebiger Basis u und beliebiger Differenz x, allemal auf zwei andere bringen lässt, in welchen Basis und Exponent, beide gleich Eins sind, so dass also diese beiden Facultäten nur dem Exponenten nach von einander abweichen.

V. Setzt man in (292.) $yx=v$, so dass $y=\frac{v}{x}$, so erhält man

$$(u+v,+x)^k = \frac{(u,+x)^{\frac{v}{x}+k}}{(u,+x)^{\frac{v}{x}}},$$

oder, wenn man k statt v, y statt k schreibt,

$$294. \quad (u+k,+x)^y = \frac{(u,+x)^{\frac{k}{x}+y}}{(u,+x)^{\frac{k}{x}}}.$$

Entwickelung der Facultäten

VI. Setzt man in (286.) $k-y$ statt k, so erhält man

$$(u, + x)^{k} = (u, + x)^{y} . (u + yx, + x)^{k-y}.$$

Dieses giebt, wenn man y = o setzt,

$$(u, + x)^{k} = (u, + x)^{0} . (u, + x)^{k},$$

oder

$$295. \quad (u, + k)^{0} = 1;$$

woraus folgt, dass jede Facultät, für den Exponenten o, allemal der Einheit gleich ist, eben wie eine Potestät.

VII. Setzt man in (289.) $k = -y$, so erhält man

$$(u, + x)^{0} = (u, + x)^{-y} . (u - yx, + x)^{y};$$

also, weil $(u, + x)^{0} = 1$ ist (295.),

$$296. \quad (u, + x)^{-y} = \frac{1}{(u - yx, + x)^{y}},$$

welches der Ausdruck einer Facultät mit negativem Exponenten, durch eine andere mit positivem Exponenten ist.

Diese Verwandlungen sind zu den weitern Entwickelungen nöthig.

Entwickelung der Facultäten durch gewöhnliche Mittel.

46.

Es kommt nun auf die wirkliche Entwickelung der Grössen u, x, y, z, das heisst, auf die,

durch gewöhnliche Mittel.

den so eben entwickelten Gesetzen der Facultäten entsprechenden Ausdrücke an, durch welche sich jede der vier Grössen durch die drei übrigen wirklich berechnen lässt.

Wir wollen uns bei diesen Entwickelungen zunächst bloss gewöhnlicher Mittel bedienen und einige der vorkommenden Ausdrücke erst auf *solche* Weise suchen, wäre es auch nur, um hinterher die Vorzüge einer *grössern Allgemeinheit* der Entwickelungs-Methode und ihrer Grund-Ausdrücke fühlbar zu machen.

Es ist bekannt, dass für *rationale* Facultäten, oder für *Factoriellen*, das heisst, für $z = (u, + x)^y$, in dem Falle, wenn y eine *ganze* Zahl ist, ein, der Binomial-Formel ganz ähnlicher Ausdruck existirt, nemlich die Gleichung:

297. $$(u + k, + x)^y = (u, + x)^y + y(u, + x)^{y-1}(k, + x)^1 + \frac{y.(y-1)}{2}(u, + x)^{y-2}(k, + x)^2 + \frac{y.(y-1).(y-2)}{2.3}(u, + x)^{y-3}(k, + x)^3 \ldots\ldots$$

welche in den binomischen Lehrsatz übergeht, wenn man $x = 0$ setzt; denn sie giebt alsdann

$$(u + k)^y = u^y + y u^{y-1} + k \frac{y.(y-1)}{2} u^{y-2} k^2 \ldots,$$

wie gehörig.

Aus der Existenz dieser Gleichung für *rationale* Facultäten lässt sich *vermuthen*, dass sie überhaupt für *beliebige* Facultäten gelte, weil die Facultäten so viele Aehnlichkeit mit den Potestäten haben, welche, wie oben bemerkt, nichts anders sind, als ein einzelner besonderer Fall der Facultäten: für Potestäten aber der binomische Lehrsatz wirklich, so wie er für ganzzahlige Exponenten beschaffen ist, ganz unverändert auch für beliebige Exponenten gilt. Es entsteht die Frage, ob diese *Vermuthung* richtig sei. Zuweilen wird ohne Weiteres angenommen, dass die Gleichung (297.) für jedes beliebige y gelte; allein ohne Beweis ist dieses ein Schluss vom Besondern auf das Allgemeine, und der Satz ist dann nicht mehr ein Lehrsatz, sondern *willkürlich*. Es wäre also zu *beweisen*, dass die Gleichung (297.) für *jedes beliebige* y gilt und dieser Beweis, welcher einem allgemeinen Beweise des binomischen Lehrsatzes ganz ähnlich ist, nur dass er sich auf einen allgemeineren Fall bezieht, mag der erste Gegenstand der bevorstehenden Untersuchungen sein.

47.

Soll die Gleichung (297.) für jedes beliebige y gelten, so muss sie nothwendig immer dieselbe *Form* behalten. Man setze also die Form voraus. Die Frage ist dann nur, was aus den *Coefficienten* wird, *wenn y nicht mehr eine ganze Zahl, sondern willkürlich irgend eine andere Grösse ist.* Ob die Form vorausgesetzt werden kann, wird sich eben bei der Untersuchung der Coefficienten

durch gewöhnliche Mittel.

zeigen; denn lassen sich die Coefficienten für die vorausgesetzte Form allgemein finden, so muss nothwendig auch die Form gelten.

Man setze also voraus, dass

298. $$(u+k,+x)^y = (u,+x)^y + A_y\,(u,+x)^{y-1}(k,+x)^1 + B_y\,(u,+x)^{y-2}(k,+x)^2 + C_y\,(u,+x)^{y-3}(k,+x)^3 \ldots\ldots$$

ist, wo angenommen wird, dass die Coefficienten A_y, B_y, C_y etc. nur allein vom Exponenten y abhängen; so besteht die Aufgabe darin: zu finden, was diese, zu dem Exponenten y gehörige Coefficienten A_y, B_y, C_y ...., für ein beliebiges y, sind.

I. Man erhält, wenn man in die Gleichung (283.) welche die erste Grund-Bedingung der Facultäten ist, $k = 1$ setzt,

299. $$(u,+x)^{y+1} = (u,+x)^y(u+yx,+x)^1 = (u,+x)^y\,(u+yx)\ (285.),$$

also, wenn man $u+k$ statt u setzt,

300. $$(u+k,+x)^{y+1} = (u+k,+x)^y\,(u+k+yx).$$

Man kann also, wenn man für $(u+k,+x)^y$ die Reihe (298.) voraussetzt, den Werth von $(u+k,+x)^{y+1}$ *auf zweierlei Art* finden: einmal, wenn man $(u+k,+x)^y$ mit $u+k+yx$ multiplicirt, das anderemal, wenn man in den Ausdruck von $(u+k,+x)^y$, $y+1$ statt y setzt.

Entwickelung der Facultäten

II. Das Erste giebt

$$(u+k,+x)^{y+1} = (u,+x)^y(u+k+yx)$$
$$+A_y(u,+x)^{y-1}(k,+x)^1(u+k+yx)$$
$$+B_y(u,+x)^{y-2}(k,+x)^2(u+k+yx)$$
$$+\ldots\ldots,$$

oder

$$(u+k,+x)^{y+1} =$$
$$(u,+x)^y(u+xy)+(u,+x)^y.k$$
$$+A_y(u,+x)^{y-1}(k,+x)^1(u+(y-1)x)+A_y(u,+x)^{y-1}(k,+x)^1(k+x)$$
$$+B_y(u,+x)^{y-2}(k,+x)^2(u+(y-2)x)+B_y(u,+x)^{y-2}(k,+x)^2(k+2x)$$
$$\ldots\ldots\ldots\ldots\ldots\ldots,$$

oder, weil

$$\left.\begin{array}{rl} (u,+x)^y\,(u+xy) &= (u,+x)^{y+1} \\ (u,+x)^{y-1}(u+(y-1)x) &= (u,+x)^y \\ (u,+x)^{y-2}(u+(y-2)x) &= (u,+x)^{y-1}\ \text{etc.} \\ (k,+x)^1(k+x) &= (k,+x)^2 \\ (k,+x)^2(k+2x) &= (k,+x)^3\ \text{etc.} \end{array}\right\}\ \text{(Gleich. 283 u. 285.)}$$

301. $(u+k,+x)^{y+1} =$

$$(u,+x)^{y+1}+(u,+x)^y(k,+x)^1$$
$$+A_y(u,+x)^y(k,+x)^1+A_y(u,+x)^{y-1}(k,+x)^2$$
$$+B_y(u,+x)^{y-1}(k,+x)^2+B_y(u,+x)^{y-2}(k,+x)^3\ldots.$$
$$\ldots\ldots\ldots\ldots\ldots\ldots$$

III. Das Andere giebt

302. $(u+k,x)^{y+1} =$

$$(u,+x)^{y+1}+A_{y+1}(u,+x)^y(k,+x)^1+B_{y+1}(u,+x)^{y-1}(k,+x)^2$$
$$+C_{y+1}(u,+x)^{y-2}(k,+x)^2\ldots.$$

Die beiden Ausdrücke (301 und 302.) sind also einander gleich.

IV.

durch gewöhnliche Mittel.

IV. Nun sind aber in einer Gleichung mit *rationalen* Facultäten, oder Factoriellen, die, wie die obige, durch Gleichsetzung der Ausdrücke (299 und 300.) entsteht, die Coefficienten der Factoriellen mit einerlei Exponenten einander gleich. Denn man setze z. B. eine Gleichung von der Form:

$$303.\ P + Q(k, + x)^1 + R.(k, + x)^2 + S.(k, + x)^3 \dots = p + q(k, + x)^1 + r.(k, + x)^2 + s.(k, + x)^3 \dots,$$

das heisst, von der Form:

$$304.\ P + Q.k + R.k.(k + x) + S.k.(k + x).(k + 2x) \dots = p + q.k + r.k.(k + x) + s.k.(k + x).(k + 2x) \dots,$$

unter der Bedingung, dass sie, wie die obige, für jeden beliebigen Werth der darin vorkommenden Grössen gilt, so erhält man offenbar, für $k = 0$,

$$P = p.$$

Lässt man die gleichen Grössen P und p weg, dividirt durch k und setzt $k = -x$, so erhält man

$$Q = q.$$

Lässt man die gleichen Glieder $P + Q.k$ und $p + q.k$ weg, dividirt durch $k.(k + x)$ und setzt $k = -2x$, so erhält man

$$R = r,$$

u. s. w.; so dass also in einer Gleichung, wie die obige, die Coefficienten der Factoriellen mit gleichen Exponenten allemal einander gleich sind.

V. Daraus folgt, dass wenn nun die Ausdrücke (301 und 302.) einander gleich gesetzt wer-

Entwickelung der Facultäten

den, die Coefficienten der Factoriellen $(k, + x)^1$, $(k, + x)^2$, $(k, + x)^3$ etc. gleiche Werthe haben, welches

$$305.\quad \begin{cases} A_y + 1 = A_{y+1} \\ B_y + A_y = B_{y+1} \\ C_y + B_y = C_{y+1} \text{ etc.} \end{cases}$$

giebt.

Diese Verhältnisse sind die nemlichen, welche zwischen Binomial-Coefficienten Statt finden, welches schon näher die Allgemeingültigkeit des vorausgesetzten Ausdrucks (298.) zeigt. Indessen kann man dieselbe daraus noch nicht ohne Weiteres schliessen.

VI. Um dem Resultate näher zu kommen, stelle man auf einem andern Wege zwei, ihrer Bedeutung nach übereinkommende, Gleichungen mit zu bestimmenden Coefficienten, wie folgt, auf. Man setze in (298.) erstlich $u + \varepsilon$ statt u und zweitens $k + \varepsilon$ statt k, welches beides die nemliche Grösse $(u + k + \varepsilon, + x)^y$ giebt.

VII. Das Erste giebt

$$306.\quad (u+k+\varepsilon,+x)^y = (u + \varepsilon, + x)^y + A_y(u + \varepsilon, + x)^{y-1}.(k, + x)^1 + B_y(u + \varepsilon, + x)^{y-2}.(k, + x)^2 \ldots,$$

oder, weil, eben vermöge (298.),

$$(u + \varepsilon, + x)^y$$
$$= (u, + x)^y + A_y(u, + x)^{y-1}.(\varepsilon, + x)^1 + B_y(u, + x)^{y-2}.(\varepsilon + x)^2 \ldots$$
$$(u + \varepsilon, + x)^{y-1}$$
$$= (u, + x)^{y-1} + A_{y-1}(u, + x)^{y-2}.(\varepsilon, + x)^1 \ldots,$$

$$(u+\varepsilon,+x)^{y-2}=(u,+x)^{y-2}\;\ldots\ldots$$

etc. ist,

$$307.\quad (u+k+\varepsilon,+x)^{y}=$$

$$\begin{aligned}&(u,+x)^{y}+A_{y}(u,+x)^{y-1}.(\varepsilon,+x)^{1}+B_{y}(u,+x)^{y-2}(\varepsilon,+x)^{2}+C_{y}(u,+x)^{y-3}.(\varepsilon,+x)^{3}\ldots\\&+A_{y}(k,+x)^{1}\left[(u,+x)^{y-1}+A_{y-1}(u,+x)^{y-2}.(\varepsilon,+x)^{1}+B_{y-1}(u,+x)^{y-3}.(\varepsilon,+x)^{2}\ldots\right]\\&\qquad+B_{y}(k,+x)^{2}\left[(u,+x)^{y-2}+A_{y-2}(u,+x)^{y-3}(\varepsilon,+x)^{1}\ldots\right]\\&\qquad\qquad+C_{y}(k+x)^{3}\left[(u,+x)^{y-3}\ldots\right]\\&\qquad\qquad\qquad\ldots\ldots\ldots\end{aligned}$$

welches der erste Ausdruck von $(u+k+\varepsilon,+x)^{y}$ ist.

VIII. Das Andere giebt

$$308.\quad \begin{aligned}(u+k+\varepsilon,+x)^{y}&=(u,+x)^{y}\\&+A_{y}(u,+x)^{y-1}.(k+\varepsilon,+x)^{1}\\&+B^{y}(u,+x)^{y-2}.(k+\varepsilon,+x)^{2}\ldots\end{aligned}$$

Es ist aber nicht allein bekannt, sondern es folgt auch aus den Gleichungen (305.), dass für Factoriellen, oder für *rationale* Facultäten, das heisst, für Facultäten mit *ganzzahligen* Exponenten, die Coefficienten des Ausdrucks (298) mit den Binomial-Coefficienten übereinkommen. Daraus folgt

$$309.\quad \begin{cases}(k+\varepsilon,+x)^{1}=(k,+x)^{1}+(\varepsilon,+x)^{1}\\(k+\varepsilon,+x)^{2}=(k,+x)^{2}+2(k,+x)^{1}(\varepsilon,+x)^{1}+(\varepsilon,+x)^{2}\\(k+\varepsilon,+x)^{3}=(k,+x)^{3}+3(k,+x)^{2}(\varepsilon,+x)+3(k,+x)(\varepsilon,+x)^{2}+(\varepsilon,+x)^{3}\end{cases}$$

etc.

Substituirt man Dieses in (308.), so erhält man

Entwickelung der Facultäten

$$(u+k+\varepsilon,+x)^{y} =$$

310. $$(u,+x)^{y}+A_{y}(u,+x)^{y-1}(\varepsilon,+x)^{1}+B_{y}(u,+x)^{y-2}(\varepsilon,+x)^{2}$$
$$C_{y}(u,+x)^{y-3}(\varepsilon,+x)^{3}\ldots.$$
$$+A_{y}(u,+x)^{y-1}(k,+x)^{1}+2B_{y}(u,+x)^{y-2}(\varepsilon,+x)^{1}(k,+x)^{1}$$
$$+3C_{y}(u,+x)^{y-3}(\varepsilon,+x)^{2}(k,+x)^{1}\ldots.$$
$$+B_{y}(u,+x)^{y-2}(k,+x)^{2}+3C_{y}(u,+x)^{y-3}(\varepsilon,+x)^{1}(k,+x)^{2}\ldots.$$
$$+\,C_{y}(u,+x)^{y-3}\,(k,+x)^{3}\ldots.$$

IX. Setzt man nun die beiden gleichbedeutenden Ausdrücke (307 und 310.) einander gleich, so erhält man (weil wiederum, zu Folge (IV.), die Coefficienten von Factoriellen mit gleichen Exponenten einander gleich sind) und zwar aus der zweiten Zeile in den beiden Ausdrücken:

311. $$\begin{cases} \text{I. } A_{y}.A_{y-1}=2B_{y}, \text{ also } B_{y}=\frac{1}{2}A_{y}.A_{y-1}=\frac{1}{2}A_{y}(A_{y}-1)\ (305.) \\ \text{II. } A_{y}.A_{y-1}=3C_{y}, \text{ also } C_{y}=\frac{1}{3}A_{y}.B_{y-1}=\frac{1}{3}A_{y}.\frac{1}{2}A_{y-1}.A_{y-2}\ (\text{I.}) \end{cases}$$
$$=\frac{1}{2.3}A_{y}(A_{y}-1)(A_{y}-2)\ (305.)$$

etc.

welches deutlicher zeigt, dass die Facultäts-Coefficienten A_{y}, B_{y}, C_{y} etc. mit den Binomial-Coefficienten gleiche Eigenschaften haben. Indessen lassen die Gleichungen (311.) noch den ersten Coefficienten A_{y} unbestimmt.

X. Um denselben allgemein und so, dass nirgend die Voraussetzung einer ganzen Zahl für den Exponenten einfliesst, zu finden, kann man, wie folgt, verfahren.

durch gewöhnliche Mittel.

Man kann nemlich wiederum zwei verschiedene, aber gleichbedeutende Ausdrücke, z. B. für $(u+k,+x)^{y+z}$ aufstellen, den einen mit Hülfe der allgemeinen Grund-Gleichung der Facultäten (283.), den andern, indem man in den vorausgesetzten Ausdruck (298.) y + z statt y setzt. Beide Ausdrücke werden die Coefficienten A, B, C ...., sowohl zu den Exponenten y und z, als zu dem Exponenten $y+z$ enthalten. Setzt man sie einander gleich, so wird man daraus Verhältnisse zwischen diesen Coefficienten finden, aus welchen sich dann die gesuchte Eigenschaft des ersten Coefficienten A schliessen lässt.

XI. Das Erste giebt, vermöge der Grund-Gleichung (283.),

312. $(u+k,+x)^{y+z}=(u+k,+x)^{y}(u+k+yx,+x)^{z}$,

welches anzeigt, dass man $(u+k,+x)^{y+z}$ erhält, wenn man $(u+k,+x)^{y}$ mit $(u+k+yx,+x)^{z}$ multiplicirt.

Nun ist, nach der Voraussetzung (298.),

313. $(u+k,+x)^{y}_{'}$

$=(u,+x)^{y}+A_{y}(u,+x)^{y-1}(k,+x)^{1}+B_{y}(u,+x)^{y-2}(k,+x)^{2}....$

Dieses giebt, wenn man $u+y.x$ statt u, oder, was das Nemliche ist, $u+(y-1)x$ statt u und $k+x$ statt k, oder $u+(y-2)x$ statt u und $k+2x$ statt k, oder $u+(y-3)x$ statt u und $k+3x$ statt k u. s. w., desgleichen z satt y setzt,

Entwickelung der Facultäten

314. $(u+yx+k,+x)^z = (u+yx,+x)^z$
$+A_z(u+yx,+x)^{z-1}(k,+x)^1 + B_z(u+yx,+x)^{z-2}(k,+x)^2 \ldots$
$(u+(y-1)x+k+x,+x)^z = (u+(y-1)x,+x)^z$
$+A_z(u+(y-1)x,+x)^{z-1}(k+x,+x)^1 + B_z \ldots$
$(u+(y-2)x+k+2x,+x)^z = (u+(y-2)x,+x)^z$
$+A_z(u+(y-2)x,+x)^{z-1}(k+2x,+x)^1 + B_z \ldots,$

Da in diesen Gleichungen die Theile linkerhand identisch eine und dieselbe Grösse $(u+yx+k,+x)^z$ bezeichnen, so kann man für diese Grösse nach Willkür einen der Ausdrücke rechterhand setzen.

Zu Folge der Gleichung (312.) soll die Grösse $(u+k,+x)^y$ mit der Grösse $(u+yx+k,+x)^z$ multiplicirt werden, um $(u+k,+x)^{y+z}$ zu finden. Von $(u+k,+x)^y$ steht der entwickelte Ausdruck in (313.). Von $(u+yk+k,+x)^z$ stehen die verschiedenen, gleichbedeutenden Ausdrücke in (314.). Man multiplicire das *erste* Glied $(u,+x)^y$ von (313.) mit dem *ersten* Ausdrucke von $(u+yx+k,+x)^z$ (314.), das *zweite* Glied $A_y(u,+x)^{y-1}.(k,+x)^1$ von (313.) mit dem *zweiten* Ausdrucke von $(u+yx+k,+x)^z$ (314.), das dritte Glied von (313.) mit dem dritten Ausdrucke von (314.), welches nichts anders ist, als wenn man alle Glieder von (313.) oder die Grösse $(u+k,+x)^y$ selbst, wie es sein soll, mit der Grösse $(u+yx+k,+x)^z$ multiplicirt, so erhält man

durch gewöhnliche Mittel.

315. $(u+k,+x)^{y+z} =$

$$(u,+x)^{y}(u+yx,+x)^{z}+A_{z}(u,+x)^{y}(u+yx,+x)^{z-1}(k,+x)^{1}$$
$$+B_{z}(u,+x)^{y}(+yx,+x)^{z-2}(k,+x)^{2}\ldots\ldots$$
$$+A_{y}(u,+x)^{y-1}(u+(y-1)x,+x)^{z-1}(k,+x)^{1}+A_{y}A_{z}\ldots\ldots$$
$$+B_{y}\ldots\ldots;$$

oder, weil

316.
$$\begin{cases}(u,+x)^{y}\,.\,(u+yx,+x)^{z} = (u,+x)^{y+z},\\ (u,+x)^{y}\,.\,(u+yx,+x)^{z-1} = (u,+x)^{y+z-1}\\ (u,+x)^{y-1}.\,(u+(y-1)x,+x)^{z} = (u,+x)^{y+z-2}\end{cases}$$

etc.

ist, (283.),

$$(u+k,+x)^{y+z} =$$

317. $$(u,+x)^{y+z}+A_{z}(u,+x)^{y+z-1}.\,(k,+x)^{1}$$
$$+B_{z}(u,+x)^{y+z-2}.\,(k,+x)^{2}\ldots\ldots$$
$$+A_{y}(u,+x)^{y+z-1}.\,(k,+x)^{1}+A_{y}A_{z}\ldots\ldots$$
$$+B_{y}\ldots\ldots$$

Dieses ist das, was das erste Verfahren (X.) giebt.

XII. Das andere Verfahren (X.), nemlich, wenn man in (266.) $y+z$ statt y setzt, giebt

318. $(u+k,+x)^{y+z} =$

$$(u,+x)^{y+z}+A_{y+z}(u,+x)^{y+z-1}(k,+x)^{1}+B_{y+z}(u,+x)^{y+z-2}(k,+x)^{2}\ldots\ldots$$

XIII. Die beiden Gleichungen (317 und 318.) können nun einander gleich gesetzt werden. Es folgt daraus, weil wiederum, vermöge (IV.) die Coefficienten zu gleichen Factoriellen von *k* einander gleich sind,

Entwickelung der Facultäten

$$319.\ \begin{cases} A_{y+z} = A_y + A_z \\ B_{y+z} = \ldots\ldots \end{cases}$$

wo es nur auf die erste Gleichung ankommt, weil nur der erste Coefficient A gesucht wird.

XIV. Da nach der Voraussetzung die Coefficienten A_y, A_z, so wie auch die übrigen B_y, B_z etc. nur von den Exponenten y, z *allein* abhängen, so kann man A_y, A_z, A_{y+z} durch fy, fz und $f(y+z)$ bezeichnen. Die erste Gleichung in (319.) lässt sich also durch

$$320.\ fy + fz = f(y+z)$$

ausdrücken, woraus die durch f angedeutete Abhängigkeits-Form gesucht werden muss.

Dieses kann ganz allgemein, wie in (§. 10., VIII.) oder wie in (§. 32., I.) geschehen und man findet, dass fy, oder

$$321.\ A_y = ny$$

ist, wo n eine Grösse bedeutet, die auch nicht mehr von y abhängt, und folglich nur noch *eine absolute Zahl* sein kann, welche für jedes beliebige y, so wie für jeden beliebigen Werth der übrigen Grössen, immer die nemliche bleibt.

XV. Aus dieser Eigenschaft der Grösse n ist es leicht, sie zu finden. Denn, setzt man z. B. in den vorausgesetzten Ausdruck (298.) $y = 1$, so erhält man

$$322.\ (u+k,+x)^1 = (u,+x)^1 + (k,+x)^1;$$

durch gewöhnliche Mittel.

daher ist in diesem Falle

$$A_y = 1,$$

mithin $n\,y = 1$, oder, weil $y = 1$ war, *allgemein*:

$$n = 1.$$

Es ist also *allgemein*

$$323. \quad A_y = y.$$

XVI. Setzt man Dieses in die Gleichungen (311.), so findet man weiter:

$$324. \quad B_y = \frac{y.(y-1)}{2},\ C_y = \frac{y.(y-1)(y-2)}{2.3} \ldots,$$

woraus folgt, dass die Coefficienten A_y, B_y, C_y etc. wirklich, für jedes beliebige y, mit den Binomial-Coefficienten für diesen nemlichen Exponenten vollkommen übereinstimmen.

XVII. Der für den Fall ganzzahliger Exponenten, oder für Factoriellen bekannte, dem binomischen Satze ganz ähnliche Ausdruck (297.) gilt also wirklich *ganz allgemein* für *jeden beliebigen* Exponenten; das heisst, es ist für jede beliebige Facultät, der Exponent y sei was man will,

$$325. \quad (u+k,+x)^y = (u,+x)^y$$
$$+ y(u,+x)^{y-1}.(k,+x)^1$$
$$+\frac{y.(y-1)}{2}(u,+x)^{y-2}.(k,+x)^2$$
$$+\frac{y.(y-1)(y-2)}{2.3}(u,+x)^{y-3}.(k,+x)^3$$
$$\text{etc.} \ldots\ldots\ldots$$

Entwickelung der Facultäten

48.

Dieser Beweis des Satzes (525.) ist ganz allgemein und strenge, denn es kommt darin nirgend die Bedingung vor, dass der Werth des Exponenten y auf eine ganze Zahl oder sonst auf eine bestimmte Zahl beschränkt sei. Diese wesentliche Bedingung für *Facultäten*, die zu denen für *Factoriellen* hinzukommt, ist daher genau erfüllt worden und folglich gilt der Satz wirklich allgemein. Man sieht aber, dass sich die Ausdehnung dieses Satzes von ganzzahligen auf beliebige Exponenten keinesweges von selbst ergiebt, sondern dass dazu, wenigstens mit den gewöhnlichen Hülfsmitteln, mehrere Rechnungen und Schlüsse nothwendig sind. Die Ausdehnung der Sätze von Factoriellen oder rationalen Facultäten auf beliebige Facultäten geschieht also keinesweges eben so willkürlich, wie man die *Grund-Ausdrücke der Eigenschaften* dieser beiden Arten von Grössen-Verbindungen von der einen auf die andere bezog. Mit der Ausdehnung der *Eigenschaften* der Factoriellen von diesen auf Facultäten ist noch keinesweges die Ausdehnung der *Resultate* von der einen Art von Grössen auf die andere verbunden. Man sieht nunmehr schon an einem Beispiele deutlich, was in (§. 44.) gesagt wurde, dass keinesweges irgend eine Willkür bei den allgemeinen Resultaten für Facultäten Statt findet, und dass die Schwierigkeit, durch die willkürliche Ausdehnung der Grund-

durch gewöhnliche Mittel.

Eigenschaften der Factoriellen auf Facultäten, auch noch keineswegs gehoben, sondern nur von der vielleicht unauflöslichen Aufgabe, die Facultäten als Factoriellen, oder als *Producte von Factoren* auszudrücken, auf die *Entwickelung* dieser Grössen verlegt ist, wohin sie gehört und wo sie, wie man, wenigstens in dem vorstehenden Beispiele sieht, allerdings für jeden beliebigen Werth des Exponenten überwunden werden kann.

49.

Aus dem nunmehr ganz allgemein bewiesenen *binomischen Satze für Facultäten* (325.) lässt sich auch leicht der Ausdruck der ersten Ableitung einer beliebigen Facultät, nach der Basis genommen, finden. Der allgemeinen Theorie und Bedeutung der Ableitungen zu Folge, ist nemlich die erste Ableitung der Facultät $(u, +x)^y$, nach der Basis u genommen, also die Grösse $\frac{d}{u}(u, +x)^y$ nichts anders, als der Werth der Grösse

$$\frac{(u+k, +x)^y - (u, +x)^y}{k} \text{ für } k = 0.$$

Setzt man hierin, aus dem allgemeinen Ausdrucke (325.) den Werth der Grösse $(u+k, +x)^y$, oder vielmehr den Werth der Grösse $(u+k, +x)^y - (u, +x)^y$, so erhält man:

Entwickelung der Facultäten

$$\frac{d}{u}(u, + x)^y =$$

$$\frac{y(u, + x)^{y-1}.(k, + x)^1 + \frac{y.y-1}{2}(u, + x)^{y-2}(k, + x)^2 \ldots}{k}$$

für $k = 0$. Nun ist

$$\frac{(k, + x)^1}{k} = \frac{k}{k} = 1.$$

$$\frac{(k, + x)^2}{k} = \frac{k(k + x)}{k} = k + x$$

$$\frac{(k, + x)^3}{k} = \frac{k(k + x).(k + 2x)}{k} = (k + x)(k + 2x) \text{ etc.}$$

also ist

$$\frac{d}{u}(u, + x)^y =$$

$$y(u, + x)^{y-1} + \frac{y.y-1}{2}(u, + x)^{y-2}.(k + x) + \frac{y.(y-1).(y-2)}{2.3}(k + x)(k + 2x)$$

. . . . . .

etc. für $k = 0$. Setzt man daher wirklich $k = 0$, so erhält man

326. $$\frac{d}{u}(u, + x)^y =$$

$$y(u, + x)^{y-1} + \frac{y.(y-1)}{2}.x(u, + x)^{y-2} + \frac{y.(y-1).(y-2)}{3}x^2(u, + x)^{y-3} \ldots$$

welches der, für jeden beliebigen Werth des Exponenten y, geltende Ausdruck der ersten Ableitung der Facultat $(u, + x)^y$, nach der Basis u genommen, ist.

50.

Der binomische Satz für Facultäten (375.) ist aber noch keine vollständige Entwickelung dieser

durch gewöhnliche Mittel.

Art von Grössen zu nennen, nach welcher dieselben, für bestimmte Werthe der Elemente, in Zahlen berechnet werden könnten, weil der Ausdruck selbst noch unentwickelte Facultäten enthält, deren Zahlenwerthe noch nicht bekannt sind. Der binomische Satz (325.) ist vielmehr nur ein, die vollständige Entwickelung vorbereitender Ausdruck und es ist noch ein Ausdruck der Facultäten nöthig, der nur noch gewöhnliche Grössen-Formen, als Summen, Differenzen, Producte, Quotienten und Potestäten enthält.

Wir wollen auch noch diese Entwickelung auf dem bisherigen Wege geben, um zu zeigen, dass sie ebenfalls mit den gewöhnlichen Hülfsmitteln, in der grössten Allgemeinheit, aus den drei Grund-Gleichungen der Facultäten (283, 284 und 285.) aus welchen auch allein der binomische Satz (297.) bewiesen wurde, wenigstens möglich ist. Nachdem aber dieses geschehen, wollen wir den bisherigen Weg verlassen und zuvor einen allgemeineren Ausdruck aufstellen, welcher, wie sich zeigen wird, die Schwierigkeit der Entwickelungen an der Wurzel hebt und durch welchen die hier vorkommenden Rechnungen, so wie auch noch andere, eine Einfachheit und Klarheit erlangen, welche Nichts zu wünschen übrig lässt.

I. Durch die Gleichung (290.) kann jede Facultät auf eine andere gebracht werden, deren Basis 1 ist. Es ist also nur nöthig, eine Facultät von der Form

Entwickelung der Facultäten

327. $(1, +x)^y$

in gewöhnliche Grössen - Formen zu entwickeln.

II. Zu Folge der Gleichung (289.) ist, wenn man $u = 1$ und $k = 1$ setzt,

328. $(1, +x)^{y-1} = (1, +)x^1 . (1+x, +x)^y = (1+x, +x)^y$, weil $(1, +x)^1 = 1$, (288.).

III. Nach dem allgemeinen binomischen Facultäten-Satze (325.) ist, wenn man darin $u = 1$ und $k = x$ setzt,

329. $(1+x, +x)^y =$

$$(1, +x)^y + y(1, +x)^{y-1}(x, +x)^1 + \frac{y.(y-1)}{2}(1, +x)^{y-2}(x, +x)^2 \dots$$

also, zu Folge der Gleichung (328.),

330. $(1, +)x^{y+1} =$

$$(1, +x)^y + y(1, +x)^{y-1}.(x, +x)^1 + \frac{y.(y-)}{2}(1, +x)^{y-2}.(x, +x)^2 \dots$$

IV. Man setze

331. $(1, +x)^y = 1 + \alpha y + \beta y.(y-1) + \gamma . y.(y-1).(y-2) \dots$

wo die unbekannten Coefficienten $\alpha, \beta, \gamma \dots$, von welchen vorausgesetzt wird, dass sie kein y mehr enthalten, zu suchen sind. Ob die Form der vorausgesetzten Reihe Statt finde, wird das Resultat der Entwickelung zeigen. *Findet man für α, β, γ .... Werthe, die wirklich kein y mehr enthalten, so ist die angenommene Form möglich.* Das erste Glied der Reihe (331.) muss nothwendig 1 sein, weil $(1, +x)^y = 1$ ist, für $y = 0$ (295.).

V. Die Gleichung (331.) giebt, wenn man, der Reihe nach, $y-1$, $y-2$, $y-3$ etc., desgleichen zuletzt $y+1$ statt y setzt,

$$332.\quad \begin{cases} (1,+x)^{y-1} = \\ 1+\alpha.(y-1)+\beta.(y-1).(y-2)+\gamma.(y-1).(y-2).(y-3)\ldots. \\ (1,+x)^{y-2} = \\ 1+\alpha.(y-2)+\beta.(y-2).(y-3)+\gamma.(y-2).(y-3).(y-4)\ldots. \\ (1,+x)^{y-3} = \\ 1+\alpha.(y-3)+\beta.(y-3).(y-4)+\gamma.(y-3).(y-4).(y-5)\ldots. \\ \cdot\ \cdot\ \cdot\ \cdot\ \cdot\ \cdot\ \cdot\ \cdot\ \cdot\ \cdot\ \cdot\ \cdot\ \cdot\ \cdot \\ (1,+x)^{y+1} = \\ 1+\alpha.(y+1)+\beta.(y+1)y+\gamma.(y+1)y.(y-1)\ldots. \end{cases}$$

VI. Setzt man diese Ausdrücke, nebst demjenigen (331.) in die Gleichung (330.), so erhält man, weil $(x,+x)^1 = x$, $(x,+x)^2 = 2x^2$, $(x,+x)^2 = 2.3x^2$ etc. ist,

$$\begin{aligned} 333.\quad & 1+\alpha.(y+1)+\beta.(y+1).y.+\gamma.(y+1).y(y-1)+\delta.(y+1)y.(y-1).(y-2)\ldots. \\ & = 1+\alpha y \quad +\beta.y.(y-1) +\gamma.y.(y-1).(y-2)+\delta.y(y-1).(y-2).(y-3)\ldots. \\ & \quad + x\,[y +\alpha y.(y-1) +\beta.y.(y-1).(y-2)+\gamma.y.(y-1).(y-2).(y-3)\ldots.] \\ & \quad + x^2[y.(y-1) +\alpha y.(y-1).(y-2)+\beta.y.(y-1).(y-2).(y-3)\ldots.] \\ & \quad + x^3[y.(y-1).(y-2)+\alpha.y.(y-1).(y-2).(y-3)\ldots.] \\ & \quad + x^4[y.(y-1).(y-2).(y-3)\ldots.] \end{aligned}$$

etc.

VI. Man setze in diese Gleichung (333.) $y = 0$, so erhält man $1+\alpha = 1$, also

$$334.\quad \alpha = 0.$$

Man setze $y = 1$, so erhält man $1+2\alpha+2\beta = 1+\alpha+x$, also

$$335.\quad \beta = \tfrac{1}{2}x.$$

Entwickelung der Facultäten

Man setze $y=2$, so erhält man $1+3\alpha+3.2\beta+3.2\gamma = 1+2\alpha+2\beta+2x+2x\alpha+2x^2$, oder $3.2\gamma=2x^2$, also

$$336.\quad \gamma = \tfrac{1}{3}x^2.$$

Man setze $y = 3$, so erhält man

$$1+4\alpha+4.3\beta+4.3.2\gamma+4.3.2\delta = 1+3\alpha+3.2\beta+3.2.\gamma$$
$$+3x+3.2\alpha x+3.2\beta x$$
$$+3.2x^2+3.2\alpha x$$
$$+3.2x^3,$$

welches

$$337.\quad \delta = \tfrac{1}{8}x^2 + \tfrac{1}{4}x^3$$

giebt. Man findet ferner

$$338.\quad \varepsilon = \tfrac{1}{6}x^3 + \tfrac{1}{5}x^4$$

etc.

VII. Die Ausdrücke aller dieser Coefficienten, und, wie leicht zu sehen, aller übrigen, enthalten kein y, *folglich ist die für die Grössen* $(1,+x)^y$ (331.) *vorausgesetzte Form möglich.*

VIII. Substituirt man nun die gefundenen Werthe der Coefficienten α, β, γ .... in den Ausdruck (331.), so erhält man

$$339.\ (1,+x)^y = 1+\tfrac{1}{2}x.y(y-1)+\tfrac{1}{3}x^2.y.(y-1).(y-2)$$
$$+(\tfrac{1}{8}x^2+\tfrac{1}{4}x^3)y.(y-1).(y-2).(y-3)$$
$$+(\tfrac{1}{6}x^3+\tfrac{1}{5}x^4)y.(y-1).(y-2).(y-3).(y-4)....$$

Man könnte auch aus dem Gesetze, nach welchem die Werthe der Coefficienten gefunden werden, den Ausdruck eines unbestimmten *n*ten Coefficienten finden; allein wir wollen uns dabei nicht aufhalten, weil man dieses alles weiter unten weit leichter findet.

IX.

IX. Da $\left(1,+\frac{x}{u}\right)^y . u^y = (u,+x)^y$ ist, (Gleichung 290.), so erhält man, wenn man in den Ausdruck (339.) $\frac{x}{u}$ statt x setzt und mit u^y multiplicirt,

340. $$(u,+x)^y = u^y\left(1+\frac{x}{u}.\frac{y(y-1)}{2}+\frac{2x^2}{u^2}.\frac{y.(y-1).(y-2)}{2.3}\right.$$
$$+3\left(\frac{x^2}{u^2}+\frac{2x^3}{u^3}\right)\frac{y.(y-1).(y-2).(y-3)}{2.3.4}$$
$$\left.+4\left(\frac{5x^3}{u^3}+\frac{6x^4}{u^4}\right)\frac{y.(y-1).(y-2).(y-3).(y-4)}{2.3.4.5}\dots\right)$$

51.

Dieses ist der allgemeine Ausdruck einer beliebigen Facultät $(u,+x)^y$ durch die drei Grössen u, x, y, von welchen sie abhängt. Die Entwickelung ist an keine Bedingung für die Grössen u, x, y gebunden und gilt also *für jeden beliebigen Werth der Basis, der Differenz und des Exponenten*, ganz allgemein. Die Reihe convergirt um so stärker, je kleiner x gegen u ist; denn die Binomial-Coefficienten y, $\frac{y.(y-1)}{2}$, $\frac{y.(y-1).(y-2)}{2.3}$ nehmen bekanntlich, wenigstens von einem gewissen Ziele an, *immer* ab.

Nimmt man von dem entwickelten Ausdrucke (340.) die ersten Ableitungen nach u, nach x und nach y, so erhält man auch ohne Schwierigkeit die ersten *Ableitungen* einer beliebigen Facultät

$(u, + x)^y$ nach der Basis, nach der Differenz und nach dem Exponenten.

Allgemeinerer Entwickelungs-Ausdruck.

52.

Wir wollen indessen jetzt nicht weiter fortfahren, die Ausdrücke für Facultäten auf dem bisherigen Wege zu suchen, sondern vielmehr zuvörderst den oben angekündigten allgemeineren Satz aufstellen, welcher die Rechnungen abkürzt, und durch welchen sie eine grössere Einfachheit und Klarheit erhalten.

Dieser Satz besteht in einem allgemeineren, insbesondere zur Entwickelung beliebiger, abhängiger Grössen geschickten Ausdrucke, von der Art, *dass man den Taylorschen Satz als einen einzelnen, besondern Fall desselben betrachten kann.*

Die Betrachtungen, durch welche man darauf geleitet wird, sind sehr einfach.

Die Taylorsche Reihe nemlich setzt voraus, dass z. B. die Grösse fx, wenn man $x + k$ statt x setzt, in einen Ausdruck von der Form

$$f(x + k) = p + kq + k^2 r + k^3 s \; . \; . \; . \; .$$

übergehe, in welchem $p, q, r, s \; . \; . \; . \; .$ kein k mehr enthalten. Nach dieser Voraussetzung ist der Werth von p gleich $f(x + k)$ für $k = 0$, also

$$p = fx.$$

Allgem. Entwickelungs-Ausdruck.

Ferner ist der Werth von q,

$$q = \frac{f(x+k) - fx}{k} \text{ für } k = 0.$$

Hat man, der individuellen Beschaffenheit der Grösse fx gemäss, den Werth von q gefunden, so ist der Werth von r,

$$r = \frac{f(x+k) - fx - kq}{k} \text{ für } k = 0,$$

u. s. w.

Dieses Verfahren, die Grössen $p, q, r \ldots$ zu finden, wird dadurch ausführbar, dass man, nachdem allemal das Glied ohne k auf die linke Seite gebracht worden, durch die Division mit k immer wieder ein Glied von k gänzlich entblösst, und die übrigen Glieder sämmtlich k zum Factor behalten und also für $k = 0$ sämmtlich verschwinden, so dass man, wenn man $k = 0$ setzt, jedesmal das von k befreite Glied findet.

Es ist aber leicht, zu sehen, dass bei diesem Verfahren keineswegs, weder k nothwendig nur in *Potestäten* vorkommen darf, noch *dass gerade immer nur Null derjenige Werth von k ist*, für welchen alle Glieder, die noch k enthalten, verschwinden. Das Verfahren findet vielmehr auch für jede andere beliebige Form von k Statt, wenn sie nur von der Art ist, dass sich, erstlich, *allemal ein Glied von k gänzlich befreien lässt*, und dass, zweitens, *alle übrigen Glieder, die noch k enthalten, für irgend einen Werth von k, der aber nicht ausschliesslich gerade Null*

Allgem. Entwickelungs-Ausdruck.

sein darf, *verschwinden*. Man könnte z. B. ganz allgemein

$$341.\quad f(x+k) = p + Qq + Rr + Ss \ldots.$$

unter der Bedingung voraussetzen, dass p, q, r, s.... Grössen sind, die kein k, und Q, R, S.... Grössen, die kein x mehr enthalten. Haben alle diese Grössen nur die Eigenschaft, dass z. B. für *irgend einen* Werth von k, wenn derselbe auch nicht Null ist, alle Grössen Q, R, S .... zugleich verschwinden, so erhält man

$$p = f(x+k),$$

sobald man in $f(x+k)$ jenen besondern Werth von k statt k setzt. Ferner findet man q aus $\frac{f(x+k)-p}{Q} = q$, wenn die Grössen $\frac{R}{Q}, \frac{S}{Q} \ldots.$ die Eigenschaft haben, dass sie für *irgend einen*, vielleicht wieder *einen andern* Werth von k, wiederum alle zugleich verschwinden. Denn man darf alsdann nur diesen besondern Werth von k in $\frac{f(x+k)-p}{Q}$ substituiren u. s. w.

Die Entwickelung von $f(x+k)$ in eine Reihe, in welcher die Grössen x und k von einander abgesondert sind, ist also keinesweges an die *Form* des Taylorschen Satzes gebunden, sondern auf mannigfache, ja unendlich verschiedene Arten möglich. Sie wird durch Nichts beschränkt, weil man, sobald man nur bestimmte Ausdrücke für die Grössen p, q, r .... findet, die, der Voraussetzung

Allgem. Entwickelungs-Ausdruck.

gemäss, kein k enthalten, und sonst richtig gerechnet hat, unbedenklich einen richtigen Ausdruck bekommen muss. Sie beruht übrigens immer bloss auf die einfachsten Operationen der Buchstaben-Rechnung und hat, wenn nicht Null der Werth von k ist, durch welchen, wie beim Taylorschen Satze, die Berechnung der Grössen p, q, r .... geschieht, sogar noch vor diesem den Vorzug, dass sie nicht auf unbestimmte Ausdrücke von der Form $\frac{0}{0}$ führt, was beim Taylorschen Satze der Fall ist, und was, wenn etwa der Erfinder der Infinitesimal-Rechnung, allgemein mit Functionen operirte, die Veranlassung zu der unglücklichen und wunderlichen Idee des Unendlich-Kleinen und der seltsamen Nullen, deren eine immer kleiner, ja selbst vielleicht wieder Null gegen die andere Null sein soll, gewesen sein kann.

53.

Es lassen sich also, wenn man weiter keine Bedingung für die Entwickelung macht, unzählige Formen der Entwickelung von $f(x+k)$ voraussetzen. Hingegen wird die Wahl etwas näher bestimmt, wenn man etwa noch die Bedingung macht, *dass die Grössen* p, q, r, s .... *in* (341.), *wie beim Taylorschen Satze, alle durch einerlei Operation aus einander sollen gefunden werden können*, welches eben diejenige Eigenschaft dieses schönen Satzes ist, die demselben den ihm eigenthümlichen hohen Grad

Allgem. Entwickelungs-Ausdruck.

von Wichtigkeit giebt, und welche ihn zur Basis einer ganzen weitläuftigen Wissenschaft, der sogenannten Differential-, Integral- und Variations-Rechnung macht.

Eine sehr einfache Form, welche diese Bedingung, wie sich sogleich zeigen wird, erfüllt, ist folgende:

342. $f(x+k) = p + kq + k.(k-\varepsilon).r + k.(k-\varepsilon)(k-2\varepsilon).s \ldots$

wo ε irgend eine willkürliche Grösse bedeutet und vorausgesetzt wird, dass die Grössen p, q, r, $s \ldots$ *kein* k *mehr*, sondern nur noch x, und vielleicht noch ε enthalten sollen.

I. Dieser Ausdruck giebt nemlich, wenn man $k = 0$ setzt,

$$p = fx.$$

Ferner

$$\frac{f(x+k)-p}{k} = q \quad \text{für} \quad k = \varepsilon,$$

also

$$q = \frac{f(x+\varepsilon)-fx}{\varepsilon}.$$

Ferner

$$\frac{f(x+k)-p-kq}{k.(k-\varepsilon)} = r \quad \text{für} \quad k = 2\varepsilon,$$

also

$$r = \frac{f(x+2\varepsilon)-fx-2(f(x+\varepsilon)-fx}{2\varepsilon^2},$$

oder

$$r = \frac{f(x+2\varepsilon)-2f(x+\varepsilon)+fx}{2\varepsilon^2}.$$

Ferner

$$\frac{f(x+k)-p-kq-k.(k-\varepsilon)r}{k.(k-\varepsilon).(k-2\varepsilon)} = s \text{ für } k = 3\varepsilon,$$

Allgem. Entwickelungs-Ausdruck.

also

$$s=\frac{f(x+3\varepsilon)-fx-3(f(x+\varepsilon)-fx)-3.2.r}{3.2\varepsilon^3},$$

oder

$$s=\frac{f(x+3\varepsilon)-3f(x+2\varepsilon)+3f(x+\varepsilon)-fx}{2.3\varepsilon^3}$$

u. s. w., so dass alle die Grössen $p, q, r, s \ldots$ wirklich kein k enthalten.

Man erhält also

343. $f(x+k)=$

$$fx+\frac{k}{\varepsilon}[f(x+\varepsilon)-fx]+\frac{k.(k-\varepsilon)}{2\varepsilon^2}[f(x+2\varepsilon)-2f(x+\varepsilon)+fx]$$
$$+\frac{k.(k-\varepsilon).(k-2\varepsilon)}{2.3\varepsilon^3}[f(x+3\varepsilon)-3f(x+2\varepsilon)+3f(x+\varepsilon)-fx]\ldots$$

II. Das Fortschreitungs-Gesetz dieses Ausdrucks fällt in die Augen. Die Zahlen-Coefficienten in den Factoren zu $\frac{k}{\varepsilon}$, $\frac{k.(k-\varepsilon)}{2\varepsilon^2}$, $\frac{k.(k-\varepsilon).(k-2\varepsilon)}{2.3\varepsilon^3}\ldots$ sind diejenigen der Binomial-Coefficienten von Potestäten, deren Exponenten den Zahlen der Factoren $k(k-\varepsilon).(k-2\varepsilon)\ldots$ gleich sind, welche Zahlen also nur ganze Zahlen sein können. Nimmt man daher den binomischen Lehrsatz *für ganze positive* Exponenten als bewiesen an, welches angeht, weil der Beweis durch blosse Multiplicationen und Vergleichungen, oder durch blosse Buchstaben-Rechnung möglich ist, so kann man den Ausdruck (343.) *mit seinem allgemeinen Gliede*, wie folgt, voraussetzen:

Allgem. Entwickelungs-Ausdruck.

344. $f(x+k) =$

$$fx+\frac{k}{\varepsilon}[f(x+\varepsilon)-fx]+\frac{k.(k-\varepsilon)}{2\varepsilon^2}[f(x+2\varepsilon)-2f(x+\varepsilon)+fx]$$

$$+\frac{k.(k-\varepsilon).(k-2\varepsilon)}{2.3\varepsilon^3}[f(x+3\varepsilon)-3f(x+3\varepsilon)+3f(x+\varepsilon)-fx]$$

. . . .

$$+\frac{k(k-\varepsilon).(k-2\varepsilon)\ldots.(k-(m-1)\varepsilon)}{2.3\ldots.m\varepsilon^m}[f(x+m\varepsilon)-mf(x+(m-1)\varepsilon)$$

$$+\frac{m.(m-1)}{2}f(x+(m-2)\varepsilon)\ldots.$$

$$\pm fx]\ldots\ldots$$

wo aber das allgemeine Glied nicht etwa das letzte der Reihe ist, welche vielmehr ohne Ende fortlaufen kann.

III. Es kommt nun darauf an, zu beweisen, dass das *vorausgesetzte allgemeine Glied* das richtige sei. Ist dieses bewiesen, so ist der ganze Ausdruck gerechtfertigt.

Die Form der für $f(x+k)$ in (342.) vorausgesetzten Grösse $p+kq+k.(k-\varepsilon)r\ldots.$ ist auf die Bedingung berechnet, dass für $k=o$ alle Glieder, ausser dem ersten p; für $k=\varepsilon$ alle Glieder, ausser den beiden ersten $p+kq$; für $k=2\varepsilon$ alle Glieder, ausser den drei ersten $p+kq+k.(k-\varepsilon)r$ u. s. w. verschwinden sollen. Diese Bedingung ist *Voraussetzung*, aus welcher, und zwar aus welcher *allein*, verbunden mit der Bedingung, dass die nicht verschwindenden Glieder allemal, zusammen gleich $f(x+k)$ sein sollen, die Grössen p, q, $r\ldots.$ gefunden werden müssen.

Es finden daher folgende Gleichungen Statt:

345. $fx = p$

$f(x+\varepsilon) = p + \varepsilon q$

$f(x+2\varepsilon) = p + 2\varepsilon q + 2\varepsilon^2 r$

$f(x+3\varepsilon) = p + 3\varepsilon q + 3.2\varepsilon^2 r + 3.2\varepsilon^3 s$

. . . .

$$f(x+m\varepsilon) = p + m\varepsilon q + m(m-1)\varepsilon^2 r + m(m-1)(m-2)\varepsilon^3 r \ldots\ldots + m.(m-1).(m-2)\ldots.1\varepsilon^m z$$

wo m immer eine ganze Zahl ist.

Werden nun *alle* diese Gleichungen von dem Ausdrucke (344.) wirklich erfüllt, so ist der Ausdruck der richtige, denn er erfüllt alsdann *alle* Bedingungen, welche für ihn vorausgesetzt worden.

IV. Nun sind alle Gleichungen (345.) in der letzten unter ihnen einschliesslich enthalten; denn man darf nur der Zahl m, der Reihe nach, die Werthe 1, 2, 3 . . . . bis m geben, so erhält man alle übrige Gleichungen. Man darf daher nur in (344.) $k = m\varepsilon$ setzen, wo m eine beliebige ganze Zahl ist. Wird die Gleichung für diesen Werth von k erfüllt, so gilt sie allgemein.

V. Erstlich ist leicht zu sehen, dass der Ausdruck (344.) unter der Voraussetzung $k = m\varepsilon$, wo m eine ganze Zahl ist, allemal abbricht; denn der Factor des $m+1$ten Gliedes $\frac{k.(k-\varepsilon).(k-2\varepsilon)\ldots.(k-m\varepsilon)}{2.3\ldots.(m+1)\varepsilon^{m+1}}$ und alle folgenden, sind Null. Ferner sieht man, dass die Grösse fx in *allen* Gliedern, die Grösse $f(x+\varepsilon)$ in allen Gliedern ausser dem ersten, die

Allgem. Entwickelungs-Ausdruck.

Grösse $f(x+2\varepsilon)$ in allen Gliedern ausser den zwei ersten u. s. w., die Grösse $f(x+m\varepsilon)$ aber nur in dem letzten Gliede allein vorkommt. Man kann also den Ausdruck (344.), wenn m eine ganze positive Zahl ist, wie folgt, schreiben.

346. $f(x+k=$

$$fx\left[1-\frac{k}{\varepsilon}+\frac{k.(k-\varepsilon)}{2\varepsilon^2}-\frac{k.(k-\varepsilon)(k-2\varepsilon)}{2.3\varepsilon^3}\ldots\pm\frac{k.(k-\varepsilon).(k-2\varepsilon)\ldots(k-)m-1)\varepsilon)}{2.3\ldots m}\right]$$

$$+\frac{k}{\varepsilon}f(x+\varepsilon)\left[1-2.\frac{k-\varepsilon}{2\varepsilon}+3.\frac{(k-\varepsilon).(k-2\varepsilon)}{2.3}-\ldots\pm m\frac{(k-\varepsilon).(k-2\varepsilon)\ldots(k-(m-1)\varepsilon)}{2.3\ldots m}\right]$$

$$+\frac{k.(k-\varepsilon)}{2\varepsilon^2}f(x+2\varepsilon)\left[1-\frac{3.2}{1.2}.\frac{k-2\varepsilon}{3}+\frac{4.3}{1.2}.\frac{(k-2\varepsilon).(k-3\varepsilon)}{3.4}\ldots\pm\frac{m.(m-1)}{1.2}.\frac{k-\varepsilon)\ldots(k-(m-1)\varepsilon)}{3.4\ldots m}\right]$$

$$+\frac{k.(k-\varepsilon).(k-2\varepsilon)}{2.3\varepsilon^2}f(x+3\varepsilon)\left[1-\frac{4.3.2}{1.2.3}.\frac{(k-3\varepsilon)}{4}+\frac{5.4.3}{1.2.3}.\frac{(k-3\varepsilon).(k-4\varepsilon)}{4.5}\ldots\right.$$

$$\left.\pm\frac{m.(m-1).(m-2)}{1.2.3}.\frac{(k-\varepsilon)\ldots(k-(m-1)\varepsilon)}{4.5\ldots m}\right]$$

. . . .

$$+\frac{k.(k-\varepsilon).(k-2\varepsilon)\ldots(k-(m-1)\varepsilon)}{2.3\ldots m\varepsilon^m}f(x+m\varepsilon).$$

VI. Setzt man hierin wirklich $k=m\varepsilon$, so erhält man

347. $$f(x+m\varepsilon)=fx\left[1-m+\frac{m.(m-1)}{2}-\frac{m.(m-1).(m-2)}{2.3}\ldots\pm\frac{m.(m-1)\ldots1}{2.3\ldots m}\right]$$

$$+mf(x+\varepsilon)\left[1-(m-1)+\frac{(m-1)(m-2)}{2}-\frac{(m-1).(m-2).(m-3)}{2.3}\ldots\pm\frac{(m-1).(m-2)\ldots1}{2.3\ldots(m-1)}\right]$$

$$+\frac{m.m-1}{2}f(x+2\varepsilon)\left[1-(m-2)+\frac{(m-2).(m-3)}{2}-\frac{(m-2).(m-3).(m-4)}{2.3}\ldots\pm\frac{(m-2).(m-3)\ldots1}{2.3\ldots(m-2)}\right]$$

. . . .

$+f(x+m\varepsilon)$.

VII. Nun ist nach dem binomischen Lehrsatze, allgemein für jede beliebige *ganze* Zahl m,

Allgem. Entwickelungs-Ausdruck.

348. $(1+z)^m = 1 + m.z + \frac{m.(m-1)}{2}.z^2 + \frac{m.(m-1).(m-2)}{2.3}.z^3 \ldots$
$$+ \frac{m.m-1 \ldots 1}{2.3 \ldots m}.z^m,$$

also, wenn man $z = -1$ setzt,

349
$$(1-1)^m = 0 = 1 - m + \frac{m.(m-1)}{2} - \frac{m.(m-1).(m-2)}{2.3} \ldots \pm \frac{m.(m-1) \ldots 1}{2.3 \ldots m}$$

desgleichen, wenn man hierin $m-1$, $m-2$ etc. statt m setzt,

$$(1-1)^{m-1} = 0 = 1 - (m-1) + \frac{m.(m-1)}{1} - \frac{(m-1).(m-2).(m-3)}{2.3} \ldots \pm \frac{(m-1).(m-2) \ldots 1}{2.3 \ldots (m-1)}$$

$$(1-1)^{m-2} = 0 = 1 - (m-2) + \frac{(m-2).(m-3)}{2} - \frac{(m-2).(m-3).(m-4)}{2.3} \ldots \pm \frac{(m-2).(m-3) \ldots 1}{2.3 \ldots (m-2)}$$

etc.

VIII. Die Theile rechterhand in diesen Gleichungen (349.) sind genau den Coefficienten zu fx, $mf(x+\varepsilon)$, $\frac{m.(m-1)}{2}f(x+2\varepsilon) \ldots$ in (347.) gleich; also sind alle Glieder rechterhand in (347.) bis auf das einzige letzte $f(x+m\varepsilon)$, gleich Null; mithin reducirt sich die Gleichung (347.), für jedes beliebige ganzzahlige m, auf die identische, und folglich unbedingt richtige Gleichung:

$$f(x+m\varepsilon) = f(x+m\varepsilon)$$

und folglich erfüllt der Ausdruck (344.), mit dem darin vorausgesetzten allgemeinen Gliede, *alle* Bedingungen, welchen er nach der Voraussetzung unterworfen ist, und folglich ist er *allgemein der richtige.*

IX. Das Verfahren, ein allgemeines Glied auf welches man durch Induction kam, *vorauszusetzen,* ist übrigens der analytischen Methode nicht entgegen. Sie findet ihre Resultate in der Regel nicht direct, welches mehr der synthetischen Methode eigen ist. Sie macht Voraussetzungen und rechtfertigt sie.)

54.

Hier ist nun zuvörderst Folgendes zu bemerken.

Da man nemlich bei dem auf das allgemeine Glied von (344.) sich beziehenden Beweise, annehmen muss, dass k ein *ganzzahliges* Vielfache von ε sei, so scheint es beim ersten Anblicke, dass auch die Gleichung (344.) auch nur dann Statt finde, wenn k ein solches *ganzzahliges* Vielfache von ε ist. Diese Beschränkung würde sehr wichtig sein, denn sie würde der Gleichung (344.) obgleich ε immer noch sonst willkürlich bleibt, ihre allgemeine Gültigkeit benehmen. Die Beschränkung findet aber keinesweges Statt.

Es wurde nemlich als *Bedingung* vorausgesetzt, dass in dem Ausdrucke (342.)

$$p + kq + k(k-\varepsilon)r + k.(k-\varepsilon).(k-2\varepsilon)s \ldots ,$$

in welchen man, im Anfange des vorigen Absatzes, die Grösse $f(x+k)$ zu entwickeln sich vorsetzte, die Grössen p, q, r, s .... *kein* k *enthalten*, *oder von* k *auf keine Weise abhängen sollen.* Ob solches möglich sei, konnte man vorher nicht wissen. Die Entwickelung selbst musste erst zeigen, ob

Allgem. Entwickelungs-Ausdruck.

die Bedingung erfüllt werden könne, oder nicht. Konnte sie nicht erfüllt werden, so war auch die ganze Entwickelung in der vorausgesetzten Form nicht möglich.

Wie die Gleichung (344) und die Herleitungen, auf welche sie beruht, zeigen, ist aber die Bedingung zu erfüllen möglich. Die Werthe der Grössen p, q, r, s .... enthalten wirklich kein k, sondern nur x und ε, und sind also von k allerdings völlig unabhängig; also war auch die vorausgesetzte Form (342.) statthaft.

Nun erinnere man sich, dass in dem vorausgesetzten Ausdrucke

$$f(x+k)=p+k.q+k.(k-\varepsilon)r+k.(k-\varepsilon)(k-2\varepsilon)s\ldots;$$

*die drei Grössen x, k und ε gänzlich von einander unabhängig sind. Man kann, wenn man will, k allein als veränderlich und x und ε als beständige Grössen betrachten. Daraus folgt, dass die Grössen p, q, r, s .... gar nicht von k abhängen und sich folglich mit k zugleich nicht verändern; denn sie enthalten gar kein k, sondern nur x und ε, und sind also gegen k Constanten. Der Werth der Grössen p, q, r, s .... bleibt also unverändert immer einer und derselbe, k mag sein, was man will. Findet man daher die Werthe dieser Grössen für irgend **einen** beliebigen Werth von k, so gelten sie auch **nothwendig für alle übrigen Werthe** von k, weil die Grössen p, q, r, s .... gar nicht von k abhängen. Die Werthe von p, q, r, s .... wurden nun wirklich für **einzelne** Werthe von k gefunden,* *uemlich für k gleich ε, gleich 2ε, gleich 3ε etc. Diese Werthe gelten also auch für alle übrigen Werthe von k und folglich ganz allgemein, ohne dass es irgend nothwendig wäre, dass k ein ganzzahliges Vielfache von ε ist. Vielmehr ist das Verhältniss zwischen k und ε gänzlich willkürlich und die Gleichung (344.) gilt, k und ε, wie x, mögen gegen einander sein, was man will, algebraische, transcendente oder unmögliche Grössen.*

Dieser Umstand ist sehr wichtig und macht den Hauptpunkt der ganzen Theorie aus. Ohne ihn wäre der Ausdruck (344.) durchaus nicht allgemein anwendbar.

55.

Im Anfange von (§. 53.) wurde als zweite Bedingung des Ausdrucks (342.) vorausgesetzt, dass sich die Grössen p, q, r, s . . . ., *der Reihe nach, alle durch einerlei Operation auseinander entwickeln lassen sollen.* Diese Eigenschaft haben die Grössen p, q, r, s . . . . in (344.) ebenfalls wirklich. Man findet nemlich, wie man sieht, die zweite Grösse $q = \frac{f(x+\varepsilon)-fx}{\varepsilon}$ aus der ersten $p = fx$, wenn man in $p = fx$, $x+\varepsilon$ statt x setzt, von der entstehenden Grösse $f(x+\varepsilon)$ die ursprüngliche Grösse $p = fx$ abzieht, und den Rest durch ε und die Ordnungs-Zahl der Operation, 1, dividirt. Ganz eben so findet man die dritte Grösse r aus der zweiten q. Denn setzt man in $q = \frac{f(x+\varepsilon)-fx}{\varepsilon}$,

Allgem. Entwickelungs-Ausdruck.

$x+\varepsilon$ statt x, so erhält man $\frac{f(x+2\varepsilon)-f(x+\varepsilon)}{\varepsilon}$.

Zieht man hiervon $q=\frac{f(x+\varepsilon)-fx}{\varepsilon}$ ab und dividirt den Rest durch ε und die Ordnungs-Zahl der Operation, 2, so erhält man $\frac{f(x+2\varepsilon)-f(x+\varepsilon)+fx}{2\varepsilon^2}$, welches genau die dritte Grösse r ist, u. s. w.

Dieser Umstand muss aber wieder erst allgemein bewiesen werden.

Das $m$te allgemeine Glied ist

$$\frac{1}{2.3\ldots m.\varepsilon^m}\Big[f(x+m\varepsilon)-mf(x+(m-1)\varepsilon)+\frac{m.(m-1)}{2}f(x+(m-2)\varepsilon)\ldots$$
$$\ldots\pm\frac{m.(m-1)\ldots 1}{1.2\ldots m}.fx\Big]$$

Setzt man hierin $x+\varepsilon$ statt x, zieht die ursprüngliche Grösse von der entstehenden ab, und dividirt den Rest durch ε und die Ordnungs-Zahl der Operation, $m+1$, so erhält man

$$\frac{1}{2.3\ldots(m+1).\varepsilon^{m+1}}\Big[f(x+(m+1)\varepsilon)-mf(x+m\varepsilon)+\frac{m.(m-1)}{2}f(x+(m-1)\varepsilon)\ldots$$
$$-f(x+m\varepsilon)+\quad m\quad f(x+(m-1)\varepsilon)\ldots$$
$$\ldots\ldots\ldots\ldots\ldots\ldots\ldots\ldots$$
$$\ldots\ldots\ldots\ldots\ldots\ldots\ldots\ldots$$
$$\pm\frac{m.(m-1)\ldots 1}{1.2\ldots m}f(x+\varepsilon)$$
$$\mp\frac{m.(m-1)\ldots 2}{1.2\ldots(m-1)}f(x+\varepsilon)\pm\frac{m.(m-1)\ldots 1}{1.2\ldots m}fx)\Big]$$

Ein beliebiges $n$tes Glied dieses letzten Ausdrucks ist

Allgem. Entwickelungs-Ausdruck.

$$\pm \frac{m.(m-1).(m-2)....(m-(n-2))}{1.2.3....(n-1)} f(x+(m-(n-2))\varepsilon)$$

$$\pm \frac{m.(m-1).(m-2)....(m-(n-3))}{1.2.3....(n-2)} f(x+(m-(n-2))\varepsilon).$$

Diese Grösse ist gleich

$$\pm \frac{m.(m-1).(m-2)...(m-(n-3))}{1.2.3....n-2} . \left(\frac{m-(n-2)}{n-1}+1\right) f(x+(m-(n-2))\varepsilon),$$

oder, weil

$$\frac{m-(n-2)}{n-1}+1 = \frac{m-n+2+n-1}{n-1} = \frac{m+1}{n-1}$$

ist, gleich

$$\pm \frac{(m+1).m.(m-1)....(m-(n-3))}{1.2.3....(n-1)} f(x+(m-(n-2))\varepsilon)$$

Diese Grösse noch, wie es Obigem zu Folge sein soll, mit $\frac{1}{2.3....(m+1)\varepsilon^{m+1}}$ multiplicirt, giebt genau das $n$te Glied in dem $m+1$ten allgemeinen Gliede von (344.); folglich erhält man allgemein das $m+1$te Glied in (344.) aus dem $m$ten, wenn man in letzteres $x+\varepsilon$ statt ε setzt, die ursprüngliche Grösse wieder abzieht, und den Rest durch ε und die Ordnungs-Zahl der Operation, $m+1$ dividirt, folglich durch die nemliche Operation, welche das zweite Glied aus dem ersten giebt; mithin erfüllt der vorausgesetzte Ausdruck (342.) auch *die zweite* Bedingung, dass die Grössen p, q, r, s .... allgemein, alle durch einerlei Operation auseinander sollen gefunden werden können.

Man

Allgem. Entwickelungs-Ausdruck.

Man kann, dieses Umstandes wegen, den Ausdruck (344.) kürzer bezeichnen. Bedient man sich nemlich des auch sonst gebräuchlichen Zeichens Δ, um die Differenz zweier Grössen zu bezeichnen, so kann man, wenn man noch die Grösse ε, etwa unter dem Δ bemerkt, um diejenige Grösse anzuzeigen, durch welche die Differenz entstehet, z. B. die Grösse $f(x+\varepsilon)-fx$ durch $\frac{\Delta}{\varepsilon}fx$ bezeichnen. Dieses giebt

$$q = \frac{1}{1.\varepsilon} \cdot \frac{\Delta}{\varepsilon} fx.$$

Auf diese Weise kann die *Operation* bezeichnet werden, durch welche man die zweite Grösse q aus der ersten $p = fx$ findet. Da nun diese Operation, erwiesenermaassen, für alle folgende Grössen immer die nemliche ist, so kann man

$$r \text{ durch } \frac{1}{2.\varepsilon} \cdot \frac{\Delta}{\varepsilon} q, \text{ oder durch } \frac{1}{2\varepsilon^2} \frac{\Delta^2}{\varepsilon^2} fx,$$

$$s \text{ durch } \frac{1}{3.\varepsilon} \cdot \frac{\Delta}{\varepsilon} r, \text{ oder durch } \frac{1}{2.3\varepsilon^3} \frac{\Delta^3}{\varepsilon^3} fx$$

u. s. w. also überhaupt den Satz (344.) durch

350. $$f(x+k) = fx + \frac{k}{\varepsilon} \cdot \frac{\Delta}{\varepsilon} fx + \frac{k(k-\varepsilon)}{2\varepsilon^2} \frac{\Delta^2}{\varepsilon^2} fx \ldots\ldots$$

$$\ldots\ldots + \frac{k.(k-\varepsilon)\ldots.(k-(m-1)\varepsilon)}{1.2.3\ldots.m} \frac{\Delta^m}{\varepsilon^m} fx\ldots.$$

bezeichnen.

Da auch noch, wie man sieht, die Coefficienten dieses Ausdrucks welche k enthalten, bis auf die absoluten Zahlen, nichts anders als Factoriel-

Allgem. Entwickelungs-Ausdruck.

len, mit der Basis $\frac{k}{\varepsilon}$ und der Differenz -1 sind, so kann man, noch kürzer,

$$351.\ f(x+k) = fx + \left(\frac{k}{\varepsilon},-1\right)^{1} \cdot \frac{\Delta}{\varepsilon} fx + \tfrac{1}{2}\left(\frac{k}{\varepsilon},-1\right)^{2} \frac{\Delta^2}{\varepsilon^2} fx \ldots$$

$$\ldots + \frac{1}{1.2\ldots m}\left(\frac{k}{\varepsilon},-1\right)^{m} \frac{\Delta^m}{\varepsilon^m} fx \ldots$$

schreiben.

56.

Dieses ist der oben angekündigte, allgemeinere Ausdruck, durch welchen sich, wie man sehen wird, die Entwickelungen abhängiger Grössen mit grosser Leichtigkeit und Allgemeinheit bewerkstelligen lassen.

Der Ausdruck ist, wie leicht zu sehen, völlig dem, in der sogenannten Differenzen-Rechnung bekannten, schon von Newton gegebenen Ausdrucke des letzten Gliedes $f(x+m\varepsilon)$ einer Reihe von Grössen von einer und derselben Abhängigkeits-Form, wie z. B.

$$fx,\ f(x+\varepsilon),\ f(x+2\varepsilon) \ldots\ldots f(x+m\varepsilon)$$

gleich. Er darf indessen mit diesem Differenzen-Ausdruck keineswegs verwechselt, noch weniger eben so hergeleitet und bewiesen werden, wenn man ihm nicht seine Allgemeinheit, die so wichtig ist, nehmen will. *Denn für den Differenzen-Ausdruck ist immer ein ganzzahliges Verhältniss zwischen k und ε nothwendig, hier nicht, sondern k*

Allgem. Entwickelungs-Ausdruck.

und ε können auch ein irrationales Verhältniss, oder gar das Verhältniss einer reellen zu einer imaginairen Grösse haben, wie in §. 54. bewiesen. Will man den Ausdruck (351.) mit dem Ausdrucke der Differenzen-Rechnung von derselben Form vergleichen, so kann man ihn nur für die dieser Rechnung nöthige Interpolations-Formel, in ihrer allgemeinsten Gestalt, nehmen, die aber dann erst mit der obigen, unbedingten Allgemeinheit bewiesen werden muss.

Die Zahl der Glieder des Ausdrucks (351.) ist unendlich gross, sobald man nicht voraussetzt, dass ε in k aufgehen soll. *Allgemein* genommen ist also die Zahl der Glieder des Ausdrucks *immer* unendlich gross. Die Grösse ε braucht deshalb keinesweges Null, oder unendlich klein zu sein. Es ist hinreichend, wenn sie nur kein *aufgehender* Theil von k ist. Die Coefficienten $\frac{k.(k-\varepsilon)\ldots.(k-(m-1)\varepsilon)}{1.2\ldots.m}$ wechseln dann, von einer bestimmten Stelle ab, das Zeichen. Da aber ε willkürlich ist, so kann man auch, nach Belieben, dem Ausdrucke eine bestimmte Zahl von Gliedern geben, oder, mit andern Worten, machen, dass die Reihe allemal abbricht. Man darf zu dem Ende nur zwischen k und der willkürlichen Grösse ε ein *ganzzahliges* Verhältniss bestimmen. Alles Dieses ist ganz der Willkür überlassen.

Allgem. Entwickelungs-Ausdruck.

57.

Wir sagten oben, dass der nunmehr hier entwickelte allgemeine Ausdruck den Taylorschen Satz, als einen besondern Fall, einschliesslich enthalte, oder denselben mit umfasse. So verhält es sich wirklich. *Der Taylorsche Satz ist derjenige besondere Fall des allgemeinen Ausdrucks* (344.), *in welchem* $\varepsilon = o$ *gesetzt wird.* Denn, erstlich gehen für $\varepsilon = o$ die Factoriellen k, $k.(k-\varepsilon)$, $k.(k-\varepsilon).(k-2\varepsilon)\ldots$ $k.(k-\varepsilon)\ldots(k-(m-1)\varepsilon$ etc. in die rationalen Potestäten von k: $k, k^2, k^3 \ldots k^m \ldots$ über; zweitens aber ist die Grösse $q = \frac{f(x+\varepsilon)-fx}{\varepsilon}$, für $\varepsilon = o$, wirklich, wie bekannt, nichts anders, als die *erste Ableitung*, oder der *erste Differential-Coefficient* $\frac{d}{x}fx$, oder dfx von fx, und, weil **allgemein** bewiesen, dass die Operation, durch welche $q = \frac{f(x+\varepsilon)-fx}{\varepsilon}$ aus $p = fx$ gefunden wird, nur *wiederholt* werden darf, um die folgenden Grössen $r = \frac{\Delta^2}{\varepsilon^2}fx$, $s = \frac{\Delta^3}{\varepsilon^2}fx$ etc. zu finden, *so findet das Nemliche auch für* $\varepsilon = o$ *Statt*, welcher Werth von ε keine Ausnahme macht; mithin sind die Grössen r, s ...., für $\varepsilon = o$, nichts anders als d^2fx, d^3fx etc. und der allgemeine Satz (344.) giebt, für $\varepsilon = o$,

352. $f(x+k) = fx + kdfx + \frac{k^2}{2}d^2fx + \frac{k^3}{2.3}d^3fx \ldots$,

welches der Taylorsche Satz ist.

Allgem. Entwickelungs-Ausdruck.

Wir wollen deshalb den allgemeinen Ausdruck (344.) *allgemeinen Taylorschen Satz* nennen, voraussetzend, dass Taylor, wenn er lebte, die Benennung gut heissen würde.

Da dieser allgemeine Taylorsche Satz (344.) den besondern Satz dieses Namens, worauf die sogenannte Differential- und Integral-Rechnung beruht, schon mit enthält, so ist nun auch ein eigner Beweis des Letztern nicht mehr nöthig und es werden also jetzt auch die in (§. 19.) bemerkten Schwierigkeiten gehoben. Dass man auf diese Weise den Beweis des *besondern Taylorschen Satzes*, der so viel mit Nullen und unbestimmten Ausdrücken von der Form $\frac{0}{0}$ zu schaffen hat, erspart, ist wichtig, weil man dadurch zugleich jene Klippe vermeidet, die in den Strudel des leidigen Unendlich-Kleinen führt.

Der *besondere* Taylorsche Satz, nemlich der Fall des allgemeinen, in welchem $\varepsilon = 0$ ist, eignet sich übrigens immer zu der Differential- und Integral-Rechnung vorzugsweise, weil sich durch denselben auch zusammengesetztere Fälle mit eben der Leichtigkeit behandeln lassen, wie einfachere. Schon der Satz z. B., dass, wenn $y = fx$ und $z = \varphi y$ $= \varphi f x$ gesetzt wird, allgemein $\frac{d}{x} z = \frac{d}{y} z \frac{d}{x} y$ ist, findet für den *allgemeinen* Satz nicht eben so leicht Statt; so dass derselbe schon die Ableitungen *umgekehrter* Functionen nicht mit derselben Leichtigkeit giebt. Diesen letzten Gegenstand, und was die weitern Anwendungen des allgemeinen Taylorschen Satzes betrifft, wollen wir gelegentlich näher untersuchen. Hier soll der allgemeine Satz (344.) vorläufig nur zur Entwickelung der Potestäten und Facultäten gebraucht werden, zu welchem besondern Zwecke derselbe hier aufgestellt wurde.

Anwendung des allgemeinen Taylorschen Satzes auf Potestäten u. dgl.

58.

Ehe wir den allgemeinen Taylorschen Satz auf den Hauptgegenstand dieses Abschnittes, die Facultäten, anwenden, wollen wir einen Augenblick in die Theorie der Potestäten zurückgehen, und den Satz insbesondere auf den vielbesprochenen und vielfältig behandelten und bewiesenen binomischen Potestäten-Satz anwenden.

Es sei nemlich

$$353. \quad fx = u^x,$$

so erhält man, vermöge des allgemeinen Taylorschen Satzes (344.),

$$354. \; u^{x+k} = u^x + \frac{k}{\varepsilon}(u^{x+\varepsilon} - u^x) + \frac{k.(k-\varepsilon)}{2\varepsilon^2}(u^{x+2\varepsilon} - 2u^{x+\varepsilon} + u^x) \ldots$$

$$\ldots + \frac{k.(k-\varepsilon)\ldots(k-(m-1)\varepsilon)}{1.2.3\ldots m}\Big[(u^{x+m\varepsilon} - mu^{x+(m-1)\varepsilon}$$

$$+ \frac{m.m-1}{2} u^{x+(m-2)\varepsilon} \ldots \pm u^x)\Big]$$

$$\cdot \quad \cdot \quad \cdot \quad \cdot \quad \cdot \quad \cdot,$$

Satzes auf Potestäten u. Facultäten.

oder

$$355.\ u^{x+k} = u^x\Big[1 + \frac{k}{\varepsilon}(u^\varepsilon - 1) + \frac{k.(k-\varepsilon)}{2\varepsilon^2}(u^{2\varepsilon} - 2u^\varepsilon + 1) \ldots$$

$$\ldots + \frac{k.(k-\varepsilon)..(k-(m-1)\varepsilon)}{1.2.3\ldots m}\Big(u^{m\varepsilon} - mu^{(m-1)\varepsilon} + \frac{m.m-1}{2}u^{(m-2)\varepsilon} \ldots \pm 1\Big)$$

$$\ldots\ldots\ldots\ldots\Big]$$

oder, weil

$$356.\ u^{m\varepsilon} - mu^{(m-1)\varepsilon} + \frac{m.m-1}{2}u^{(m-2)\varepsilon} \ldots \pm 1 = (u^\varepsilon - 1)^m$$

ist, was sich für einen beliebigen ganzzahligen Werth von m, wie ihn diese Grösse hier nur haben kann, elementar beweisen lässt,

$$357.\ u^{x+k} = u^x\Big(1 + \frac{k}{\varepsilon}(u^\varepsilon - 1) + \frac{k.(k-\varepsilon)}{2\varepsilon^2}(u^\varepsilon - 1)^2 \ldots$$

$$+ \frac{k.(k-\varepsilon)\ldots(k-(m-1)\varepsilon)}{1.2.3\ldots m}(u^\varepsilon - 1)^m \ldots\Big)$$

Setzt man hierin $x = 0$ und $\varepsilon = 1$, so erhält man

$$358.\ u^k =$$

$$1 + k(u-1) + \frac{k.(k-1)}{2}(u-1)^2 \ldots + \frac{k.(k-1)\ldots(k-(m-1))}{1.2\ldots m}(u-1)^m \ldots$$

Setzt man endlich $1 + u$ statt u und y statt k, so erhält man

$$359.\ (1+u)^y = 1 + y.u + \frac{y.(y-1)}{2}u^2 + \frac{y.(-1)(y-2)}{2.3}u^3 \ldots,$$

welches der bekannte *binomische Potestäten-Satz* in der grössten Allgemeinheit, für jeden beliebigen Exponenten ist.

Anwendung des allg. Taylorschen

Um den allgemeinen Taylorschen Satz in (§. 53.) zu beweisen, war nur der binomische Satz für ganzzahlige Exponenten nöthig. Dieses ist also auch hier nur der Fall. Mithin werden, wie man sieht, die nicht geringen Schwierigkeiten der Verallgemeinerung des binomischen Potestäten-Satzes von ganzzahligen zu beliebigen Exponenten, deren die Paragraphen (10, 33 und 36.) erwähnen, durch den allgemeinen Taylorschen Satz gänzlich und, wie man sieht, mit grosser Leichtigkeit, auf eine einfache und elementare Weise gehoben. Die Schwierigkeit, welche in einzelnen Fällen immer der Uebergang vom Besondern zum Allgemeinen macht, wird gänzlich auf den allgemeinen Satz geworfen und daselbst ein- für allemal überwunden.

59.

Setzt man in die Gleichung (357.) $\varepsilon = 0$, $x = 0$ und $k = y$, so erhält man

360. $u^y =$

$$1 + y.\frac{u^\varepsilon - 1}{\varepsilon} + \frac{y^2}{2}\left(\frac{u^\varepsilon - 1}{\varepsilon}\right)^2 + \frac{y^3}{2.3}\left(\frac{u^\varepsilon - 1}{\varepsilon}\right)^3 \ldots \text{ für } \varepsilon = 0,$$

welches mit dem, auf die Exponential-Grössen und Logarithmen führenden Ausdrucke (57.) übereinstimmt, wenn man daselbst $\varepsilon = 0$ setzt. Verfährt man damit wie in (§. 10 und 11.), so kann man auch aus den obigen Gleichungen die Ausdrücke für Exponential-Grössen und Logarithmen finden.

Satzes auf Potestäten u. Facultäten.

60.

Man sieht leicht, dass sich der allgemeine Taylorsche Lehrsatz auf vielerlei Weise zur Entwickelung von Grössen, die, in Form der Potestäten, der Logarithmen, der Winkel-Functionen oder in andern Formen, von andern Grössen abhängen, anwenden lässt, und dass man im Stande ist, vermittelst desselben die mannigfaltigsten Ausdrücke aufzustellen, welche insbesondere durch die willkürliche Grösse ε eine eigenthümliche Art von Allgemeinheit erhalten.

Wir wollen nunmehr den Satz weiter auf die Facultäten anwenden.

Anwendung des allgemeinen Taylorschen Satzes auf Facultäten.

61.

Eine Facultät z, wie

$$(u, + x)^y = z,$$

hängt von drei Grössen u, x und y ab. Jede dieser Grössen kann man um eine beliebige Grösse, z. B. um k verändern, und den dadurch veränderten Werth von z suchen, welches drei Aufgaben giebt.

Die erste, deren Gegenstand die Entwickelung der Grösse $(u + k, + x)^y$ ist, führt, wie man aus der Gestalt dieser Grösse sieht, auf den obigen binomischen Facultäten-Satz; denn dieser Satz betrifft eine Facultät, deren Basis eine zweitheilige Grösse ist.

Wir wollen also zunächst den *binomischen Facultäten-Ausdruck* (325.) durch den allgemeinen Taylorschen Satz zu entwickeln suchen.

Entwickelung der Facultäten durch Veränderung der Basis.

62.

I. Zu dem Ende darf man nur in (344.) etwa die Facultät $(u, + x)^y$ statt fu, also

$$361.\quad fu = (u, + x)^y$$

setzen. Dieses giebt $f(u + k)$, oder jetzt

$$362.\quad (u+k, +x)^y = (u, +x)^y + \frac{k}{\varepsilon}[(u+\varepsilon, +x)^y - (u, +x)^y]$$
$$+ \frac{k.(k-\varepsilon)}{2\varepsilon^2}[(u+2\varepsilon, +x)^y - 2(u+\varepsilon, +x)^y + (u, +x)^y]$$
$$+ \frac{k.(k-\varepsilon)(k-2\varepsilon)}{2.3\varepsilon^2}[(u+3\varepsilon, +x)^y - 3(u+2\varepsilon, +x)^y + 3(u+\varepsilon, +x)^y - (u, +x)^y]$$
$$\cdots\cdots\cdots\cdots\cdots$$

wo die Grösse ε willkürlich ist.

II. Man setze zuerst die willkürliche Grösse ε gleich $-x$, so erhält man

$$363.\quad (u+k, +x)^y = (u, +x)^y - \frac{k}{x}[(u-x, +x)^y - (u, +x)^y]$$
$$+ \frac{k.(k+x)}{2x^2}[(u-2x, +x)^y - 2(u-x, +x)^y + (u, +x)^y]$$
$$\frac{-k.(k+x).(k+2x)}{2.3x^2}[u-3x, +x)^y - 3(u-2x, +x)^y + 3(u-x, +x)^y - (u, +x)^y]$$
$$+ - \cdots\cdots\cdots\cdots\cdots$$

durch Veränderung der Basis.

III. Nun ist

364. $(u-x,+x)^y.(u+x(y-1)) = (u,+x)^y(u-x)$.

Denn, setzt man in die erste Grund-Gleichung der Facultäten (283.) $u-x$ statt u, x statt u und $k=1$, so erhält man

365. $(u-x,+x)^y(u-x+yx)$, oder $(u-x,+x)^y(u+x(y-1))$
$= (u-x,+x)^{y+1}$.

Auf der andern Seite giebt die nemliche Grund-Gleichung (283.) allgemein, für $u-x$ statt u,

$$(u-x,+x)^{y+k} = (u-x,+x)^y.(u-x+y,x,+x)^k,$$

also, für $y=1$,

$$(u-x,+x)^{k+1} = (u-x).(u,+x)^k,$$

mithin auch, wenn man y statt k schreibt,

366. $(u,+x)^y(u-x) = (u-x,+x)^{y+1}$.

Die Gleichungen (365 und 366.) zeigen, dass die Grössen

$$(u-x,+x)^y(u+x(y-1)) \text{ und } (u,+x)^y(u-x),$$

beide gleich $(u-x,+x)^{y+1}$ sind. Also sind sie *einander* gleich, welches die Gleichung (364.) giebt.

IV. Aus (364.) folgt

$$(u-x,+x)^y = (u,+x)^y.\frac{u-x}{u-x+xy},$$

also

$$(u-x,+x)^y-(u,+x)^y = -(u,+x)^y\left(\frac{u-x}{u-x+xy}-1\right),$$

Entwickelung der Facultäten

oder

367. $(u-x,+x)^y-(u,+x)^y=-(u,+x)^y.\frac{xy}{u+x(y-1)}.$

V. Nun ist, vermöge der Grund-Gleichung (283.), wenn man daselbst $k=1$ und $y-1$ statt y setzt,

368. $(u,+x)^y=(u,+x)^{y-1}(u+(y-1)x);$

also ist

$$\frac{(u,+x)^y}{u+x(y-1)}=-(u,+x)^{y-1}.$$

Setzt man dieses in (367.), so erhält man

369. $(u-x,+x)^y-(u,+x)^y=-(u,+x)^{y-1}xy.$

VI. Der Theil linkerhand in dieser Gleichung (369.) ist der erste Coefficient in (363.) zu $\frac{k}{x}$; also wird derselbe, wie man sieht, aus der Stamm-Grösse $(u,+x)^y$ gefunden, wenn man den Exponenten y um 1 vermindert, mit dem unveränderten Exponenten, so wie mit der Differenz x, multiplicirt und das Resultat negativ nimmt.

Es ist also

370. $\frac{\Delta}{\varepsilon}fu=\frac{\Delta}{\varepsilon}(u,+x)^y=-(u,+x)^{y-1}.xy.$

VII. Dieses giebt, durch Wiederholung der Operation,

$$\frac{\Delta^2}{\varepsilon^2}(u,+x)^y=+(u,+x)^{y-2}x^2y.(y-1)$$

durch Veränderung der Basis.

$$\frac{\Delta^3}{\varepsilon^3}(u, + x)^y = -(u, + x)^{y-3} x^3 . y . (y-1) . (y-2)$$

u. s. w.

VIII. Substituirt man diese Coefficienten zu $-\frac{k}{x}$, $+\frac{k.(k+x)}{2x^2}$, $-\frac{k.(k+x).(k+2x)}{2.3x^3}$ etc. in die Gleichung (363.), so erhält man

$$371. \quad (u+k, +x)^y =$$

$$(u, +x)^y + k(u, +x)^{y-1}.y + \frac{k.(k+x)}{2}(u, +x)^{y-2}.y.(y-1)$$
$$+ \frac{k.(k+x).(k+2x)}{2.3}(u, +x)^{y-3} y.(y-1).(y-2)\ldots.$$

welches, wie man sieht, mit dem für den binomischen Facultäten-Satz auf einem andern Wege gefundenen Ausdrucke (325.) vollkommen übereinstimmt.

Die dortige Schwierigkeit der Entwickelung, namentlich bei dem Uebergange vom Besondern zum Allgemeinen, wird hier durch den allgemeinen Taylorschen Satz vermieden.

63.

Da aber in der Gleichung (362.), auf welcher der binomische Facultäten-Satz (371 oder 325.) beruht, die Grösse ε gänzlich willkürlich ist, so kann man daraus nicht etwa blos den Satz (371.), sondern nach Belieben auch noch andere Ausdrücke ableiten. Unter diesen ist besonders dessen zu erwähnen, welchen man erhält, wenn man ε, statt

Entwickelung der Facultäten

wie in dem vorigen Paragraph gleich $-x$, vielmehr gleich $+x$ setzt.

I. Man setze für diesen Fall in die erste Grund-Gleichung der Facultäten (283.) $y = 1$, so erhält man

$$(u + x, + x)^{k} . u = (u, + x)^{k+1},$$

welches, wenn man y statt k schreibt,

$$372. \quad (u + x, + x)^{y} . u = (u, + x)^{y+1}$$

giebt.

Setzt man hingegen in die nemliche Gleichung (283.) $k = 1$, so erhält man

$$373. \quad (u, + x)^{y+1} = (u, + x)^{y} (u + xy),$$

welches, wenn man es in (372.) substituirt,

$$(u + x, + x)^{y} . u = (u, + x)^{y} (u + xy), \text{ oder}$$

$$374. \quad (u + x, + x)^{y} = (u, + x)^{y} . \frac{u + xy}{u},$$

giebt.

II. Dieses giebt weiter

$$(u + x, + x)^{y} - (u, + x)^{y} = (u, + x)^{y} \left(\frac{u + xy}{u} - 1 \right),$$

oder

$$375. \quad (u + x, + x)^{y} - (u, + x)^{y} = (u, + x)^{y} . \frac{xy}{u},$$

welches der Werth des ersten Coefficienten zu $\frac{k}{\varepsilon}$ in (362.) ist, wenn man $\varepsilon = x$ setzt.

III. Man findet daraus weiter, wenn man $u + x$ statt u setzt,

durch Veränderung der Basis.

376. $(u+2x,+x)^y-(u+x,+x)^y=(u+x,+x)\frac{xy}{u+x}$

und weil $(u+x,+x)^y=(u,+x)^y.\frac{u+xy}{u}$ ist (374.),

$$(u+2x,+x)^y-(u+x,+x)^y=(u,+x)^y\,\frac{xy(u+xy)}{u(u+x)}.$$

Hiervon $(u+x,+x)^y-(u,+x)^y=(u,+x)^y.\frac{xy}{u}$ abgezogen, giebt

377. $(u+2x,+x)^y-2(u+x,+x)^y+(u,+x)^y=$

$$(u,+x)^y\left(\frac{xy(u+xy)}{u(u+x)}-\frac{xy}{u}\right)=(u,+x)^y\,\frac{x^2y.(y-1)}{u.(u+x)},$$

welches für $\varepsilon=x$ der zweite Coefficient in (372.), zu $\frac{k.(k-\varepsilon)}{2\varepsilon^2}$ ist.

IV. Man sieht hieraus deutlich das Gesetz der Fortschreitung und erhält, z. B. für den dritten Coefficienten,

378. $(u,+x)^y.\frac{x^3.y(y-1).(y-2)}{u.(u+x).(u+2x)}$ u. s. w.

V. Substituirt man diese Ausdrücke der Coefficienten in die Gleichung (362.), so erhält man

379. $(u+k,+x)^y=(u,+x)^y\Big[1+\frac{ky}{u}+\frac{k.(k-x)}{2}.\frac{y.(y-1)}{u.(u+x)}$

$$+\frac{k.(k-x).(k-2x)}{2.3}\,\frac{y.(y-1).(y-2)}{u.(u+x).(u+2x)}+\text{etc.}\ldots\Big],$$

oder auch

Entwickelung der Facultäten

$$380.\ (u+k, +x)^y = (u, +x)^y \left[1 + \frac{(k, -x)^1 (y, -1)}{(1, +1)^1 (u, +x)^1} + \frac{(k, -x)^2 (y, -1)^2}{(1, +1)^2 (u, +x)^2} \ldots + \frac{(k, -x)^m (y, -1)^m}{(1, +1)^m (u, +x)^m} + \ldots\right],$$

welches ein anderer allgemeiner Ausdruck für Facultäten, und zwar eine *wirkliche* Entwickelung ist, die dazu dient, eine Facultät mit der Basis $u+k$ zu berechnen, wenn man die nemliche Facultät mit der Basis u schon kennt, ungefähr wie es z. B. dergleichen Ausdrücke für Logarithmen giebt.

VI. Der Ausdruck (380.) convergirt immer, wenn k kleiner als u ist, und um so mehr, je kleiner k gegen u ist. Man kann also vermittelst dieses Ausdrucks die Facultäten, etwa wie die Logarithmen und Winkel-Functionen, Schrittweise, von einer Basis zur andern berechnen.

VII. Wenn man $x = 1$ setzt, welches die Allgemeinheit des Ausdrucks nicht vermindert, weil sich jede Facultät auf eine andere mit der Differenz 1 bringen lässt (§. 45., III.!), so erhält man

$$381.\ (u+k, +1)^y =$$

$$\left[1 + \frac{ky}{u} + \frac{k.(k-1)}{2} \cdot \frac{y.(y-1)}{u(u+1)} + \frac{k.(k-1).(k-2)}{2.3} \cdot \frac{y.(y-1).(y-2)}{u.(u+1).(u+2)} \ldots\right]$$

VIII. Setzt man auch noch $u+k = 1$, welches ebenfalls angeht, weil sich jede Eacultut auf eine andere bringen lässt, deren Differenz und Basis

durch Veränderung der Basis.

Basis beide 1 sind (§. 45., III.), so ist $k = 1 - u$, also

$$(1, +1)^y =$$

$$(u,+1)^y \left[1 - \frac{(u-1)y}{u} + \frac{(u-1)u}{2} \cdot \frac{y.(y-1)}{u(u+1)} \right.$$

$$\left. \frac{(u-1).u(u+1)}{2.3} \frac{y.(y-1).(y-2)}{u.(u+1).(u+2)} \cdots \right],$$

oder

$$(1, +1)^y =$$

$$(u,+1)^y \left[1 - y.\frac{u-1}{u} + \frac{y.(y-1)}{2}.\frac{u-1}{u+1} - \frac{y.(y-1).(y-2)}{2.3}.\frac{u-2}{u+1} \cdots \right],$$

oder

382. $(1,+1)^y =$

$$(u,+1)^y.(u-1)\left[\frac{1}{u-1} - \frac{y}{u} + \frac{y.(y-1)}{2(u+1)} - \frac{y.(y-1).(y-2)}{2.3.(u+2)} \cdots \right].$$

Da in dieser Reihe u willkürlich ist, weil es linkerhand nicht vorkommt, so kann man sie, für ein positives y, als immer convergent betrachten.

Setzt man z. B. $u = 2$, so erhält man

383. $(1,+1)^y = (2,+1)^y \left(1 - \frac{y}{2} + \frac{y.(y-1)}{2.3} - \frac{y.(y-1).(y-2)}{2.3.4} \cdots \right);$

welche Reihe schon convergirt.

IX. Setzt man in (381.) $u = 1$, so erhält man

$$(1+k, +1)^y = (1,+1)^y \left[1 + ky + \frac{k.(k-1)}{2}.\frac{y.(y-1)}{2} \cdots \right],$$

oder

384. $(1+k, +1)^y =$

$$(1,+1)^y\, ky \left[\frac{1}{ky} + 1 + \frac{k-1}{2}.\frac{y-1}{2} + \frac{(k-1).(k-2)}{2.3}.\frac{(y-1).(y-2)}{2.3} \cdots \right]$$

welche Reihe wiederum immer convergirt, wenn k und y positiv sind, und dazu dient, eine Facultät mit einer beliebigen Basis $1+k$ und der Differenz 1, mit Hülfe der nemlichen Facultät mit der Basis 1, zu berechnen.

X. Setzt man in die Gleichung (289.) $k=1$, so erhält man

$$385.\quad (u+x+x)^{y}.u=(u,+x)^{y+1},$$

oder, wenn man $y-1$ statt y schreibt,

$$(u+x,+x)^{y-1}.u=(u,+x)^{y};\text{ also}$$

$$386.\quad \frac{(u,+x)^{y}}{u}=(u+x,+x)^{y-1}.$$

Nun kann man die Gleichung (379.) wie folgt schreiben:

$$(u+k,+x)^{y}=\frac{(u,+x)^{y}}{u}\left[u+ky+\frac{k.(k-x)}{2}\frac{y.(y-1)}{u+x}\dots\right]$$

Substituirt man hierin den Ausdruck von $\frac{(u,+x)^{y}}{u}$ (386.), so erhält man

$$387.\quad (u+k,+x)^{y}=(u+x,+x)^{y-1}\left[u+ky+\frac{k.(k-x)}{2}.\frac{y.(y-1)}{u+x}\right.$$
$$\left.+\frac{k.(k-x).(k-2x)}{2.3}\frac{y.(y-1).(y-2)}{(u+x).(u+2x)}\dots\right]$$

Setzt man hierin $u=0$ und $k=u$, so erhält man

$$388.\quad (u,+x)^{y}=(x,+x)^{y-1}u.\left[y+\frac{(u-x)}{2x}y.(y-1)\right.$$
$$\left.+\frac{(u-x).(u-2x)}{2.3x^{2}}y.(y-1).(y-2)\dots\right]$$

durch Veränderung der Basis.

Setzt man $x = 1$, so erhält man

389. $$(u,+1)^y = (1,+1)^{y-1}u.\left[y + \frac{(u-1)}{2}.y.(y-1) + \frac{(u-1).(u-2)}{2.3}.y.(y-1).(y-2)\ldots\right].$$

So lässt sich der obige Ausdruck auf mannigfaltige Weise umgestalten.

64.

Aus dem obigen zweiten allgemeinen Ausdrucke einer Facultät mit binomischer Basis (379.) lässt sich leicht ein *entwickelter* Ausdruck der *ersten Ableitung* einer Facultät und ihres Logarithmen, nach der Basis genommen, finden.

I. Da nemlich die erste Ableitung von der Facultät $(u,+x)^y$, nach der Basis genommen, nichts anders ist als die Grösse $\frac{(u+k,+x)^y - (u,+x)^y}{k}$ für $k = 0$, so erhält man für die erste Ableitung von $(u,+x)^y$ die Grösse

$$\frac{(u+k,+x)^y - (u,+x)^y}{k} = (u,+x)^y\left(\frac{y}{u} + \frac{k-x}{2}.\frac{y.(y-1)}{u.(u+x)} + \frac{(k-x).(k-2x)}{2.3}.\frac{y.(y-1).(y-2)}{u.(u+x).(u+2x)}\ldots\right)$$

für $k = 0$, welches, wenn man $k = 0$ setzt,

390. $$\frac{d}{u}(u,+x)^y =$$

$$(u,+x)^y.\left(\frac{y}{u} - \frac{x}{2}.\frac{y.(y-1)}{u.(u+x)} + \frac{x^2}{3}\,\frac{y.(y-1).(y-2)}{u.(u+x).(u+2x)}\ldots\right)$$

giebt.

Entwickelung der Facultäten

II. Da die erste Ableitung des natürlichen Logarithmen ${}^{e}(u,+x)^{y}$ der Facultät $(u,+x)^{y}$, nach der Basis genommen, gleich $\dfrac{\frac{d}{u}(u,+x)^{y}}{(u,+x)^{y}}$ ist, so erhält man, aus (390.) für die Ableitung des Logarithmen:

$$391.\ \frac{d}{u}\left({}^{e}(u,+x)^{y}\right)=\frac{y}{u}-\frac{x}{2}\cdot\frac{y.(y-1)}{u.(u+x)}+\frac{x^{2}}{3}\,\frac{y.(y-1).(y-2)}{u.(u+x).(u+2x)}\cdots$$

65.

Der *Logarithme einer Facultät*, wie $(u,+x)^{y}$, lässt sich, durch Veränderung der Basis, aus dem allgemeinen Taylorschen Lehrsatze (344.) mit der nemlichen Leichtigkeit finden, wie der Ausdruck der Facultät selbst.

I. Man setze nemlich in den allgemeinen Taylorschen Satz (344.) u statt x und ${}^{e}(u,+x)^{y}$ statt fu, so erhält man

$$392.\ {}^{e}(u+k,+x)^{y}={}^{e}(u,+x)^{y}+\frac{k}{\varepsilon}\left({}^{e}(u+\varepsilon,+x)^{y}-{}^{e}(u,+x)^{y}\right)$$
$$+\frac{k.(k-\varepsilon)}{2\varepsilon^{2}}\left({}^{e}(u+2\varepsilon,+x)^{y}-2\,{}^{e}(u+\varepsilon,+x)^{y}+{}^{e}(u,+x)^{y}\right)$$
$$\cdots\cdots\cdots\cdots\cdots\cdots\cdots$$

II. Der Coefficient zu $\frac{k}{\varepsilon}$ ist, vermöge der Eigenschaft der Logarithmen: dass der Unterschied zweier Logarithmen dem Logarithmen des Quo-

durch Veränderung der Basis.

tienten der Logarithmanden gleich ist, gleich

$$393.\quad {}^{\varepsilon}\left(\frac{(u+\varepsilon,+x)^{y}}{(u,+x)^{y}}\right).$$

III. Den aus einem Quotienten zweier *Facultäten* bestehenden Logarithmanden dieses Logarithmen kann man allemal auf den Quotienten zweier *Factoriellen*, oder *rationaler Facultäten* bringen.

Die erste Grund-Gleichung der Facultät (283.) giebt nemlich

$$394.\quad (u,+x)^{y+k} = (u,+x)^{y}.(u+yx,+x)^{k}.$$

Da diese Grösse $(u,+x)^{y+k}$ den nemlichen Werth behält, wenn man y und k verwechselt, so ist auch

$$395.\quad (u,+x)^{y+k} = (u,+x)^{k}.(u+kx,+x)^{y}.$$

Beides einander gleich gesetzt, giebt

$$396.\quad \frac{(u+kx,+x)^{y}}{(u,+x)^{y}} = \frac{(u+yx,+x)^{k}}{(u,+x)^{k}}.$$

Man setze nun in (393.) die willkürliche Grösse ε gleich kx, so dass $k = \frac{\varepsilon}{x}$, so giebt die Gleichung (396.)

$$397.\quad \frac{(u+\varepsilon,+x)^{y}}{(u,+x)^{y}} = \frac{(u+yx,+x)^{\frac{\varepsilon}{x}}}{(u,+x)^{\frac{\varepsilon}{x}}}$$

wo man nun nach Belieben Zähler und Nenner rechterhand, zu Factoriellen oder rationalen Facul-

Entwickelung der Facultäten

täten machen kann, weil man zu dem Ende nur das *willkürliche* ε gleich einem ganzzahligen Vielfachen von x, z. B.

$$398. \quad \varepsilon = mx$$

setzen darf, wo *m* eine ganze Zahl bedeutet.

IV. Dieses giebt für den Coefficienten zu $\frac{k}{x}$, dem Ausdrucke (392.) zu Folge,

$$399. \quad {}^{e}\left(\frac{(u+yx,+x)^{m}}{(u,+x)^{m}}\right),$$

oder

$$^{e}\left(\frac{(u+yx,+x)^{m}}{(u+yx,+x)^{0}} \cdot \frac{(u,+x)^{0}}{(u,+x)^{m}}\right),$$

oder

$$^{e}(u+yx,+x)^{m} - {}^{e}(u+yx,+x)^{0}$$
$$-\left({}^{e}(u,+x)^{m} - {}^{e}(u,+x)^{0}\right),$$

oder, wenn man z. B. durch $\frac{\Delta}{.m}{}^{e}(u+yx,+x)^{0}$ bezeichnet, dass in der Grösse $^{e}(u+yx,+x)^{0}$ der Exponent um *m* vermehrt, und die ursprüngliche Grösse davon wieder abgezogen werden soll,

$$400. \quad \frac{\Delta}{.m}{}^{e}(u+yx,+x)^{0} - \frac{\Delta}{.m}{}^{e}(u,+x)^{0},$$

wo *m* eine beliebige ganze Zahl bedeutet.

V. Um den zweiten Coefficienten zu $\frac{k.(k-\varepsilon)}{2\varepsilon^{2}}$ in (392.) zu finden, darf man nur, nach dem Gesetze der Abhängigkeit dieser Coefficienten von einander, in den ersten Coefficienten $k+\varepsilon$ statt ε setzen und von dem Resultate den ersten Coef-

durch Veränderung der Basis.

ficienten wieder abziehen. Dieses giebt, vermöge (393.),

$$^{e}\left(\frac{(u+2\varepsilon,+x)^{y}}{(u+\varepsilon,+x)^{y}}\right)-{}^{e}\left(\frac{(u+\varepsilon,+x)^{y}}{(u,+x)^{y}}\right),\text{ oder}$$

$$^{e}\left(\frac{(u+2\varepsilon,+x)^{y}.(u,+x)^{y}}{(u+\varepsilon,+x)^{y}(u+\varepsilon,+x)^{y}}\right),\text{ oder auch}$$

401. $$^{e}\left(\frac{(u+2\varepsilon,+x)^{y}}{(u,+x)^{y}}.\left(\frac{(u,+x)^{y}}{(u+\varepsilon,+x)^{y}}\right)^{2}\right)$$

Nun ist vermöge (397.), wenn man daselbst 2ε statt ε setzt,

$$\frac{(u+2\varepsilon,+x)^{y}}{(u,+x)^{y}}=\frac{(u+yx,+x)^{\frac{2\varepsilon}{x}}}{(u,+x)^{\frac{2\varepsilon}{x}}};$$

also ist der zweite Coefficient gleich

$$^{e}\left(\frac{(u+yx,+x)^{\frac{2\varepsilon}{x}}}{(u,+x)^{\frac{2\varepsilon}{x}}}.\left(\frac{(u,+x)^{\frac{\varepsilon}{x}}}{(u+yx,+x)^{\frac{\varepsilon}{x}}}\right)^{2}\right),\text{ oder}$$

$$^{e}\left(\frac{(u+yx,+x)^{2m}}{(u,+x)^{2m}}.\left(\frac{(u,+x)^{m}}{(u,+yx,+x)^{m}}\right)^{2}\right)$$

welches sich, wie beim ersten Coefficienten, durch

402. $$\frac{\Delta^{2}}{(.^{m})^{2}}{}^{e}(u+yx,+x)^{0}-\frac{\Delta^{2}}{.^{m}}{}^{e}(u,+x)^{0},$$

bezeichnen lässt.

VI. Der dritte Coefficient ist, wie leicht zu sehen,

Entwickelung der Facultäten

$$^{c}\left(\frac{(u+3\varepsilon,+x)^{y}.((u+\varepsilon,+x)^{y})}{(u,+x)^{y}\,((u+2\varepsilon,+x)^{y})^{3}}\right), \text{ oder}$$

$$^{c}\left(\frac{(u+3\varepsilon,+x)^{y}}{(u,+x)^{y}}.\left(\frac{(u+\varepsilon,+x)^{y}}{(u,+x)^{y}}\right)^{3}.\left(\frac{(u,+x)^{y}}{(u+2\varepsilon,+x)^{y}}\right)^{3}\right)$$

welches, vermöge (397.),

$$403.\ ^{e}\left(\frac{(u+yx,+x)^{3m}}{(u,+x)^{3m}}\left(\frac{(u+yx,+x)^{m}}{(u,+x)^{m}}\right)^{3}\left(\frac{(u,+x)^{2m}}{(u+yx,+x)^{2m}}\right)^{3}\right)$$

oder

$$404.\quad \frac{\Delta^{3}}{(.^{m})^{2}}\,^{c}(u+yx,+)^{0}-\frac{\Delta^{3}}{.^{m}}\,^{c}(u,+x)^{0}$$

giebt, u. s. w.

VII. Substituirt man diese Werthe der Coefficienten in den Ausdruck (392.), so erhält man

$$105.\ ^{c}(u+k,+x)^{y}=\,^{c}(u,+x)^{y}$$
$$+\frac{k}{mx}\,^{e}\left(\frac{(u+yx,+x)^{m}}{(u,+x)^{m}}\right)$$
$$+\frac{k.(k-mx)}{2m^{2}x^{2}}\,^{c}.\left(\frac{(u+yx,+x)^{2m}}{(u,+x)^{2m}}\left(\frac{(u,+x)^{m}}{(u+yx,+x)^{m}}\right)^{2}\right)$$
$$+\frac{k.(k-mx).(k-2mx)}{2.3m^{3}x^{3}}\,^{c}.\left(\frac{(u+yx,+x)^{3m}}{(u,+x)^{3m}}\left(\frac{(u+yx,+x)^{m}}{(u,+x)^{m}}\right)^{3}\left(\frac{(u,+x)^{2m}}{(u+yx,+x)^{2m}}\right)^{3}\right)$$

. . . .

oder

$$406.\ ^{e}(u+k,+x)^{y}=\,^{c}(u,+x)^{y}$$
$$+\frac{k}{mx}\left(\frac{\Delta}{.^{m}}\,^{e}(u+yx,+x)^{0}-\frac{\Delta}{.^{m}}\,^{e}(u,+x)^{0}\right)$$
$$+\frac{k.(k-mx)}{2m^{2}x^{2}}\left(\frac{\Delta^{2}}{(.^{m})^{2}}\,^{e}(u+yx,+x)^{0}-\frac{\Delta^{2}}{.^{m}}\,^{c}(u,+x)^{0}\right)$$
$$+\frac{k.(k-mx).(k-2mx)}{2.3m^{3}x^{3}}\left(\frac{\Delta^{3}}{(.^{m})^{3}}\,^{c}(u+yx,+x)^{e}-\frac{\Delta^{2}}{.^{m}}\,^{c}(u,+x)^{0}\right)$$

. . . .

durch Veränderung der Basis.

welches der allgemeine Ausdruck des Logarithmen einer beliebigen Facultät mit binomischer Basis, $(u + k, + x)^y$ ist. m bedeutet eine willkürliche ganze Zahl.

VIII. Setzt man das willkürliche m gleich 1, so geht der erste Coefficient zu $\frac{k}{mx}$ in (405.) in

$$\left(\frac{u+yx}{u}\right),$$

der zweite Coefficient in (405.) zu $\frac{k.(k-mx)}{2m^2x^2}$ in

$$^e\left(\frac{(u+yx).(u+(y+1)x)}{u(u+x)}.\frac{u^2}{(u+yx)^2}\right) = {}^e\left(\frac{u.(u+(y+1)x)}{(u+x).(u+yx)}\right),$$

oder wenn man die zu $u + yx$ und u kommende Grösse x, welche die durch Δ bezeichnete Differenz bildet, unter Δ setzt, in $\frac{\Delta}{x}\,{}^e(u+yx) - \frac{\Delta}{x}\,{}^e u$, der dritte Coefficient in

$$^e\left(\frac{(u+yx)(u+(y+1)x)(u+(y+2)x)}{u(u+x).(u+2x)}\,\frac{(u+yx)^3}{u^3}\,\frac{u^3(u+x)^3}{(u+yx)^3(u+(y+1)x)^3}\right)$$

$$= \left(\frac{(u+yx)(u+(y+2)x)}{(u+(y+1)x)^2}.\frac{(u+x)^2}{u(u+2x)}\right)$$

$$= \frac{\Delta^2}{x^2}\,{}^e(u+yx) - \frac{\Delta^2}{x^2}\,{}^e u$$

über u. s. w. Man erhält also für den Logarithmen der Facultät $(u + k, + x)^y$ mit binomischer Basis, wenn man das in dem allgemeinen Ausdrucke desselben (405.) willkürliche m gleich 1 setzt,

Entwickelung der Facultäten

407. $${}^{e}(u+k,+x)^{y} = {}^{e}(u,+x)^{y}$$
$$+\frac{k}{x}\cdot{}^{e}\left(\frac{u+yx}{u}\right)$$
$$+\frac{k.(k-x)}{2x^{2}}\cdot{}^{e}\left(\frac{u}{u+x}\cdot\frac{u+(y+1)x}{u+yx}\right)$$
$$+\frac{k(k-x).(k-2x)}{2.3x^{3}}\cdot{}^{e}\left(\frac{(u+x).(u+x)}{u(u+2x)}\cdot\frac{(u+yx)(u+(y+2)x)}{(u+(y+1)x)(u+(y+1)x)}\right)$$
. . . .

oder

408. $${}^{e}(u+k,+x)^{y} = {}^{e}(u,+x)^{y}$$
$$+\frac{k}{x}\left(\frac{\Delta}{x}\,{}^{e}(u+yx)-\frac{\Delta}{x}\,{}^{e}u\right)$$
$$+\frac{k.(k-x)}{2x^{2}}\left(\frac{\Delta^{2}}{x^{2}}\,{}^{e}(u+yx)-\frac{\Delta^{2}}{x^{2}}\,{}^{e}u\right)$$
. . . .
$$+\frac{k(k-x)\ldots(k-(n-1)x)}{2.3\ldots nx^{n}}\left(\frac{\Delta^{n}}{x^{n}}\,{}^{e}(u+yx-\frac{\Delta^{n}}{x^{n}}\,{}^{e}u\right)$$
. . . .

IX. Für $u = 1$ und $x = 1$ ist

409. $${}^{e}(1+k,+1)^{y} = {}^{e}(1,+1)^{y}$$
$$+k.{}^{e}(1+y)$$
$$+\frac{k.(k-1)}{2}\cdot{}^{e}\left(\frac{1}{2}\cdot\frac{2+y}{1+y}\right)$$
$$+\frac{k.(k-1).(k-2)}{2.3}\cdot{}^{e}\left(\frac{2.2}{1.3}\cdot\frac{(1+y)(3+y)}{(2+y)(2+y)}\right)$$
. . . .,

oder

durch Veränderung der Basis.

410. $$ {}^{e}(1+k,+1)^{y} = {}^{e}(1,+1)^{y} $$
$$ + \left(\frac{\Delta}{1}{}^{e}(1+y) - \frac{\Delta}{1}{}^{e}1\right) $$
$$ + \frac{k.(k-1)}{2}\left(\frac{\Delta^2}{1^2}{}^{e}(1,+y) - \frac{\Delta^2}{1^2}{}^{e}1\right) $$
$$ \cdots\cdots\cdots\cdots $$
$$ + \frac{k.(k-1)\ldots.(k-(n-1))}{1.2\ldots.n}\left(\frac{\Delta^n}{1^n}{}^{e}(1+y) - \frac{\Delta^n}{1^n}{}^{e}1\right) $$
$$ \cdots\cdots\cdots\cdots $$

X. Die Reihen (407, 408.) convergiren, so lange u, $\mathrm{x}k$ und $u + y\mathrm{x}$ positiv sind; y kann negativ sein, nur muss $y < \frac{u}{\mathrm{x}}$ sein, damit $u+y\mathrm{x}$ positiv ist. Die Grössen $\frac{\Delta^n}{\mathrm{x}^n}{}^{e}(u + y\mathrm{x})$ und $\frac{\Delta^n}{\mathrm{x}^n}{}^{e}u$ bedeuten nemlich die $n$ten Differenzen der Logarithmen der *äquidifferenten* Grössen

$u+y\mathrm{x}$	und $u+1\mathrm{x}$,
$u+y\mathrm{x}+\mathrm{x}$	und $u+2\mathrm{x}$,
$u+y\mathrm{x}+2\mathrm{x}$	und $u+3\mathrm{x}$,
. . . . . .	. . . .
$u+y\mathrm{x}+(n-1)\mathrm{x}$	und $u+n\mathrm{x}$.

Die *ersten* Differenzen der Logarithmen äquidifferenter Grössen nehmen aber bekanntlich ab, die höhern Differenzen ebenfalls, und die $n$te Differenz, für $n = \infty$, ist Null; also nähert sich der Werth der Grösse $\frac{\Delta^n}{\mathrm{x}^n}{}^{e}(u+y\mathrm{x}) - \frac{\Delta^n}{\mathrm{x}^n}{}^{e}u$ immerfort der Null und ist im Unendlichen Null selbst. Ferner ist bekanntlich auch der Werth des Ausdrucks

$$\frac{k.(k-x)\ldots.(k-(n-1)x)}{1.2.3\ldots.nx^n} \text{ oder } \frac{\frac{k}{x}.\left(\frac{k}{x}-1\right).\left(\frac{k}{x}-2\right)\ldots\left(\frac{k}{x}-(n-1)\right)}{1.2.3\ldots.n}$$

um so kleiner, je grösser n ist, und für $n = \infty$, gleich Null; denn im unvortheilhaftesten Falle, für $\frac{k}{x} = 0$, ist der Werth des Ausdrucks $= \frac{1}{n}$. Also convergiren die Reihen (407, 408.), wenn u, x und $u+yx$ positiv sind, *immer*. Sind u, x und $u+yx$ nicht positiv, so muss man die Facultät auf eine andere bringen, in welcher solches der Fall ist, was immer angeht.

XI. Setzt man in (407.) $y = 1$, so ist $(u+k,+x)^y = u+k$ $(285.)^{1}_{1}$, also

$$411.\quad {}^{e}(u+k) = {}^{o}u + \frac{k}{x}\cdot{}^{e}\left(\frac{u+x}{u}\right) + \frac{k.(k-x)}{2x^2}\cdot{}^{e}\left(\frac{u(u+2x)}{(u+x)^2}\right) + \frac{k.(k-x).(k-2x)}{2.3x^3}\cdot{}^{e}\left(\frac{(u+x)^3(u+3x)}{(u+2x)^3u}\right)\ldots.$$

Dieses ist ein durch Facultäten gefundener Ausdruck des natürlichen Logarithmen der zweitheiligen Grösse $u+k$ durch andere Logarithmen. Die darin vorkommende Grösse x ist willkürlich.

XII. Setzt man $k = mx$ und $u = 1$, so giebt der Ausdruck;

durch Veränderung des Exponenten.

$$412.\quad {}^{e}(1+mx) = m.{}^{e}(1+x) + \frac{m.(m-1)}{2}.{}^{e}\left(\frac{1+2x}{(1+x)^2}\right) + \frac{m.(m-1).(m-2)}{2.3}.{}^{e}\left(\frac{(1+x)^3(1+3x)}{(1+2x)^3}\right)\ldots.$$

Entwickelung der Facultäten durch Veränderung des Exponenten.

66.

I. Wenn sich der *Exponent* einer Facultät $(u, +x)^y$ z. B. um k verändert, so geht dieselbe in $(u, +x)^{y+k}$ über. Betrachtet man sie daher als von y abhängig, so darf man nur, um sie durch den allgemeinen Taylorschen Satz (344.) zu entwickeln, in denselben y statt x und $(u, +x)^y$ statt fy setzen. Dieses giebt

$$413.\quad (u,+x)^{y+k} = (u,+x)^y + \frac{k}{\varepsilon}\left((u,+x)^{y+\varepsilon} - (u,+x)^y\right)$$
$$+ \frac{k.(k-\varepsilon)}{2\varepsilon^2}\left((u,+x)^{y+2\varepsilon} - 2(u,+x)^{y+\varepsilon} + (u,+x)^y\right)$$
$$+ \frac{k.(k-\varepsilon).(k-2\varepsilon)}{2.3\varepsilon^3}\left((u,+x)^{y+3\varepsilon} - 3(u,+x)^{y+2\varepsilon} + 3(u,+x)^{y+\varepsilon} - (u,+x)^y\right)$$

. . . .

wo ε eine willkürliche Grösse ist.

II. Nach der Grund-Gleichung (283.) ist

$$414.\quad \begin{cases}(u,+x)^{y+\varepsilon} = (u,+x)^y.(u+yx,+x)^\varepsilon \\ (u,+x)^{y+2\varepsilon} = (u,+x)^y.(u+yx,+x)^{2\varepsilon} \text{ etc.}\end{cases}$$

Entwickelung der Facultäten

Substituirt man Dieses in (413.) so erhält man

415. $(u, + x)^{y+k} =$

$$(u, + x)^y \Big[1 + \frac{k}{\varepsilon} . \Big((u + yx, + x)^\varepsilon - 1 \Big)$$

$$+ \frac{k.(k-\varepsilon)}{2\varepsilon^2} . \Big(((u + yx, + x)^{2\varepsilon} - 2 (u + yx, + x)^\varepsilon + 1 \Big)$$

$$+ \frac{k.(k-\varepsilon).(k-2\varepsilon)}{2.3\varepsilon^3} . \Big((u + yx, + x)^{3\varepsilon} - 3 (u + yx, + x)^{2\varepsilon} + 3 (u + yx, + x)^\varepsilon - 1 \Big)$$

$$\ldots\ldots\ldots \Big]$$

III. Dieser Ausdruck ist zu einer reinen Entwickelung einer Facultät, die selber keine Facultäten mehr, wie die bisherigen Ausdrücke, sondern nur etwa *Factoriellen* enthält, geeignet, Man erhält, wenn man $y = 0$ und $k = y$ setzt,

416. $(u, + x)^y = 1 + \frac{y}{\varepsilon} \Big((u, + x)^\varepsilon - 1 \Big)$

$$+ \frac{y.(y-\varepsilon)}{2\varepsilon^2} \Big((u, + x)^{2\varepsilon} - 2 (u, + x)^\varepsilon + 1 \Big)$$

$$+ \frac{y.(y-\varepsilon).(y-2\varepsilon)}{2.3\varepsilon^3} \Big((u, + x)^{3\varepsilon} - 3 (u, + x)^{2\varepsilon} + 3 (u, + x)^\varepsilon - 1 \Big)$$

$$\ldots\ldots\ldots\ldots\ldots$$

oder, nach der Bezeichnungs-Art von (§. 64., V.)

417. $(u, + x)^y = 1 + \frac{y}{\varepsilon} . \frac{\Delta}{.^\varepsilon} ((u, + x)^0)$

$$+ \frac{y.(y-\varepsilon)}{2\varepsilon^2} \frac{\Delta^2}{(.^\varepsilon)^2} ((u, + x)^0)$$

$$\ldots\ldots\ldots$$

$$+ \frac{y.(y-\varepsilon)\ldots.(y-(n-1)\varepsilon)}{1.2.3\ldots.n\varepsilon^n} \frac{\Delta^n}{(.^\varepsilon)^n} ((u, + x)^0)$$

$$\ldots\ldots\ldots\ldots$$

durch Veränderung des Exponenten.

Da die Grösse ε in diesem Ausdrucke *willkürlich* ist, und man also auch beliebige *ganze* Zahlen dafür annehmen kann, so enthält der Ausdruck nicht mehr *Facultäten*, sondern nur *Factoriellen*, oder *Producte äquidifferenter Factoren*, welche durch blosse Multiplication berechnet werden können.

IV. Setzt man das willkürliche $\varepsilon = 1$, so erhält man

$$418.\quad (u, + x)^y = 1 + y\Big((u, + x)^1 - 1\Big) + \frac{y.(y-1)}{2}\Big((u, + x)^2 - 2(u, + x)^1 + 1\Big) + \frac{y.(y-1).(y-2)}{2.3}\Big((u, + x)^3 - 3(u, + x)^2 + 3(u, + x)^1 - 1\Big)$$

. . . .

V. Setzt man hierin $u = 1$, so erhält man

$$419.\quad (1, + x)^y = 1 + \frac{y(y-1)}{2}\Big((1 + x)^2 - 2(1, + x)^1 + 1\Big) + \frac{y.(y-1).(y-2)}{2.3}\Big((1, + x)^3 - 3(1, + x)^2 + 3(1, + x)^1 - 1\Big)$$

. . . .

Dieses ist die, weiter oben, durch gewöhnliche Hülfsmittel gefundene Reihe (339.). Erst hier aber sieht man das Gesetz der Fortschreitung der Coefficienten zu $\frac{y.(y-1)}{2}$, $\frac{y.(y-1).(y-2)}{2.2}$ etc.; zugleich aber, dass der weiter oben gefundene Ausdruck nur ein einzelner besonderer Fall des gegenwärtigen allgemeinen Ausdrucks (416.) ist.

Entwickelung der Facultäten

VI. Setzt man x = 1, so erhält man

$$420.\quad (u,+1)^{y} = 1 + y\left(u,+1^{1}-1\right)$$
$$+\frac{y.(y-1)}{2}\left((u,+1)^{2}-2(u,+1)^{1}+1\right)$$
$$+\frac{y.(y-1).(y-1)}{2.3}\left((u,+1)^{3}-3(u,+1)^{2}+3(u,+1)^{1}-1\right)$$

. . . .

VII. Setzt man endlich auch noch $u = 1$, so erhält man

$$421.\quad (1,+1)^{y} = 1+y\left(1.2-1\right)+\frac{y.(y-1)}{2}\left(1.2.3-2\times1.2+1\right)$$
$$+\frac{y(y-1).(y-2)}{2.3}\left(1.2.3.4-3\times1.2.3+3.1.2-1\right)....$$

welches der einfachste, *ganz entwickelte* Ausdruck einer beliebigen Facultät ist.

VIII. Die Reihen (418, 419, 420, 421.) lassen sich, wie leicht zu sehen, auch auf die Weise, wie (417.) mit dem allgemeinen Gliede schreiben. Sie convergiren nicht nothwendig immer, weil die $n$te Differenz von Facultäten mit steigenden Exponenten, für $n = \infty$ nicht nothwendig Null ist.

IX. Alle diese Gleichungen enthalten den binomischen Potestäten-Satz als einen einzelnen Fall. Denn man setze z. B. in den Ausdruck (414.) x = 0, so erhält man

durch Veränderung des Exponenten.

422. $$u^y = 1 + \frac{y}{\varepsilon}(u^\varepsilon - 1) + \frac{y.(y-\varepsilon)}{2\varepsilon^2}(u^\varepsilon - 1)^2 + \frac{y.(y-\varepsilon).(y-2\varepsilon)}{2.3\varepsilon^3}(u^\varepsilon - 1)^3 \ldots.$$

Dieses giebt für $\varepsilon = 1$,

423. $$u^y = 1 + y(u-1) + \frac{y.(y-1)}{2}(u-1)^2 + \frac{y.(y-1).(y-2)}{2.3}(u-1)^3 \ldots.$$

und wenn man u statt $u-1$ schreibt,

424. $$(1+u)^y = 1 + y.u + \frac{y.(y-1)}{2}u^2 + \frac{y(y-1).(y-2)}{2.3}u^3 \ldots,$$

welches der binomische Potestäten-Satz ist.

X. Die Summe der *letzten Theile* der Glieder in den Ausdrücken der Facultät $(u, +x)^y$ (413, 415, 416 und 417.) ist für einen positiven Exponenten y allemal Null. Denn z. B. in (416.) ist die Summe dieser Glieder

425. $$1 - \frac{y}{\varepsilon} + \frac{1}{2}\frac{y}{\varepsilon}\left(\frac{y}{\varepsilon} - 1\right) - \frac{1}{2.3}\frac{y}{\varepsilon}.\left(\frac{y}{\varepsilon} - 1\right).\left(\frac{y}{\varepsilon} - 2\right) \ldots$$

welches gleich

$$(1-1)^{\frac{y}{\varepsilon}} = 0$$

ist. Für einen negativen Exponenten y ist hingegen die Summe dieser Glieder nicht Null, sondern unendlich gross. Daher dürfen die Glieder nicht *allgemein* weggelassen werden.

Entwickelung der Facultäten

67.

I. Die *erste Ableitung* einer Facultät, nach dem Exponenten genommen, findet man aus der Gleichung (415.). Sie ist nichts anders, als

$$426. \quad \frac{d}{y}(u,+x)^y = \frac{(u,+x)^{y+k} - (u,+x)^y}{k},$$

für k gleich Null. Dieses giebt, vermöge der Gleichung (415.)

$$427. \quad \frac{d}{y}(u,+x)^y = \frac{(u,+x)^y}{\varepsilon}\Big[\frac{\Delta}{\varepsilon}(u+yx,+x)^0$$

$$-\frac{1}{2}\frac{\Delta^2}{(.^\varepsilon)^2}(u+yx,+x)^0$$

$$+\frac{1}{2.3}\frac{\Delta^3}{(.^\varepsilon)^3}(u+yx,+x)^0 \dots\Big]$$

II. Die erste Ableitung des Logarithmen einer Facultät, nach dem Exponenten genommen,

ist gleich $\dfrac{\frac{d}{y}(u,+x)^y}{(u,+x,)^y}$ also, vermöge (427.)

$$428. \quad \frac{d}{y}^{\circ}\left((u,+x)^y\right) = \frac{\Delta}{.^\varepsilon}(u+yx,+x)^0$$

$$-\frac{1}{2}\frac{\Delta^2}{(.^\varepsilon)^2}(u+yx,+x)^0$$

$$-\frac{1}{2.3}\frac{\Delta^3}{(.^\varepsilon)^3}(u+yx,+x)^0$$

$$\cdots\cdots\cdots\cdots$$

$$\pm\frac{1}{2.3\dots n}\frac{\Delta^n}{(.^\varepsilon)^n}(u+yx,+x)^0$$

durch Veränderung des Exponenten.

68.

Den Logarithmen selbst von einer Facultät, durch Veränderung des Exponenten, findet man aus dem allgemeinen Taylorschen Lehrsatze, wie folgt.

I. Man setze nemlich in diesen Satz (344.) y statt x und ${}^e(u,+x)^y$ statt fy, so erhält man

429. $${}^e(u,+x)^{y+k} = {}^e(u,+x)^y + \frac{k}{\varepsilon}\left({}^e(u,+x)^{y+\varepsilon} - {}^e(u,+x)^y\right)$$
$$+\frac{k.(k-\varepsilon)}{2\varepsilon^2}\left({}^e(u,+x)^{y+2\varepsilon} - 2\,{}^e(u,+x)^{y+\varepsilon} + {}^e(u,+x)^y\right)$$
$$\ldots\ldots\ldots\ldots\ldots$$

II. Dieses giebt für $y = 0$ und $k = y$,

430. $${}^e(u,+x)^y = \frac{y}{\varepsilon}\left({}^e(u,+x)^\varepsilon - {}^e(u,+x)^0\right)$$
$$+\frac{y.(y-\varepsilon)}{2\varepsilon^2}\left({}^e(u,+x)^{2\varepsilon} - 2\,{}^e(u,+x)^\varepsilon + {}^e(u,+x)^0\right)$$
$$\ldots\ldots\ldots\ldots\ldots,$$

oder

431. $${}^e(u,+x)^y = \frac{y}{\varepsilon}.\frac{\Delta}{\varepsilon}\,{}^e(u,+x)^0 + \frac{y.(y-\varepsilon)}{2\varepsilon^2}\,\frac{\Delta^2}{(.^\varepsilon)^2}\,{}^e(u,+x)^0 \ldots\ldots$$
$$\ldots\ldots + \frac{y.(y-\varepsilon)\ldots.(y-(n-1)\varepsilon)}{2.3\ldots.n.\varepsilon^n}.\frac{\Delta^n}{(.^\varepsilon)^n}\,{}^e(u,+x)^0\ldots\ldots,$$

wo ε willkürlich ist.

III. Setzt man das willkürliche ε gleich 1, so erhält man

432. $${}^e(u,+x)^y = y\left({}^e(u,+x)^1 - {}^e(u,+x)^0\right)$$
$$+\frac{y.(y-1)}{2}\left({}^e(u,+x)^2 - 2\,{}^e(u,+x)^1 + {}^e(u,+x)^0\right)$$
$$\ldots\ldots\ldots\ldots\ldots,$$

Entwickelung der Facultäten

oder

433. $^{e}(u,+x)^{y} = y\frac{\Delta}{.^{1}}\,^{e}(u,+x)^{e} + \frac{y.(y-1)}{1.2}\frac{\Delta^{2}}{(.^{1})^{2}}\,^{e}(u,+x)^{e} \ldots$

$$\ldots + \frac{y.(y-1)\ldots(y-(n-1))}{1.2\ldots n}\frac{\Delta^{n}}{(.^{1})^{n}}\,^{e}(u,+x)^{0} \ldots$$

IV. Das allgemeine Glied in diesem Ausdrucke ist

434. $\frac{\Delta^{n}}{(.^{\varepsilon})^{n}}\,^{e}(u,+x)^{e} = {}^{e}(u,+x)^{n} - n\,^{e}(u,+x)^{n-1}$

$$+ \frac{n.(n-1)}{2}.\,^{e}(u,+x)^{n-2} \ldots \pm {}^{e}(u,+x)^{0}$$

wo n eine ganze positive Zahl bezeichnet. Das erste Glied dieser Grösse ist gleich

$^{e}\big(u(u+x).(u+2x)\ldots(u+(n-1)x)\big)$, oder gleich

$$^{e}u + {}^{e}(u+x) + {}^{e}(u+2x) \ldots + {}^{e}(u+(n-1)x).$$

Auf eine ähnliche Weise lassen sich die übrigen Glieder zerlegen.

Die Grösse (434.) lässt sich also in

$$435. \begin{cases} ^{e}u + {}^{e}(u+x) + {}^{e}(u+2x) + {}^{e}(u+3x) \ldots + {}^{e}(u+(n-1)x) \\ -n\left({}^{e}u + {}^{e}(u+x) + {}^{e}(u+2x) + {}^{e}(u+3x) \ldots + {}^{e}(u+(n-2)x)\right) \\ +\frac{n.(n-1)}{2}\left({}^{e}u + {}^{e}(u+x) + {}^{e}(u+2x) \ldots + {}^{e}(u+(n-3)x)\right) \\ \ldots\ldots\ldots\ldots \\ \pm\,^{e}1 \end{cases}$$

verwandeln, welches, wie leicht zu sehen, gleich

durch Veränderung des Exponenten.

$$436. \begin{cases} \left((1-n+\frac{n.(n-1)}{2}\ldots\pm 1)\pm' 1\right)^{e}u \\ +\left((1-n+\frac{n.(n-1)}{2}\ldots\pm 1)\mp(1-(n-1))\right)^{e}(u+x) \\ +\left((1-n+\frac{n.(n-1)}{2}\ldots\pm 1)\pm(1-(n-1)\right. \\ \qquad\left.+\frac{(n-1).(n-2)}{2})\right)^{e}(u+2x) \\ \ldots\ldots\ldots\ldots \end{cases}$$

ist. Dieses giebt, weil für jedes ganze positive n,

$$1-n+\frac{n.n-1}{2}\ldots\pm 1=(1-1)^{n}=0 \text{ ist,}$$

$$437. \frac{\Delta^{n}}{(.\varepsilon)^{n}_{,}}{}^{e}(u+x)^{0}=\pm\Big({}^{e}(u+(n-1)x)-(n-1).{}^{e}(u+(n-2)x)$$
$$+\frac{(n-1).(n-2)}{2}.{}^{e}(u+(n-3)x)\ldots\pm{}^{e}u\Big)$$

oder

$$\frac{\Delta^{n}}{(.\varepsilon)^{n}}{}^{e}(u,+x)^{0}=\pm\frac{\Delta^{n-1}}{x^{n-1}}.{}^{e}u.$$

V. Substituirt man Dieses in den Ausdruck (433.), so erhält man

$$438. \quad {}^{0}(u,+x)^{y}=$$
$$y.{}^{e}u-\frac{y.(y-1)}{2}.{}^{e}\left(\frac{u}{u+x}\right)+\frac{y.(y-1).(y-2)}{2.3}.{}^{e}\left(\frac{u.(u+2x)}{(u+x)^{2}}\right)$$
$$-\frac{y.(y-1).(y-2).(y-3)}{2.3.4}.{}^{e}\left(\frac{u.(u+2x)^{3}}{(u+x)^{3}(u+3x)}\right)\ldots$$
$$\pm\frac{y.(y-1)\ldots(y-(n-1))}{2.3.4\ldots n}.\frac{\Delta^{n-1}}{x^{n-1}}.{}^{e}u\ldots$$

Entwickelung der Facultäten

welches der Ausdruck des Logarithmen ${}^{e}(u, + x)^{y}$ einer beliebigen Facultät ist, wie ihn die Ableitung nach dem Exponenten giebt.

Der Ausdruck convergirt *immer*, so lange u und x positiv sind, aus einem ähnlichen Grunde, wie (§. 65., X.).

VI. Setzt man $u = 1$ und $x = 1$, wodurch also zugleich die Bedingung für die Convergenz erfüllt wird, so erhält man

$$439.\quad {}^{e}(1 + 1)^{y} = \frac{(1-y).y}{2}\Big({}^{e}\Big(\frac{1}{2}\Big) - \frac{y-2}{3}\,{}^{e}\Big(\frac{3}{4}\Big) + {}^{e}\frac{(y-2).(y-3)}{3.4}\,{}^{e}\Big(\frac{24}{32}\Big) - \frac{(y-2)(y-3).(y-4)}{3.4.5}\,{}^{e}\Big(\frac{3645}{4069}\ldots\Big)$$

welches der für jeden Exponenten y geltende und convergirende Ausdruck einer Facultät ist, deren Basis und Differenz gleich 1 sind, und auf welche sich, dem Obigen zu Folge, alle andre Facultäten bringen lassen.

VII. Für $y = 1$ giebt der Ausdruck (438.)

$$440.\quad {}^{e}(u, + x)^{1} = {}^{e}u,$$

wie gehörig, weil die Facultät ${}^{e}(u, + x)^{y}$, für $y = 1$, ihrer Basis u gleich ist.

Entwickelung der Facultäten durch Veränderung der Differenzen.

69.

I. Wenn sich die *Differenz* x einer Facultät $(u, + x)^{y}$, z. B. um k verändert, so geht die Facultät

durch Veränderung der Differenzen.

in $(u, + x + k)^y$ über. Betrachtet man sie daher als von x abhängig, so darf man nur, um sie durch den allgemeinen Taylorschen Satz (344.) zu entwickeln, in dieselbe $(u, + x)^y$ statt fx setzen. Dieses giebt

$$441.\ (u,+x+k)^y = (u,+x)^y + \frac{k}{\varepsilon}\Big((u,+x+\varepsilon)^y - (u,+x)^y\Big)$$
$$+ \frac{k.(k-\varepsilon)}{2\varepsilon^2}\Big((u,+x+2\varepsilon)^y - 2(u,+x+\varepsilon)^y + (u,+x)^y\Big)$$
$$+ \frac{k.(k-\varepsilon).(k-2\varepsilon)}{2.3\varepsilon^3}\Big((u,+x+3\varepsilon)^y - 3(u,+x+2\varepsilon)^y$$
$$+ 3(u,+x+\varepsilon)^y - (u,+x)^y\Big)$$

. . . .

wo ε eine willkürliche Grösse ist.

II. Setzt man $x = o$ und $k = x$, so erhält man

$$442.\ (u,+x)^y = (u,+o)^y + \frac{x}{\varepsilon}\Big((u,+\varepsilon)^y - (u,+o)^y\Big)$$
$$+ \frac{x.(x-\varepsilon)}{2\varepsilon^2}\Big((u,+2\varepsilon)^y - 2(u,+\varepsilon)^y + (u,+o)^y\Big) \ldots.$$

welches sich auch, wie folgt, schreiben lässt:

$$443.\ (u,+x)^y = (u,+o)^y + \frac{x}{\varepsilon}\frac{\Delta}{\varepsilon}(u.+o)^y + \frac{x.(x-\varepsilon)}{2\varepsilon^2}\frac{\Delta^2}{\varepsilon^2}(u,+o)^y$$
$$\ldots + \frac{x.(x-\varepsilon)\ldots.(x-(n-1)\varepsilon)}{2.3\ldots.\varepsilon^n}\frac{\Delta^n}{\varepsilon^n}(u,+o)^y$$

70.

Die erste Ableitung der Facultät $(u, + x)^y$, nach der Differenz x genommen, ist

Entwickelung der Facultäten

$$\frac{d}{x}(u,+x)^y = \frac{(u,+x+k)^y - (u,+x)^y}{k} \text{ für } k = 0.$$

Dieses giebt, vermöge der Gleichung (441.),

$$444.\ \frac{d}{x}(u,+x)^y = \frac{1}{\varepsilon}\Big[(u,+x+\varepsilon)^y - (u,+x)^y$$
$$- \tfrac{1}{2}\big((u,+x+2\varepsilon)^y - 2(u,+x+\varepsilon)^y + (u,+x)^y\big) \ldots\Big]$$

71.

Den Logarithmen der Facultät $(u,+x)^y$ erhält man durch Veränderung der Differenz x, wenn man in den allgemeinen Taylorschen Lehrsatz ${}^e(u,+x)^y$ statt fx setzt, welches

$${}^e(u,+x+k)^y = {}^e(u,+x)^y + \frac{k}{\varepsilon}\big({}^e(u,+x+\varepsilon)^y - {}^e(u,+x)^y\big)$$
$$+ \frac{k.(k-\varepsilon)}{2\varepsilon^2}\big({}^e(u,+x+2\varepsilon)^y - 2\,{}^e(u,+x+\varepsilon)^y + {}^e(u,+x)^y\big)$$
$$\ldots\ldots\ldots\ldots\ldots,$$

und für $x = 0$ und $k = x$,

$$445.\ {}^e(u,+x)^y = {}^e(u,+0)^y + \frac{x}{\varepsilon}\big({}^e(u,+\varepsilon)^y - {}^e(u,+0)^y\big)$$
$$+ \frac{x.(x-\varepsilon)}{2\varepsilon^2}\big({}^e(u,+2\varepsilon)^y - 2\,{}^e(u,+\varepsilon)^y + {}^e(u,+0)^y\big)$$
$$\ldots\ldots\ldots\ldots\ldots$$

giebt.

72.

Wollte man diese Ausdrücke weiter entwikkeln, so müsste man noch erst eine *vierte* Grund-

Gleichung für die Facultäten aufstellen, weil die drei obigen Grund-Gleichungen, auf welche alle bisherigen Entwickelungen beruhen, *ein unverändertes Verhältniss zwischen der Basis und Differenz der Facultäten* voraussetzen, wie solches aus der zweiten Grund-Gleichung (284.) deutlich zu sehen ist.

Diese vierte Grund-Gleichung, welche allerdings, ohne die bisherigen drei Grund-Gleichungen und die daraus abgeleiteten Ausdrücke zu modificiren, oder ihnen zu widersprechen, für sich allein aufgestellt werden kann, weil sie zu den bisherigen Ausdrücken nicht nöthig war, und also für sie völlig gleichgültig ist, würde für die Facultäten sein, was die Gleichung

$$(u^y)k = u^{yk}$$

für die Potestäten ist.

Da sie allemal so gebildet werden muss, dass sie den Fall der Factoriellen oder rationalen Facultäten mit umschliesst, so könnte man darauf wie folgt kommen.

I. Man schreibe die rationale Facultät $(u, +x)^{mn}$, wo also m und n ganze Zahlen sind, wie folgt

446. $$u.(u+mx).(u+2mx).(u+3mx) \ldots (u+(n-1).mx)$$
$$\times(u+x)(u+(m+1)x).(u+(2m+1)x).(u+(3m+1)x) \ldots (u+((n-1).m+1)x)$$
$$\times(u+2x).(u+(m+2)x).(u+(2m+2)x).(u+(3m+2)x) \ldots (u+(n-1).m+2)x)$$
$$\cdot \quad \cdot \quad \cdot \quad \cdot \quad \cdot \quad \cdot \quad \cdot \quad \cdot \quad \cdot \quad \cdot \quad \cdot \quad \cdot \quad \cdot \quad \cdot \quad \cdot \quad \cdot \quad \cdot \quad \cdot \quad \cdot$$
$$\times(u+(m-1)x).(u+(m+m-1)x).(u+(2m+m-1)x) \ldots (u+((n-1).m+2)x)$$

so ist leicht zu sehen, dass dieselbe auch als ein

Entwickelung der Facultäten

Product von m einzelnen *Factoriellen* betrachtet werden kann, nemlich als das Product

447. $(u,+x)^{mn} = (u,+mx)^n . (u+x,+mx)^n . (u+2x,+mx)^n \ldots$

welches sich auch, wenn man will, von Neuem wieder als Factoriellen, oder gleichsam als *Factoriellen zweiter Ordnung*, wie folgt, schreiben lässt

448. $$(u,+x)^{mn} = \left((u,+x,+mx)^n\right)^m.$$

II. Diese für *Factoriellen* oder rationale Facultäten, also für ganzzahlige m und n geltenden Ausdrücke kann man nun auf *Facultäten* ausdehnen, das heisst, *den Ausdruck auch dann gelten lassen, wenn m und n nicht g a n z e, sondern b e l i e b i g e Zahlen sind.*

III. Wäre blos m und nicht nothwendig zugleich n eine ganze Zahl, welches der obige Fall der Ausdrücke (442 und 445.) ist, so wäre $(u,+x)^{mn}$ ein Product von m *Facultäten*, deren Basen die Reihe $u, u+x, u+2x \ldots u+(m-1)x$ bilden, wie (447.) aber nicht mehr von m Factoriellen oder Producten äquidifferenter Factoren, wie (446.).

Diese Factoren kann man nun auch weiter auf einerlei Basis bringen. Nemlich, vermöge der Grund-Gleichung (283.) ist

449. $$(u+yx,+x)^k = \frac{(u,+x)^{y+k}}{(u,+x)^y}.$$

Dieses giebt, wenn man mx statt x setzt,

durch Veränderung der Differenzen.

450. $(u+myx,+mx)^{k}=\frac{(u,+mx)^{y+k}}{(u,+mx)^{y}}$,

also

451. $$\begin{cases}(u+x,+mx)^{n}=\dfrac{(u,+mx)^{\frac{1}{m}+n}}{(u,+mx)^{\frac{1}{m}}}\\[2ex](u+2x,+mx)^{n}=\dfrac{(u,+mx)^{\frac{2}{m}+n}}{(u,+mx)^{\frac{2}{m}}}\end{cases}$$

etc., also in (447.)

452. $(u,+x)^{mn}=$

$$\frac{(u,+mx)^{n}.(u,+mx)^{n+\frac{1}{m}}.(u,+mx)^{n+\frac{2}{m}}....(u,+mx)^{n+\frac{n-1}{m}}}{(u,+mx)^{\frac{1}{m}}.(u,+mx)^{\frac{2}{m}}....(u,+mx)^{\frac{n-1}{m}}}$$

IV. Wenn man aus diesem, oder dem Ausdrucke (447.), auf irgend eine Weise, mit Hülfe der frühern Ausdrücke, die Grösse $(u,+mx)^{n}$ entwickelt und in $(u,+x)^{mn}$ und Facultäten, deren Differenz nicht mehr mx, sondern x ist, ausgedrückt hat, so kann man alsdann in den Ausdrücken (442 und 445.) die Facultäten $(u,+2\varepsilon)^{y}$, $(u,+3\varepsilon)^{y}$ etc. auf Facultäten wie $(u,+\varepsilon)^{y}$, deren Differenz nicht mehr 2ε, 3ε ...., sondern bloss ε ist, bringen und danach die Ausdrücke (442 und 445.) umformen.

Da aber diese Umformungen, wenigstens zu dem Zwecke, den *Zahlen-Werth* von Facultäten und die

Zusammenstellung der bisherigen,

Form der Reihen, durch welche sie ausgedrückt werden können, zu finden, nicht mehr wesentlich nöthig ist; weil schon oben diese Aufgabe auf verschiedene Weise gelöset worden, so wollen wir sie für dieses Mal dahingestellt sein lassen.

Zusammenstellung der bisherigen, die Facultäten betreffenden Ausdrücke.

73.

I. Grund-Gleichungen.

453. $(u,+x)^{y+k}=(u,+x)^y.(u+yx,+x)^k$ (283.)

454. $(u,+x)^y=\frac{(mu,+mx)^y}{m^y}$ (284.)

455. $(u,+x)^1=u$ (285.)

II. Unmittelbare Folgerungen aus den Grund-Gleichungen.

466. $(u,+x)^{y+k}=(u,+x)^k(u+kx,+x)^y$ (289.)

457. $(u,+x)^y=\left(1,+\frac{x}{u}\right)^y.u^y$ (290.)

458. $(u,+x)^y=\left(\frac{u}{x},+1\right)^y.x^y$ (291.)

459. $(u,+x)^y=\frac{(1,+1)^{\frac{u}{x}+y-1}}{(1,+1)^{\frac{u}{x}-1}}.x^y$ (293.)

460. $(u,+k,+x)^y=\frac{(u,+x)^{\frac{k}{x}+y}}{(u,+x)^{\frac{k}{x}}}$ (294.)

die Facultäten betreffend. Ausdrücke.

461. $(u, + x)^0 = 1$ (295.)

462. $(u, + x)^{-y} = \dfrac{1}{(u - y x, + x)^y}$ (296.)

III. Allgemeine Taylorsche Entwickelungs-Formel.

463. $$f(x+k) = fx + \frac{k}{\varepsilon}\Big[f(x+\varepsilon) - fx\Big]$$
$$+ \frac{k.(k-\varepsilon)}{2\varepsilon^2}\Big[f(x+2\varepsilon) - 2f(x+\varepsilon) + fx\Big]$$
$$+ \frac{k.(k-\varepsilon).(k-2\varepsilon)}{2.3\varepsilon^3}\Big[f(x+3\varepsilon) - 3f(x+2\varepsilon) + 3f(x+\varepsilon) - fx\Big]$$

. . . .

$$+ \frac{k.(k-\varepsilon).(k-2\varepsilon)\ldots(k-(m-1)\varepsilon)}{2.3\ldots m\,\varepsilon^m}\Big[f(x+m\varepsilon) - mf(x+(m-1)\varepsilon)$$
$$+ \frac{m.(m-1)}{2} f(x+(m-2)\varepsilon)$$
$$- \frac{m.(m-1).(m-2)}{2.3} f(x+(m-3)\varepsilon)$$

. . . .

$$\pm fx\Big]$$

. . . . (344.)

oder

464. $$f(x+k) = fx + \left(\frac{k}{\varepsilon}, -1\right)^1 . \frac{\Delta}{\varepsilon} fx$$
$$+ \tfrac{1}{2}\left(\frac{k}{\varepsilon}, -1\right)^2 . \frac{\Delta^2}{\varepsilon^2} fx$$
$$+ \frac{1}{2.3}\left(\frac{k}{\varepsilon}, -1\right)^3 . \frac{\Delta^3}{\varepsilon^3} fx$$

. . . .

$$+ \frac{1}{1.2.3\ldots m}.\left(\frac{k}{\varepsilon}, -1\right)^m . \frac{\Delta^m}{\varepsilon^m} fx$$

. . . . (351.).

Die Grösse $\frac{\Delta^m}{\varepsilon^m} fx$ bedeutet die Differenz *m*ter Ordnung von den Grössen

$$fx,\ f(x+\varepsilon),\ f(x+2\varepsilon),\ f(x+3\varepsilon)\ldots.f(x+m\varepsilon),$$

so dass also

465. $\frac{\Delta^m}{\varepsilon^m} fx =$

$$f(x+m\varepsilon) - mf(x+(m-1)\varepsilon) \mp \frac{m.(m-1)}{1.2} f(x+(m-2)\varepsilon)$$
$$\ldots\ldots\ldots \pm fx.$$

IV. Ausdrücke für Facultäten, welche durch Veränderung der Basis gefunden werden.

466. $(u+k,+x)^y = (u,+x)^y + k(u,+x)^{y-1}.y$
$$+ \frac{k.(k+x)}{2}(u,+x)^{y-2}.y.(y-1)$$
$$+ \frac{k.(k+x).(k+2x)}{2.3}(u,+x)^{y-3}.y.(y-1).(y-2)$$
$$\ldots\ldots\ldots\ldots\ldots\ldots \quad (371.)$$

oder

467. $(u+k,+x)^y = (u,+x)^y + (k,+x)^1.(u,+x)^{y-1}.(y,-1)^1$
$$+(k,+x)^2.(u,+x)^{y-2}.(y,-1)^2$$
$$\ldots\ldots\ldots\ldots$$
$$+(k,+x)^m.(u,+x)^{y-m}.(y,-1)^2$$
$$\ldots\ldots\ldots\ldots$$

Dieses ist die Binomial-Formel für Facultäten.

468. $(u+k,+x)^y = (u,+k^y\Big[1 + \frac{ky}{x} + \frac{k.(k-x)}{2}\,\frac{y.(y-1)}{u.(u+x)}$
$$+ \frac{k.(k-x).(k-2x)}{2.3}.\frac{y.(y-1).(y-2)}{u.(u+x).(u+2x)}\ldots.\Big] \quad (379.)$$

die Facultäten betreffend. Ausdrücke.

469. $$(1,+1)^y = (x,+1)^y (x-1)\left[\frac{1}{x-1} - \frac{y}{x} + \frac{y.(y-1)}{2(x+1)} - \frac{y.(y-1).(y-2)}{2.3(x+2)} \ldots\right] \quad (382.)$$

wo x willkürlich ist. Für x = 2 ist

470. $$(1,+1)^y = (2,+1)^y\left[1 - \frac{y}{2} + \frac{y.(y-1)}{2.3} - \frac{y.(y-1).(y-2)}{2.3.4} \ldots\right] \quad (383.)$$

471. $$(1+k,+1)^y = (1,+1)^y k\,y\left[\frac{1}{ky} + 1 + \frac{(k-1)}{2}.\frac{(y-1)}{2} + \frac{(k-1).(k-2)}{2.3}.\frac{(y-1).(y-2)}{2.3} \ldots\right] \quad (384.)$$

472. $$(u,+1)^y = (1,+1)^{y-1}.u\left[y + \frac{(u-1)}{2}.y(y-1) + \frac{(u-1).(u-2)}{2.3}.y.(y-1).(y-2) \ldots\right] \quad (389.)$$

Diese Ausdrücke dienen, eine Facultät zu berechnen, wenn man eine andere mit der nemlichen Differenz und dem nemlichen Exponenten schon kennt. Die Ausdrücke (470 und 471.) convergiren *immer*, wenn y und k positiv sind.

473. $$\frac{d}{u}(u,+x)^y = (u,+x)^y\left[\frac{y}{u} - \frac{x}{2}\,\frac{y.(y-1}{u.(u+x)} + \frac{x^3}{5}\,\frac{y.(y-1).(y-2)}{u.(u+x).(u+2x)} \ldots\right]$$

Dieses ist der Ausdruck der *ersten Ableitung* der Facultät $(u,+x)^y$ nach der Basis u genommen.

474. $$\frac{d}{u}^e(u,+x)^y = \frac{y}{u} - \frac{x}{2}.\frac{y.(y-1)}{u.(u+1)} + \frac{x^3}{3}\,\frac{y.(y-1).(y-2)}{u.(u+x).(u+2x)} \ldots$$

Zusammenstellung der bisherigen,

Dieses ist der Ausdruck der *ersten Ableitung des natürlichen Logarithmen* der Facultät $(u,+x)^y$, nach der Basis u genommen.

475. $${}^e(u+k,+x)^y = {}^e(u,+x)^y$$
$$+\frac{k}{m.x}\left(\frac{\Delta}{\overset{m}{.}}{}^e(u+yx,+x)^0-\frac{\Delta}{\overset{m}{.}}{}^e(u,+x)^0\right)$$
$$+\frac{k.(k-mx)}{2.m^2x^2}\left(\frac{\Delta^2}{(\overset{m}{.})^2}{}^e(u+yx,+x)^0-\frac{\Delta^2}{(\overset{m}{.})^2}{}^e(u,+x)^0\right)$$
$$\cdots\cdots\cdots$$
$$+\frac{k.(k-mx)\ldots(k-(n-1)mx)}{2.3\ldots.n,m^n x^n}\left(\frac{\Delta^n}{(\overset{m}{.})^n}{}^e(u+yx,+x)^0-\frac{\Delta^n}{(\overset{m}{.})^n}{}^e(u,+x)^0\right)$$
$$\cdots\cdots\cdots$$

welches ein Ausdruck des natürlichen Logarithmen der Facultät ${}^e(u+k,+x)^y$ mit binomischer Basis ist. Die Zahl m ist willkürlich und die mit $\frac{\Delta}{\overset{m}{.}}$ bezeichneten Grössen bedeuten die Differenzen der verschiedenen Ordnungen von der Grösse, vor welcher sie stehen. Z. B. die Grösse $\frac{\Delta^n}{(\overset{m}{.})^n}{}^e(u+yx,+x)^0$, welche die übrigen mit umfasst, bedeutet die erste Differenz $n$ter Ordnung, der Grössen

$${}^e(u+yx,+x)^0,\ {}^e(u+yx,+x)^m,\ {}^e(u+yx,+x)^{2m},\ (u+yx,+x)^{3m}\ldots,$$

so dass also namentlich:

476. $$\frac{\Delta^n}{(\overset{m}{.})^n}{}^e(u+yx,+x)^0 = {}^e(u+yx,+x)^{nm}-n\,{}^e(u+yx,+x)^{(n-1)m}$$
$$+\frac{n.(n-1)}{2}{}^e(u+yx,+x)^{(n-2)m}\ldots\pm{}^e(u+yx,+x)^0$$

ist.

die Facultäten betreffend, Ausdrücke.

477. $$ {}^{e}(u+k,+x)^{y} = {}^{e}(u,+x)^{y} + \frac{k}{x}\left(\frac{\Delta}{x}\,{}^{e}(u+yx) - \frac{\Delta}{x}\,{}^{e}u\right) + \frac{k.(k-x)}{2x^{2}}\left(\frac{\Delta^{2}}{x^{2}}\,{}^{e}(u+yx) - \frac{\Delta^{2}}{x^{2}}\,{}^{e}u\right) + \frac{k.(k-x)\ldots(k-(n-1)x)}{2.3\ldots n\,x^{n}}\left(\frac{\Delta^{n}}{x^{n}}\,{}^{e}(u+yx) - \frac{\Delta^{n}}{x^{n}}\,{}^{e}u\right) \ldots $$

Dieses ist ein anderer Ausdruck des natürlichen Logarithmen der Facultät mit binomischer Basis $(u+k,+x)^{y}$. Die Grösse $\frac{\Delta^{n}}{x^{n}}\,{}^{e}(u+yx)$ ist die Differenz $n$ter Ordnung der Grössen

${}^{e}(u+yx)$, ${}^{e}(u+(y+1).x)$, ${}^{e}(u+(y+2).x)$, ${}^{e}(u+(y+3)x)\ldots$,

so dass also

478. $$ \frac{\Delta^{n}}{x^{n}}\,{}^{e}(u+xy) = {}^{e}\big(u+(y+n)x\big) - n.\,{}^{e}\big(u+(y+(n-1)x\big) + \frac{n.(n-1)}{2}\,{}^{e}\big(u+(y+n-2)x\big)\ldots \pm {}^{e}(u+yx) $$

ist.

Für $u = 1$ und $x = 1$ ist

479. $$ {}^{e}(1+k,+1)^{y} = {}^{e}(1,+1)^{y} + k\left(\frac{\Delta}{1}\,{}^{e}(1+y) - \frac{\Delta}{1}\,{}^{e}1\right) + \frac{k.(k-1)}{2}\left(\frac{\Delta^{2}}{1^{2}}\,{}^{e}(1+y) - \frac{\Delta^{2}}{1^{2}}\,{}^{e}1\right) \ldots + \frac{k.(k-1)\ldots(k-(n-1))}{1.2\ldots n}\left(\frac{\Delta^{n}}{1^{n}}\,{}^{e}(1+y) - \frac{\Delta^{n}}{1^{n}}\,{}^{e}1\right) $$

Die Reihe (478.) convergirt immer, so lange u, x und $u + yx$ positiv sind, von welchen Bedingungen die beiden ersten von der Reihe (479.) erfüllt werden. Die Reihen dienen, den Logarithmen einer Facultät zu berechnen, wenn man den Logarithmen einer andern Facultät, mit der nemlichen Differenz und Basis, schon kennt.

V. *Ausdrücke für Facultäten, welche durch Veränderung des Exponenten gefunden werden.*

480. $$(u,+x)^y = 1 + \frac{y}{\varepsilon}\left((u,+x)^{\varepsilon} - 1\right)$$
$$+ \frac{y.(y-\varepsilon)}{2}\left((u,+x)^{2\varepsilon} - 2(u,+x)^{\varepsilon} + 1\right)$$
$$+ \frac{y.(y-\varepsilon).(y-2\varepsilon)}{2.3\varepsilon^3}\left((u,+x)^{3\varepsilon} - 3(u,+x)^{2\varepsilon} + 3(u,+x)^{\varepsilon} - 1\right)$$
. . . . (416.)

oder

481. $$(u,+x)^y = 1 + \frac{y}{\varepsilon}.\frac{\Delta}{.\varepsilon}(u,+x)^0$$
$$+ \frac{y.(y-\varepsilon)}{2\varepsilon^2}.\frac{\Delta^2}{(.\varepsilon)^2}(u,+x)^0$$
. . . .
$$+ \frac{y.(y-\varepsilon)\dots(y-(n-1)\varepsilon)}{2.3\dots n\varepsilon^n}.\frac{\Delta^n}{(.\varepsilon)^n}(u,+x)^0 \quad (417.)$$
. . . .

Die Bedeutung der Grösse $\frac{\Delta^n}{(.\varepsilon)^n}(u,+x)^0$ zeigt sich an dem Ausdrucke (483.) deutlich genug.

die Facultäten betreffend. Ausdrücke.

Für $\varepsilon = 1$ ist

482. $$(u, +x)^y = 1 + y\Big((u, +x)^1 - 1\Big)$$
$$+ \frac{y.(y-1)}{2}\Big((u, +x)^2 - 2(u, +x)^1 + 1\Big)$$
$$+ \frac{y.(y-1).(y-2)}{2.3}\Big((u, +x)^3 - 3(u, +x)^2 + 3(u, +x)^1 - 1\Big)$$
$$\ldots \ldots \ldots \ldots \ldots \ldots \quad (418.)$$

Für $u = 1$ und $x = 1$ ist

483. $$(u, +1)^y = 1 + y(1.2 - 1)$$
$$+ \frac{y.(y-1)}{2}(1.2.3 - 2.1.2 + 1)$$
$$+ \frac{y.(y-1).(y-2)}{2.3}(1.2.3.4 - 3.1.2.3 + 3.1.2 - 1).$$
$$\ldots \ldots \ldots \ldots \ldots \ldots \quad (421.)$$

Diese Ausdrücke sind sämmtlich *reine Entwickelungen* der Facultät $(u, + x)^y$; allein sie convergiren nicht nothwendig. Dieses ist erst insbesondere bei den Ausdrücken des Logarithmen einer Facultät der Fall.

484. $$\frac{d}{y}(u, +x)^y = \frac{(u, +x)^y}{\varepsilon}\Big[\frac{\Delta}{.\varepsilon}(u + yx, +x)^0$$
$$- \tfrac{1}{2}\frac{\Delta^2}{(.\varepsilon)^2}(u + yx, +x)^0$$
$$+ \frac{1}{2.3}\frac{\Delta^3}{(.\varepsilon)^3}(u + yx, +x)^0$$
$$- \ldots \ldots \ldots \Big] \quad (427.)$$

Dieses ist der Ausdruck der ersten Ableitung einer Facultät, nach dem Exponenten genommen.

Zusammenstellung der bisherigen,

$$485.\quad \frac{d}{y}\,{}^{e}(u,+x)^{y} = \frac{\Delta}{.e}(u+yx,+x)^{0}$$
$$-\frac{1}{2}\frac{\Delta^{2}}{(.e)^{2}}(u+yx,+x)^{0}$$
$$+\frac{1}{2.3}\frac{\Delta^{3}}{(.e)^{3}}(u+yx,+x)^{0}$$
$$\dots\dots\dots\dots \quad (428.)$$

Dieses ist der Ausdruck der ersten Ableitung des natürlichen Logarithmen einer Facultät, nach dem Exponenten genommen.

$$486.\quad {}^{e}(u,+x)^{y} =$$
$$y.{}^{e}u - \frac{y.(y-1)}{2}.{}^{e}\left(\frac{u}{u+x}\right) + \frac{y.(y-1).(y-2)}{2.3}.{}^{e}\left(\frac{u(u+2x)}{(u+)^{2}}\right)$$
$$-\frac{y.(y-1).(y-2).(y-3)}{2.3.4}.{}^{e}\left(\frac{u.(u+2x)^{3}}{(u+x)^{3}(u+3x)}\right)+\dots \quad (438.)$$

oder

$$487.\ {}^{e}(u,+x)^{y} = y.{}^{e}u - \frac{y.(y-1)}{2}.\frac{\Delta}{x}({}^{e}u) + \frac{y.(y-1).(y-2)}{2.3}.\frac{\Delta^{2}}{x^{2}}({}^{e}u)\dots$$
$$\dots \pm \frac{y.(y-1).(y-2)\dots(y-(n-1))}{1.2.3\dots n}.\frac{\Delta^{n-1}}{x^{n-1}}({}^{e}u)\dots \quad (438.)$$

wo

$$488.\quad \frac{\Delta^{n-1}}{x^{n-1}}({}^{e}u) = {}^{e}(u+(n-1)x) - (n-1)\,{}^{e}(u+(n-2)x)$$
$$+\frac{(n-1).(n-2)}{2}\,{}^{e}(u+(n-3)x)\dots \pm {}^{e}u$$

ist.

Für $u=1$ und $x=1$ ist

die Facultäten betreffend. Ausdrücke.

$$489.\ {}^{e}(1,+1)^{y} = \frac{y.(y-1)}{2}\left({}^{e}2 - \frac{(y-2)}{3}{}^{e}.\left(\frac{4}{3}\right) + \frac{(y-2).(y-3)}{3.4}{}^{e}.\left(\frac{32}{24}\right)\right.$$

$$- \frac{(y-2).(y-3).(y-4)}{3.4.5}{}^{e}.\left(\frac{4096}{3645}\right)\ldots\ldots$$

$$\ldots\ldots + \frac{(y-2).(y-3)\ldots.(y-(n-1))}{3.4\ldots.n}.\frac{\Delta^{n-1}}{1^{n-2}}({}^{e}1)\ldots.\ (439.)$$

Diese Ausdrücke geben die Werthe des natürlichen Logarithmen einer beliebigen Facultät. Sie convergiren *immer*, so lange u und x *positiv* sind. Der Ausdruck (489.) also convergirt unter allen Umständen. Dieser Ausdruck wäre daher vorzüglich zur Berechnung der Zahlen-Werthe von Facultäten geschickt. Er ist auch für alle Fälle hinreichend, weil sich alle Facultäten, vermittelst des Ausdrucks (459.) auf die Facultät $(1, +1)^{y}$ bringen lassen.

Da in (489.) wie man sieht nur die eine veränderliche Grösse y vorkommt, so lassen sich auch für Facultäten bequem Tabellen berechnen, wie für Logarithmen.

VI. Ausdrücke für Facultäten, welche durch Veränderung der Differenz gefunden werden.

$$490.\ (u,+x)^{y} = (u,+0)^{y} + \frac{x}{\varepsilon}\left[(u,+\varepsilon)^{y} - (u,+0)^{y}\right]$$

$$+ \frac{x.(x-\varepsilon)}{2\varepsilon^{2}}\left[(u,+2\varepsilon)^{y} - 2(u,+\varepsilon)^{y} + (u,+0)^{y}\right]$$

$$\ldots\ldots\ldots\ldots\ldots\ldots\ (442.)$$

Zusammenstellung der bisherigen,

oder

491. $(u, +x)^y = (u, +0)^y + \frac{x}{\varepsilon}\frac{\Delta}{\varepsilon}(u. +0)^y + \frac{x.(x-\varepsilon)}{2\varepsilon^2}.\frac{\Delta^2}{\varepsilon^2}(u, +0)^y$

$\ldots + \frac{x.(x-\varepsilon)\ldots(x-(n-1)\varepsilon)}{2.3\ldots\varepsilon^n}.\frac{\Delta^n}{\varepsilon^n}(u, +0)^y \ldots$ (443.)

492. $\frac{d}{x}(u, +x) = \frac{1}{\varepsilon}\Big[(u, +x+\varepsilon)^y - (u, +x)^y$

$- \frac{1}{2}\Big((u, +x+2\varepsilon)^y - 2(u, +x+\varepsilon)^y + (u, +x)^y\Big)$

$\ldots\ldots\Big]$ (443.)

493. ${}^e(u, +x)^y = {}^e(u, +0)^y + \frac{x}{\varepsilon}\Big({}^e(u, +\varepsilon)^y - {}^e(u, +0)^y\Big)$

$+ \frac{x.(x-\varepsilon)}{2\varepsilon^2}\Big({}^e(u, +2\varepsilon)^y - 2\,{}^e(u, +\varepsilon)^y + {}^e(u, +0)^y\Big)$

$\ldots\ldots\ldots\ldots\ldots\ldots$ (445.)

VII. *Vierte Grund-Gleichung für Facultäten.*

494. $(u, +x)^{mn} = \Big((u, +x, +mx)^n\Big)^m.$ (448.)

Dieses giebt, wenn m, nicht aber nothwendig n, eine ganze Zahl ist,

495. $(u, +x)^{mn} = (u, +mx)^n.(u+x, +mx)^n.(u+2x, +mx)^n\ldots$

$\ldots (u+(m-1)x, +mx)^n$ (447.)

oder

496. $(u, + x)^{mn} =$

$$\frac{(u,+mx)^{n}.(u,+mx)^{n+\frac{1}{m}}.(u,+mx)^{n+\frac{2}{m}}\ldots(u,+mx)^{n+\frac{m-1}{m}}}{(u,+mx)^{\frac{1}{m}}.(u,+mx)^{\frac{2}{m}}\ldots(u,+mx)^{\frac{m-1}{m}}}$$

(452.)

74.

Dieses sind die, ganz allgemein, für jede beliebige Basis und Differenz und für jeden beliebigen Exponenten geltenden Ausdrücke für Facultäten, welche man findet, wenn man in der, eine Facultät $(u, + x)^y$ bezeichnenden Gleichung

$$(u, + x)^y = z$$

die Grösse z durch u, x, y auszudrücken sucht und zu dem Ende erstlich u, zweitens y, drittens x verändert, wie es oben geschahe.

Man kann nun die Aufgabe, wie bei den Potestäten, auch umkehren, welches auf drei verschiedene Arten möglich ist, also, statt z aus u, x und y, vielmehr

u aus x, y, z
x aus y, z, u
y aus z, u, x

suchen, welches noch *neun* verschiedene Aufgaben und Entwickelungen giebt, wenn die Entwickelung der Facultäten erschöpft werden soll. Wir abstrahiren für jetzt von diesen Entwickelungen, zu welchen auch noch neue Kunstgriffe nöthig sein dürften.

Wir begnügen uns für dieses Mal mit den obigen directen Entwickelungen des Werths z einer Facultät $(u, +x)^y$, welches die Hauptsache ist und am häufigsten gebraucht wird.

75.

Wie man sieht, ist nun hier auf ganz allgemeinem Wege ausgeführt worden, was in einzelnen besondern Fällen der Aufgabe, weitläuftig und schwierig, ja zum Theil unausführbar zu sein scheint. Auch dieser Fall zeigt also deutlich, wie nützlich und nothwendig in der Analysis eine *möglichst allgemeine* Behandlung der Gegenstände ist. Die Wiederholung dieser Bemerkung darf, ihrer Wichtigkeit wegen, nicht unterbleiben. Die *Allgemeinheit* ist dem wahren Wesen der Analysis eigen. So lange man die Analysis anders behandelt, wird sie zurückbleiben. Zwar pflegt man, wenn man die synthetische Methode vertheidigt und das strenge stufenweise Fortschreiten vom Besondern zum Allgemeinen, auch für den Calcul empfiehlt, gegen das Princip der Allgemeinheit einzuwenden, dass es für einzelne, von allgemeinen Ausdrücken mitumfasste Fälle *Ausnahmen* geben könne, in welchen der allgemeine Ausdruck, wenn nicht irre, so doch den Analysten von dem rechten Wege abführe. Diese Behauptung scheint unrichtig, aus dem Grunde, weil, was für *alle* Fälle richtig ist, nicht für *einzelne*, unter *jenen mitbegriffene Fälle*, unrichtig sein kann. Es lässt sich behaupten, dass es in der ganzen Mathematik nicht einen einzigen Fall giebt, wo allgemeine Sätze und Ausdrücke, vorausgesetzt dass sie allgemein und strenge bewiesen sind, etwas Unrichtiges, oder auch nur etwas Unnatürliches geben können. Es können allgemeine Ausdrücke *unbestimmte* Resultate, z. B. von der Form $\frac{0}{0}$, oder $\frac{\infty}{\infty}$, oder divergirende Reihen geben, nie aber Resultate, die, als unrichtig oder unbrauchbar, verworfen werden müssten. Es kommt immer nur darauf an, dass man die Ausdrücke, welche man findet, in ihrer wahren Bedeutung nimmt, und ihnen nicht etwa einen Sinn beilegt, den sie nicht haben. Stösst man auf Fälle, in welchen der allgemeine Calcul zweifelhafte Resultate giebt, so ist es besser, Verdacht gegen die aufgestellte Rechnung zu haben, als gegen die Analysis. Man operire nur richtig, so wird sich schon finden, dass nicht die Analysis irrte, sondern der Rechner. Die Mathematik ist in der That *unfehlbar.* Gegen ihre Aussprüche giebt es weder Einwände noch Zweifel, selbst wenn sie unbegreiflich wären. Kommen solche Fälle vor, so sind die Resultate,

Zusammenstellung der etc.

der Kunst der Herleitung vorgeeilt. Die Unverständlichkeit eines Resultats deutet auf eine Lücke in den vorhandenen Sätzen, und dann ist es besser, diese Lücke auszufüllen, als das Resultat zu verwerfen.

Dritter Abschnitt.

Bemerkungen über die Theorie der Winkel-Functionen.

76.

Der Zweck dieser Bemerkungen ist nicht eine vollständige Theorie der Winkel-Functionen mit allen ihren Entwickelungen, sondern nur

Erstlich, ein Versuch, den analytischen Theil dieser Theorie genauer von dem geometrischen zu unterscheiden und den Zusammenhang beider Theile näher zu untersuchen; desgleichen die Theorie, in ihrer wesentlichen Verbindung mit der Theorie der Potestäten, rein analytisch darzustellen.

Zweitens. Einige, die Winkel-Functionen betreffende allgemeine Ausdrücke, welche bis jetzt für einzelne Fälle unrichtig, oder wenigstens unbrauchbar zu sein scheinen, namentlich die Ausdrücke beliebiger Potestäten des Sinus oder Cosinus eines Winkels, durch die Sinus und Cosinus der vielfachen Winkel ausgedrückt, und umgekehrt, zu erläutern, und zu zeigen, dass auch bei diesem, in der That schwierigen Gegenstande, die allgemeinen Resultate der Analysis völlig genau sind, und dass es nur auf Vollendung der Rechnung und auf eine richtige Erklärung der Ausdrücke ankommt.

Diese Gegenstände sind schon für die Elemente der Wissenschaft interessant. Bei dem ersten ist, wie bekannt, noch Mehreres zu erläutern übrig, bei dem zweiten ist eine wesentliche, und zwar sehr üble Lücke vorhanden, weil es nicht sowohl auf Etwas noch Fehlendes, noch nicht Erfundenes, sondern vielmehr nur auf richtiges Verstehen von Sätzen ankommt, die, obgleich seit langer Zeit vorhanden, dennoch für einzelne Fälle unerklärlich waren.

Diese Aussage der Existenz eines Mangels scheint eben so kühn, wie das Unternehmen, ihm abzuhelfen. Wir wollen die Aussage zu rechtfertigen suchen, und das Unternehmen der Abhülfe geben wir für einen Versuch, über dessen Gelingen das Resultat entscheiden muss.

Bedeutung der Winkel-Functionen.

Erstlich.

Ueber die analytische und geometrische Bedeutung der Winkel-Functionen.

77.

Gewöhnlich pflegt man die Eigenschaften der Winkel-Functionen aus der *Geometrie*, und zwar aus dem, durch die Benennung *Trigonometrie* (etwas genauer, *Goniometrie*) bezeichneten Theile derselben herzunehmen. Man gründet also Sätze von Grössen mit analytischen Eigenschaften, die sich über die ganze Analysis fast unabsehbar verbreiten, auf geometrische Begriffe, so, dass derjenige Theil der Geometrie, aus welchem man sie hernimmt, *vorhergehen* muss, ehe man ihrer in der Analysis theilhaftig wird und mit ihrer Hülfe in dieser Wissenschaft weiter kommt. Selbst Lagrange, dieser um die wahre Philosophie und Critik der mathematischen Wissenschaften so hochverdiente Schriftsteller, verfuhr noch in der neuesten Zeit auf diese Weise.

Das Verfahren ist aber, wenn man das Verhältniss der Analysis zur Geometrie näher betrachtet, nicht wohl zu billigen.

Die Analysis nemlich, streng genommen, ist allein reine Mathematik, insofern man unter *reine* Mathematik, reine *Vernunft*-Wissenschaft ohne Anschauung versteht. Die Geometrie besteht schon

Die analytische und geometrische

nicht ohne *Anschauung*, also nicht ohne *Sinnliches*. Erst die Verbindung der Analysis mit, ausser ihr liegenden, zwar ebenfalls abstracten, aber auf *Anschauung* gegründeten Begriffen ist *Geometrie*. Die Verbindung der Geometrie und der Analysis, oder letzterer und reiner Begriffe vom Raume, weiter, mit dem Begriffe von Kraft, der in dem Begriffe von Geschwindigkeit liegt, welcher wiederum eine Zusammensetzung der Begriffe von Raum und Zeit ist: mithin eine Verbindung der Analysis mit den eigenthümlichen, auf Anschauung gegründeten, also im Sinnlichen liegenden Begriffen von *Raum* und *Zeit*, ist *Mechanik*. Geometrie und Mechanik entstehen nur erst aus Verbindung der Analysis mit Sätzen, die zwar allerdings von den individuellen Eigenschaften der Dinge abstrahirt sind *und auf alle Dinge gemeinschaftlich passen*, die aber dennoch der allgemeinen Gestaltungen des Sinnlichen, des Raums und der Zeit bedürfen.

Die Analysis dagegen ist reine Vernunft-Wissenschaft; sie allein bedarf *keiner* Anschauung. Sie liegt ausser dem Gebiete der Sinne und besteht, wenn der Ausdruck erlaubt ist, auch noch ausserhalb der Natur der sinnlichen Dinge.

Eine solche Wissenschaft und ihre Reinheit ist aber um so wichtiger, da sie vielleicht die *einzige*, durch sich allein bestehende, *reine*, *abstracte* Wissenschaft ist; denn schon, wie gesagt, Geometrie und Mechanik, Physik u. s. w. kommen aus

Bedeutung der Winkel-Functionen.

dem Reiche der Sinne her und bestehen, obgleich sie ihre eigenthümlichen, von der Analysis unabhängigen Principien haben, nicht mehr, wie die Analysis, *durch sich selbst*, sondern werden nur erst *mit ihrer Hülfe* zu einem wissenschaftlichen Gebäude; die sogenannte *Metaphysik*, oder die Lehre vom sogenannten Uebersinnlichen, ist vollends wohl eigentlich nur eine verkappte Physik, die ihre Gegenstände im Grunde mit dem Massstabe der sinnlichen Dinge misst, und statt erschöpfender Definitionen, nur Gleichnisse und Bilder hat.

Was würde man nun von der *einzigen* reinen Vernunft-Wissenschaft halten müssen, wenn man, nach dem fast allgemeinen Verfahren der Mathematiker zu urtheilen, glauben müsste, dass ihr Hülfe von der Geometrie, und also Hülfe aus dem Gebiete des Sinnlichen *unentbehrlich* sei. Es würde folgen, dass es wirklich *gar keine* reine Vernunft-Wissenschaft gebe. Ohne Zweifel darf diese Vorstellung nicht zugegeben werden. Auch findet in der That die Unentbehrlichkeit glücklicherweise nicht Statt; denn man dürfte auf allen Fall, am Ende nur, wo die Geometrie in der Analysis erscheint, z. B. hier bei den Winkel-Functionen, die Sätze, wie man sie in der Geometrie findet, als Lehrsätze oder als Aufgaben, von aussen her der Analysis hingeben, so könnte man wenigstens alle darauf beruhenden Entwickelungen, *von hier ab*, rein analytisch ausführen, ohne sich weiter um die Geometrie zu bekümmern, so dass die

Analysis wenigstens auf keine Weise von der Geometrie *abhinge und etwa ohne sie nicht weiter kommen könnte.* Allein auch das *Hernehmen* aus der Geometrie ist wenigstens *nicht consequent,* weil die Analysis der Geometrie, nicht diese jener vorhergeht, und also die Geometrie wohl aus der Analysis, nicht aber diese aus jener Sätze hernehmen darf. Für die Elemente aber und für den Unterricht ist es insbesondere wichtig, selbst den Verdacht zu vermeiden, dass die Analysis der Geometrie bedürfe; denn Nichts ist wohl in der Mathematik, und für ihren vorzüglichsten Zweck, die Bildung des Denkvermögens und der Urtheilskraft, nachtheiliger, als *Vermengung* der Begriffe, welche durch jede, wenn auch nur scheinbare *Voraus-nahme* unfehlbar entsteht, die Lücke ungerechnet, dass man, wenn man, wie von aussen her, auf einmal eine fremd scheinende Aufgabe in der Analysis antrifft, den wahren Zusammenhang derselben mit den eigenen Sätzen und die nothwendigen Folgen aus denselben nur unvollkommen oder gar nicht erfährt.

Die Gewohnheit, die Winkel-Functionen, als ein Eigenthum der Geometrie, aus dieser in die Analysis herüber zu nehmen, ist also in jedem Falle nicht zu billigen und dem Geiste einer Wissenschaft, welche bestimmt ist, das Denkvermögen an Ordnung und Schlussrichtigkeit zu gewöhnen, nicht angemessen.

Bedeutung der Winkel-Functionen.

Die Art, wie gewöhnlich das Herübernehmen der Winkel-Functionen geschieht, ist noch weniger zu billigen.

Gewöhnlich nemlich beweiset man aus einer Kreis-Figur die Sätze

497. $$\begin{cases} \sin(x+k) = \sin x \cos k + \cos x \sin k \text{ und} \\ \cos(x+k) = \cos x \cos k - \sin x \sin k \end{cases}$$

für zwei Winkel x und k, *deren Summe nicht über den ersten Quadranten hinausgeht.* Für grössere Winkel bleibt die Formel *unbewiesen.* Diese Formel nun führt man in die Analysis ein und gebraucht sie für *jeden beliebigen Werth* von x und k. Man geht also offenbar von einem besondern Falle, ohne weitern Beweis, zum Allgemeinen über. Erst in der neuesten Zeit hat man sich um einen allgemeinen *geometrischen* Beweis der Gleichungen (497.) für jedes x und k bemüht, bei welchem wohl aber noch Einiges zu wünschen übrig bleibt.

Die gewöhnliche Einführung der Winkel-Functionen in die Analysis ist also der Consequenz, welche der Mathematik so ganz vorzüglich nothwendig ist, wenig angemessen, und steht in übeln Widerspruche mit der Strenge, die man in so vielen andern Fällen bei Beweisen und Herleitungen, mit Recht verlangt. Bei den Alten, die sehr wohl wussten, dass eine Mathematik ohne die gebundenste Consequenz und Strenge keine Mathematik ist, und dass gerade diese beiden Eigenschaften ihr wahres, inneres Wesen ausmachen, findet man Schwächen und Lücken solcher Art nicht leicht und bekanntlich sind die Alten, namentlich Euclid und Archimed, in Rücksicht der Consequenz und Strenge, bis jetzt unerreichte Muster.

Ein Versuch, die Theorie der Winkel-Functionen näher zu erläutern und rein analytisch zu begründen, scheint also wenigstens nicht überflüssig zu sein.

78.

Wir wollen mit der Untersuchung der Ausdrücke der Winkel-Functionen selbst anfangen, die man aus der Geometrie in die Analysis einzuführen pflegt.

Gewöhnlich sind solches die beiden Ausdrücke (497.), zu welchen noch *aus der Figur* die Bedingungen hinzukommen, dass z. B. $\sin x$ für $x = n\pi$, wenn n eine ganze Zahl bedeutet, verschwindet und $\cos x$ für $x = n\pi$ gleich $+1$ für $x = (n+1)\pi$ gleich -1 ist, welche Bedingungen aber *aus der Figur* nicht ohne Schwierigkeiten genommen werden.

Wir wollen zunächst zeigen, dass nicht so viele Voraussetzungen nöthig sind, sondern dass alle Eigenschaften der trigonometrischen Linien durch eine einzige Formel, zu welcher man entweder eine der beiden obigen (497.), oder eine damit zunächst verwandte Formel nehmen kann, *insofern sie allgemein bewiesen ist*, ausgedrückt werden. Dieses wird schon *für die Geometrie* nützlich

Bedeutung der Winkel-Functionen.

sein, weil dieselbe auf diese Weise nur einen einzigen Ausdruck allgemein zu beweisen braucht.

I. Wir wollen zur Grund-Formel diejenige für den Cosinus des Unterschiedes zweier Winkel, also den Ausdruck

$$498.\quad r\cos(x-y) = \cos x \cos y + \sin x \sin y$$

nehmen, in derselben aber, um schon ganz von dem Kreise zu abstrahiren, und den Ausdruck, von hier ab, unabhängig von der Figur und Nebenbegriffen zu behandeln, die durch *cos* und *sin* bezeichnete Abhängigkeit als noch unbekannt betrachten und den Ausdruck allgemeiner durch

$$499.\quad r\varphi(x-y) = \varphi x \varphi y + f x f y$$

bezeichnen, unter der Voraussetzung, dass der Ausdruck für alle mögliche Werthe von x und y Statt finde. *Von diesem Ausdrucke wollen wir beweisen, dass derselbe, ohne weitere fremde Hülfe und Nebensätze, alle trigonometrische Grund-Formeln umfasst und dass diese Formeln ganz allein aus ihm abgeleitet werden können.*

II. Man setze $x = y$, so erhält man

$$r\varphi o = \varphi x^2 + f x^2.$$

Da in φo, x und y gar nicht mehr vorkommen, weil sie sich aufhoben, so kann diese Grösse nur noch Constanten enthalten und ist daher nothwendig selbst eine Constante. Bezeichnet man sie durch a, so erhält man

$$500.\quad ar = \varphi x^2 + f x^2.$$

Ferner setze man in (499.) $y = o$, so ist, weil φy für $y = o$, gleich a war,

$$r \varphi x = a \varphi x + fx.fo;$$

und da fo, aus demselben Grunde wie bei φy, nothwendig ebenfalls eine Constante ist, welche b heissen mag,

$$r \varphi x = a \varphi x + b f x, \text{ oder}$$

$$(r-a) \varphi x = b f x, \text{ oder}$$

$$501. \quad \frac{r-a}{b} = \frac{fx}{\varphi x}.$$

In dieser Gleichung hängen die Grössen r, a und b nicht von x ab, also ist die Grösse $\frac{r-a}{b}$ von x unabhängig und zwar, so lange nicht Zähler und Nenner derselben zugleich Null sind. Denn im letzten Falle ist die Grösse $\frac{r-a}{b}$ unbestimmt und kann auch veränderlich sein und also auch von x abhängen, denn sie kann alsdann x in Factoren enthalten, die nicht zugleich mit verschwinden. Die Grösse $\frac{fx}{\varphi x}$ ist also entweder wirklich für jedes beliebige x eine Constante z. B. der Grösse m gleich, oder in $\frac{r-a}{b}$ sind Zähler und Nenner zugleich Null.

Das erste ist nicht möglich; denn setzt man $\frac{fx}{\varphi x} = m$ oder $fx = m \varphi x$, so erhält man in (500.) $ar = \varphi x^2 + m^2 \varphi x^2$ oder $\varphi x^2 = \frac{ar}{1-m^2}$, für je-

Bedeutung der Winkel-Functionen.

des beliebige x, welches unmöglich ist, weil die Grösse φx, nach der Voraussetzung, nicht constant, sondern veränderlich ist.

Es kann also nur der zweite Fall Statt finden, das heisst: in (501.) können nur Zähler und Nenner zugleich Null sein.

Dieses giebt $r - a = o$ und $b = o$, also $r = a$, oder

$$502. \quad a = \varphi o = r \text{ und } b = f o = o;$$

folglich in (500.)

$$503. \quad \varphi x^2 + f x^2 = r^2,$$

wo r willkürlich ist und also nach Belieben auch gleich 1 gesetzt werden kann. Dieses ist, wie man sieht, schon die Gleichung des Kreises, die sich also aus der vorausgesetzten Formel (499.) allgemein finden lässt.

III. Man setze nun weiter in (499.) $x - y$ statt y, so erhält man

$$r \varphi y = \varphi x \varphi (x - y) + f x f (x - y),$$

oder, wenn man mit r multiplicirt,

$$r^2 \varphi y = r \varphi x \varphi (x - y) + r f x f (x - y),$$

oder, weil $r \varphi (x - y) = \varphi x \varphi y + f x f y$ ist. (499.)

$$r^2 \varphi y = \varphi x^2 \varphi y + f x f y \varphi x + r f x f (x - y), \text{ oder}$$

$$(r^2 - \varphi x^2) \varphi y = \varphi x f x f y + r f x f (x - y),$$

und weil $r^2 - \varphi x^2 = f x^2$ ist (503.)

$$f x^2 \varphi y = \varphi x f x f y + r f x f (x - y), \text{ oder}$$

$$504. \quad r f (x - y) = f x \varphi y - \varphi x f y.$$

Dieses, ist für den Kreis, die bekannte trigonometrische Formel für den Sinus der *Differenz* zweier Winkel.

IV. Man setze in (499.) $x = o$, so erhält man

$$r\varphi(-y) = \varphi o \varphi y + f o f y,$$

oder, weil $\varphi o = r$ und $fo = o$ ist (502.)

$$505. \quad \varphi(-y) = \varphi y.$$

Diese Gleichung folgt auch aus (499.) unmittelbar, wenn man x und y verwechselt. Denn alsdann verändert $\varphi x \varphi y + f x f y$ seinen Werth nicht, hingegen $x - y$ wechselt das Zeichen. Also ist $r\varphi(x-y) = r\varphi-(x-y)$ oder, wenn man y statt $x-y$ schreibt, $\varphi y = \varphi(-y)$, wie vorhin.

Die Gleichung (505.) zeigt, für den Kreis, allgemein, dass der Cosinus eines negativen Winkels dem Cosinus des nemlichen Winkels, positiv genommen, gleich ist.

V. Man setze in (504.) $x = o$, so erhält man

$$rf(-y) = fo\varphi y - \varphi o f y,$$

oder, weil $\varphi o = r$ und $fo = o$ ist (502.) $rf(-y) = -rfy$, also

$$506. \quad f(-y) = -fy.$$

Diese Gleichung folgt auch wieder aus (504.) unmittelbar, wenn man x und y verwechselt. Denn dieses giebt $rf-(x-y) = fy\varphi x - \varphi y f x = rf(x-y)$, also, wenn man y statt $x-y$ schreibt, $f(-y) = -fy$, wie vorhin.

Bedeutung der Winkel-Functionen.

Die Gleichung (506.) zeigt, für den Kreis, allgemein, dass der Sinus eines negativen Winkels dem negativen Sinus des nemlichen positiven Winkels gleich ist.

VI. Man setze in (499.) —y statt y, so erhält man

$$r\varphi(x+y) = \varphi x\varphi(-y) + fx\,f(-y),$$

also, weil $\varphi(-y) = \varphi y$ und $f(-y) = -fy$ ist, (505 und 506.)

$$507.\quad r\varphi(x+y) = \varphi x\varphi y - fx\,fy.$$

Dieses ist, für den Kreis, die bekannte Gleichung für den Cosinus der *Summe* zweier Winkel.

VII. Man setze in (504.) —y statt y, so erhält man

$$rf(x+y) = fx\,\varphi(-y) - \varphi x\,f(-y),$$

also, weil $\varphi(-y) = \varphi y$ und $f(-y) = -fy$ ist, (505 und 506.)

$$508.\quad rf(x+y) = fx\varphi y + \varphi x\,fy.$$

Dieses ist, für den Kreis, der bekannte Ausdruck für den Sinus der *Summe* zweier Winkel.

VIII. Derjenige unbekannte Werth von fx, für welchen $fx = r$ ist, heisse $\frac{1}{2}\Pi$, so dass

$$509.\quad f(\tfrac{1}{2}\Pi) = r,$$

so ist, vermöge (506.) $f(-\frac{1}{2}\Pi) = -r$ und vermöge (503.) $\varphi(\pm\frac{1}{2}\Pi) = 0$. Denn, da allgemein für jedes x, $\varphi x^2 + fx^2 = r^2$ ist, so ist auch

Ueber die analytische u. geometrische

$\varphi(\pm\frac{1}{2}\pi)^2 + f(\pm\frac{1}{2}\pi)^2 = r^2$, also, da $f(\pm\frac{1}{2}\pi)^2 = r^2$ ist, $\varphi(\pm\frac{1}{2}\pi)^2 + r^2 = r^2$, folglich $\varphi(\pm\frac{1}{2}\pi)^2 = 0$. Es ist also

510. $f(\pm\frac{1}{2}\pi) = \pm r$ und $\varphi(\pm\frac{1}{2}\pi) = 0$.

IX. Dieses giebt, wenn man in (507.) $x = y = \pm\frac{1}{2}\pi$ setzt, $r\varphi(\pm\pi) = -r^2$, also

511. $\varphi(\pm\pi) = r$,

und, weil allgemein $\varphi x^2 + f x^2 = r^2$ ist, $\varphi(\pm\pi)^2 + f(\pm\pi)^2 = r^2$, also $r^2 + f(\pm\pi)^2 = r^2$ und

512. $f(\pm\pi) = 0$.

Ferner erhält man, wenn man in (507.) $x = y = \pm\pi$ setzt, $r\varphi(\pm 2\pi) = r^2$, also $\varphi(\pm 2\pi) = r$ und das zugehörige $f(\pm 2\pi)$, wegen (503.), wie vorhin, gleich Null. Setzt man von Neuem in (507.), $x = \pm 2\pi$ und $y = \pm\pi$, so erhält man $r\varphi(\pm 3\pi) = r^2$, also $\varphi(\pm 3\pi) = -r$ und das zugehörige $f(\pm 5\pi) = 0$. Fährt man so fort, so findet man, dass für alle *grade* Zahlen, die durch $2n$ bezeichnet werden können, wo alsdann n jede beliebige ganze Zahl bedeutet,

513. $\varphi(\pm 2n\pi) = r$,

und für jede *ungrade* Zahl $2n + 1$,

514. $\varphi(\pm(2n+1)\pi) = -r$;

desgleichen für jede grade und ungrade Zahl, ohne Ausnahme,

515. $f(\pm n\pi) = 0$

ist, wie es für den Kreis in der Trigonometrie bekannt ist, wenn π den halben Umfang bedeutet.

Bedeutung der Winkel-Functionen.

X. Man setze ferner in (507 und 499.), $x = \pm n\pi$ und $y = \frac{1}{2}\pi$, so erhält man, weil $\varphi(\pm\frac{1}{2}\pi) = 0$ (510.) und $f(\pm n\pi) = 0$ (515.) $\varphi(\pm n\pi \pm \frac{1}{2}\pi)$, oder

$$516.\quad \varphi\left(\frac{\pm 2n + 1}{2}\pi\right) = 0.$$

XI. Man setze in (504.) $x = \pm 2n\pi$ und $y = \pm\frac{1}{2}\pi$, so ist, vermöge (510 und 513.) erstlich $rf(\pm 2n\pi - \frac{1}{2}\pi) = 0 - r.r = -r^2$ und zweitens $rf(\pm 2n\pi + \frac{1}{2}\pi) = 0 + r.r = r^2$, also

$$517.\quad f\left(\frac{\pm 4n \pm 1}{2}\pi\right) = \pm r.$$

XII. Man setze in (504.) $x = \pm(2n+1)\pi$ und $y = \pm\frac{1}{2}\pi$, so ist, vermöge (510 und 514.) erstlich $rf(\pm(2n+1)\pi - \frac{1}{2}\pi) = 0 - r. - r = r^2$ und $rf(\pm(2n+1)\pi + \frac{1}{2}\pi) = 0 + r. - r = -r^2$, also

$$518.\quad f\left(\frac{\pm 4n \pm 3}{2}\pi\right) = \pm r.$$

XIII. Ferner setze man in (499.) $x = 2n\pi$ und $y = \pm x$, so erhält man $r\varphi(2n\pi \pm x) = r\varphi x \pm 0$ und $\varphi(2n \pm x) = \varphi x$ und, vermöge (505.),

$$519.\quad \varphi \pm (2n\pi \pm x) = \varphi x.$$

XIV. Man setze in (508.) $x = \pm 2n\pi$ und $y = x$, so erhält man $rf(\pm 2n\pi + x) = 0 + rfx$, also

$$520.\quad f(\pm 2n\pi + x) = fx.$$

XV. Man setze in (504.) $x = \pm(2n+1)\pi$ und $y = x$, so erhält man $rf(\pm(2n+1)\pi - x) = 0 + rfx$, also

Ueber die analytische u. geometrische

$$521.\quad f(\pm(2n+1)\Pi - x) = fx.$$

XVI. Man setze in (499.) und (507.) nemlich in $r\varphi(x\pm y) = \varphi x\, \varphi y \mp fx\, fy$, $y = \frac{1}{2}\Pi$, so ist, weil $\varphi(\frac{1}{2}\Pi) = 0$ (511.) und $f(\frac{1}{2}\Pi) = r$,

$$r\varphi(x\pm\tfrac{1}{2}\Pi) = \mp rfx, \text{ oder}$$

$$522.\quad \varphi(x\pm\tfrac{1}{2}\Pi) = \pm fx.$$

Auf eine ähnliche Weise findet man

$$523.\quad f(x\pm\tfrac{1}{2}\Pi) = \pm\varphi x.$$

XVII. Schreibt man, um die Formeln, auf den Kreis angewandt, besser in der gewohnten Gestalt zu übersehen, *sin* statt f, *cos* statt φ und π statt Π, so erhält man folgende Sammlung von Ausdrücken

524. $\begin{cases} r\cos(x\pm y) = \cos x\cos y \mp \sin x \sin y \ (498., 507.) \\ r\sin(x\pm y) = \sin x\cos y \pm \cos x\sin y \ (504., 508.) \end{cases}$

525. $\sin x^2 + \cos x^2 = r^2$ (503.)

526. $\begin{cases} \cos(-x) = \cos x \ (500.)\ \sin(-x) = -\sin x \ (506.) \\ \cos 0 = r,\ \sin 0 = 0 \ (502.) \end{cases}$

527. $\cos\pm\frac{1}{2}\pi = 0$, $\sin\pm\frac{1}{2}\pi = \pm r$ (510.)

528. $\cos\pm\pi = -r$ (511.) $\sin\pm\pi = 0$ (512.)

529. $\cos\pm 2n\pi = r$ (513.) $\cos\pm(2n+1)\pi = -r$ (514.)

530. $\sin\pm n\pi = 0$ (515.)

531. $\cos\left(\frac{\pm 2n\pm 1}{2}\pi\right) = 0$ (516.)

532. $\sin\left(\frac{\pm 4n\pm 1}{2}\pi\right) = \sin\left(\frac{\pm 4n\pm 3}{2}\pi\right) = \pm r$ (517 u. 518.)

Bedeutung der Winkel-Functionen.

533. $\cos \pm (2n\pi \pm x) = \cos x$ (519.)

534. $\sin(\pm 2n\pi + x) = \sin(\pm(2n+1)\pi - x) = \sin x$ (520 u. 521.).

XVII. Dieses ist die vollständige Sammlung der bekannten trigonometrischen, auf den Sinus und Cosinus sich beziehenden Formeln, aus welchen, ohne Weiteres, diejenigen für Tangenten, Secanten etc. abgeleitet werden können. *Alle diese Formeln können, wie man sieht, ganz allein aus der einzigen Grund-Formel*

535. $r \cos(x - y) = \cos x \cos y + \sin x \sin y,$

ohne alle weitere Hülfe gefunden werden. Daher stehen die gesammten trigonometrischen Grund-Formeln, sobald dieser einzige Ausdruck allgemein bewiesen ist, fest.

79.

Man setze nun, der Ausdruck (535.) sei auf irgend eine Weise, geometrisch, allgemein bewiesen worden, so frägt sich, ob sich nun vermittelst desselben die Grössen cos x und *sin x*, oder φx und fx *selbst, in* x ausdrücken lassen; denn dieses gehört wesentlich zur Kenntniss der Eigenschaften der durch φ und f bezeichneten Functionen. Wir wollen Solches durch die verschiedenen, oben bei den Potestäten angewendeten Mittel versuchen.

Das erste bestehe darin, dass man die Reihen für φx und fx, der Form nach, voraussetzt und die unbestimmten Coefficienten sucht.

I. Da alle Ausdrücke in (§. 78.) von einander abhängen, weil sie alle aus dem erssen gefunden werden, so ist es gleich, welchen davon man zur Entwickelung anwendet. Es wird gut sein, deren zwei zu nehmen, weil zwei Abhängigkeits-Formen f und φ zu bestimmen sind. Wir wollen die beiden Ausdrücke

536. $r^2 = \varphi x + f x^2$ (503.)

537. $r \varphi (x+y) = \varphi x \varphi y - f x f y$ (507.)

wählen.

II. Man kann, ohne die Allgemeinheit zu vermindern, $y = m x$ setzen, welches den zweiten Ausdruck in $r \varphi (1+m) x = \varphi x \varphi (mx) - f x f (mx)$ verwandelt, wo m eine willkürliche Grösse ist. Da aber die Ausdrücke, welche man sucht, auf keine Weise von m abhängen, weil das Verhältniss zwischen x und y ganz willkürlich ist, vielmehr die nemlichen bleiben müssen, was auch m sein mag, so kann man im Voraus dem m willkürlich einen bequemen Werth z. B. den Werth 1 geben. Hiedurch gehen die Ausdrücke (536 und 537.) in

538. $r^2 = \varphi x^2 + f x^2$ und

539. $r \varphi (2x) = \varphi x^2 f x^2$

über und es kommt nur darauf an, hieraus φx und $f x$ in x zu finden.

III. Da $\varphi x = r$ und $f x = 0$ ist, für $x = 0$ (502.), so muss, wenn man für φx und $f x$ Reihen mit den verschiedenen rationalen Potestäten von x voraussetzt, diejenige für φx nothwendig das Glied r, ohne x, und die Reihe für fx kein Glied ohne x enthalten.

Da ferner fx das Zeichen nicht wechselt, wenn man $-x$ statt $+x$ setzt (505.), wohl aber fx (506.), welches, wenn man $-x$ statt $+x$ setzt, gerade den entgegengesetzten Werth annnimmt, so kann φx nur Potestäten von x mit *graden*, fx nur Potestäten von x mit *ungraden* Exponenten enthalten.

Man kann also nur setzen:

540. $\varphi x = r + \alpha x^2 + \beta x^4 + \gamma x^6 \ldots\ldots$ und

541. $fx = ax + bx^3 + cx^5 + dx^7 \ldots\ldots$

IV. Substituirt man diese beiden vorausgesetzten Reihen-Werthe von φx und fx in die Ausdrücke (538 und 539.), so erhält man

542. $$\begin{array}{rl} r^2 = r^2 & + 2r\alpha x^2 + 2r\beta x^4 + 2r\gamma x^6 + 2r\delta x^8 \ldots\ldots \\ & + \alpha^2 x^4 + 2\alpha\beta x^6 + 2\alpha\gamma x^8 \ldots\ldots \\ & + \beta^2 x^8 \ldots\ldots \\ & + a^2 x^2 + 2abx^4 + 2acx^6 + 2adx^8 \ldots\ldots \\ & + 2b^2 x^6 + 2bcx^8 \ldots\ldots \\ & \ldots\ldots\ldots \end{array}$$

und

543. $$\begin{array}{rl} & r^2 + 4\alpha r x^2 + 16\beta r x^4 + 64\gamma r x^6 + 256\delta r x^8 \ldots\ldots \\ = & r^2 + 2r\alpha x^2 + 2r\beta x^4 + 2r\gamma x^6 + 2r\delta x^8 \ldots\ldots \\ & + \alpha^2 x^4 + 2\alpha\beta x^6 + 2\alpha\gamma x^8 \ldots\ldots \\ & + \beta^2 x^8 \ldots\ldots \\ & - a^2 x^2 - 2abx^4 - 2acx^6 - 2adx^8 \ldots\ldots \\ & - b^2 x^6 - 2bcx^8 \ldots\ldots \\ & \ldots\ldots\ldots\ldots \end{array}$$

V. Daraus folgt

$$2r\alpha + a^2 = 0,$$
$$2r\beta + \alpha^2 + 2ab = 0,$$
$$2r\gamma + 2\alpha\beta + 2ac + b^2 = 0,$$
$$2r\delta + 2\alpha\gamma + \beta^2 + 2ad + 2bc = 0, \text{ etc.}$$
$$2r\alpha + a^2 = 0,$$
$$14r\beta - \alpha^2 + 2ab = 0,$$
$$62r\gamma - 2\alpha\beta + 2ac + b^2 = 0,$$
$$254r\delta - 2\alpha\gamma - \beta^2 + 2ad + 2bc = 0, \text{ etc.}$$

welches

$$\alpha = -\frac{a^2}{2r},\quad \beta = \frac{a^4}{2.3.4r^3},\quad \gamma = -\frac{a^6}{2.3.4.5.6r^5} \dots$$
$$a = a,\qquad b = -\frac{a^3}{2.3r^2},\quad c = \frac{a^5}{2.3.4.5r^4} \dots$$

giebt.

VI. Man erhält also

$$544.\quad \varphi x = r\left(1 - \frac{a^2}{2}.\frac{x^2}{r^2} + \frac{a^4}{2.3.4}.\frac{x^4}{r^4} - \frac{a^6}{2.3.4.5.6}.\frac{x^6}{r^6} \dots\right)$$
$$545.\quad fx = ar\left(\frac{x}{r} - \frac{a^2}{2.3}\frac{x^3}{r^3} + \frac{a^4}{2.3.4.5}.\frac{x^5}{r^5} - \frac{a^6}{2.3\dots7}.\frac{x^7}{r^7} \dots\right)$$

VII. *Der Coefficient a bleibt unbestimmt.* Da die Reihen überall nur eine und dieselbe Abmessung haben können, so folgt zwar, dass der unbestimmt bleibende Coefficient a nur eine absolute Zahl sein kann. *Welche* Zahl er aber sei, giebt die bisherige Entwickelung nicht. Die Reihe (545.) zeigt blos, dass man den Coefficienten a erhält, wenn man fx durch x dividirt, und in den Quotienten $x = 0$ setzt; denn es ist

546.

Bedeutung der Winkel-Functionionen.

546. $\frac{fx}{x} = a\left(1 - \frac{a^2}{2.3}\cdot\frac{x^2}{r^2} + \frac{a^4}{2.3.4.5}\cdot\frac{x^4}{r^4}\ldots\right)$

welches für $x = o$

547. $\frac{fo}{o} = a$

giebt. Wieviel aber der Werth dieser unbestimmten Grösse von der Form $\frac{o}{o}$ betrage, bleibt unbeantwortet.

VIII. Die Grössen φx und fx konnten also auf diesem Wege aus den obigen Formeln nicht *vollständig* entwickelt werden.

80.

Auf einem andern Wege der Entwickelung von φx und fx *durch die Ableitungs-Operation* erhält man Folgendes.

I. Man setze $x + k$ statt x, so geht φx in $\varphi(x+k)$ und fx in $f(x+k)$ über. Dieses giebt, auf die bekannte Weise,

548. $\frac{d}{x}\varphi x = \frac{\varphi(x+k) - \varphi x}{k}$ und $\frac{d}{x}fx = \frac{f(x+k) - fx}{k}$, für $k = o$.

II. Nun ist

$\varphi(x+k) = \frac{\varphi x \varphi k - fx fk}{r}$ (502.) und $f(x+k) = \frac{fx\varphi k + \varphi k fk}{r}$ (503)

also erhält man

$\frac{d}{x}\varphi x = \frac{\varphi x \varphi k - fx fk - r\varphi x}{rk}$, für $k = o$ und

Ueber die analytische u. geometrische

$$\frac{d}{x} fx = \frac{fx\varphi k + \varphi x fk - r fx}{rk}, \text{ für } k = 0,$$

oder

$$549. \begin{cases} \frac{d}{x} \varphi x = \frac{\varphi x(\varphi k - r) - fx fk}{rk}, \text{ für } k = 0 \text{ und} \\ \frac{d}{x} fx = \frac{fx(\varphi k - r) + \varphi x fx}{rk}, \text{ für } k = 0. \end{cases}$$

III. Nun ist, wenn man in (507.) $x = y = k$ setzt, $r\varphi(2k) = \varphi k^2 - fk^2$, und weil, vermöge (503.) $\varphi k^2 + fk^2 = r^2$, also $\varphi k^2 = r^2 - fk^2$ ist, $r\varphi(2k) = r^2 - 2fk^2$, also $(\varphi(2k) - r)r = 2fk^2$, oder, k statt $2k$ gesetzt,

$$550. \quad \varphi k - r = -\frac{2f(\frac{1}{2}k)^2}{r}.$$

Ferner ist aus (508.), wenn man $x = y = \frac{1}{2}k$ setzt, $rfk = 2f(\frac{1}{2}k).\varphi(\frac{1}{2}k)$, oder

$$551. \quad fk = \frac{2f(\frac{1}{2}k).\varphi(\frac{1}{2}k)}{r}.$$

Substituirt man die Ausdrücke (550 und 551.) in (549.), so erhält man

$$\frac{d}{x}\varphi x = \frac{-2f(\frac{1}{2}k)^2\varphi x - 2fx.f(\frac{1}{2}k)\varphi(\frac{1}{2}k)}{r^2 k}, \text{ für } k = 0,$$

$$\frac{d}{x} fx = \frac{-2f(\frac{1}{2}k)^2 fx + 2\varphi x.f(\frac{1}{2}k).\varphi(\frac{1}{2}k)}{r^2 k}, \text{ für } k = 0,$$

oder

$$552. \begin{cases} \frac{d}{x}\varphi x = \frac{-2f(\frac{1}{2}k)}{r^2 k}\left(f(\frac{1}{2}k)\varphi x + \varphi(\frac{1}{2}k)fx\right), \text{ für } k = 0, \\ \frac{d}{x} fx = \frac{-2f(\frac{1}{2}k)}{r^2 k}\left(f(\frac{1}{2}k)fx - \varphi(\frac{1}{2}k)\varphi x\right), \text{ für } k = 0. \end{cases}$$

Bedeutung der Winkel-Functionen.

IV. Nun ist $fk = 0$ für $k = 0$ (502.), also auch $f(\frac{1}{2}k) = 0$, für $k = 0$. Setzt man Dieses in (552.) so erhält man

553. $$\begin{cases} \frac{d}{x}\varphi x = \frac{2f(\frac{1}{2}k)}{r^2 k}\varphi(\tfrac{1}{2}k) f x = -\frac{fk}{k}.\frac{fx}{r}, \text{ für } k = 0, \\ \frac{d}{x} f x = +\frac{2f(\frac{1}{2}k)}{r^2 k}.\varphi(\tfrac{1}{2}k)\varphi x = +\frac{fk}{k}.\frac{\varphi x}{r}, \text{ für } k = 0; \end{cases}$$

welches die Ausdrücke der ersten Ableitungen der Grössen fx und φx sind, wobei aber der Werth der Grösse $\frac{fk}{k}$ für $k = 0$ noch unbekannt ist.

V. Man setze, der Kürze wegen, die Grösse $\frac{fk}{k}$, für $k = 0$, also, wie in (547.), die Grösse

$$\frac{f0}{0} = a,$$

so ist

554. $$\frac{d}{x}\varphi x = -\frac{a}{r} f x \text{ und } \frac{d}{x} f x = \frac{a}{r}\varphi x.$$

Man erhält also für die zweite Ableitung

555. $$\begin{cases} \frac{d^2}{x^2}\varphi x = -\frac{a}{r}.\frac{a}{r}\varphi x = -\frac{a^2}{r^2}\varphi x, \frac{d^2}{x^2} f x = \frac{a}{r}.-\frac{a}{r} f x = -\frac{a^2}{r^2} f x \\ \frac{d^3}{x^3}\varphi x = \frac{a^3}{r^3} f x, \ \frac{d^3}{x^3} f x = -\frac{a^3}{r^3}\varphi x \\ \frac{d^4}{x^4}\varphi x = \frac{a^4}{r^4} f x, \ \frac{d^4}{x^4} f x = \frac{a^4}{r^4} f x \end{cases}$$

u. s. w.

VI. Dieses giebt, vermöge des Taylorschen Lehrsatzes,

556. $$f(x + k) = fx + k\frac{d}{x} f x + \frac{k^2}{2} d^2 f x \ldots.$$

557. $$\begin{cases} \varphi(x+k) = \varphi x - k\frac{a}{r}fx - \frac{k^2}{2}\frac{a^2}{r^2}\varphi x + \frac{k^3}{2.3}\frac{a^3}{r^3}.fx + \frac{k^4}{2.3.4}\frac{a^4}{r^4}\varphi x \ldots \\ f(x+k) = fx + k\frac{a}{r}\varphi x - \frac{k^2}{2}\frac{a^2}{r^2}fx - \frac{k^3}{2.3}\frac{a^3}{r^3}\varphi x + \frac{k^4}{2.3.4}\frac{a^4}{r^4}fx \ldots \end{cases}$$

Setzt man hierin $x = 0$, so erhält man, weil, für $x = 0$, $fx = 0$ und $\varphi x = r$ ist (502.)

558. $$\begin{cases} \varphi k = r - \frac{k^2}{2}\frac{a^2}{r} + \frac{k^4}{2.3.4}\frac{a^4}{r^3} \ldots \text{ und} \\ fx = ko - \frac{k^3}{2.3}\frac{a^3}{r^2} + \frac{k^5}{2.3.4.5}.\frac{a^5}{r^4} \ldots, \end{cases}$$

oder, wenn man x statt k schreibt;

559. $$\varphi x = r\left(1 - \frac{a^2}{r^2}.\frac{x^2}{r^2} + \frac{a^4}{2.3.4}.\frac{x^4}{r^4} \ldots\right)$$

560. $$fx = ar\left(\frac{x}{r} - \frac{a^2}{2.3}.\frac{x^3}{r^3} + \frac{a^4}{2.3.4.5}.\frac{x^5}{r^5} \ldots\right)$$

Dieses stimmt ganz mit (544) und (545.) überein, allein der Coefficient a wird auch hier nicht gefunden, und folglich ist die Entwickelung auch auf diesem Wege nicht *vollständig* möglich.

81.

Man kann auch die ersten Ableitungen von φx und fx wie in (§. 30. etc.) finden.

I. Vermöge (499 und 507.) nemlich ist

561. $$\begin{cases} r\varphi(x-y) = \varphi x \varphi y + fxfy \text{ und} \\ r\varphi(x+y) = \varphi x \varphi y - fxfy. \end{cases}$$

II. Man setze in die erste Gleichung $x + k$ statt x und $y + k$ statt y, so erhält man, weil

Bedeutung der Winkel-Functionen.

alsdann $r\varphi(x-y)$ unverändert das Nemliche bleibt,

$$\varphi x\varphi y+fxfy=(\varphi x+k\frac{d}{x}\varphi x\ldots.)(\varphi y+k\frac{d}{y}\varphi y\ldots.)$$
$$+(fx+k\frac{d}{x}fx\ldots.)(fy+k\frac{d}{y}fy\ldots.)$$

$$\varphi x\varphi y+fxfy=\varphi x\varphi y+fxfy$$
$$+k(\varphi x\frac{d}{y}\varphi y+fy\frac{d}{x}\varphi x+fx\frac{d}{y}fy+fy\frac{d}{x}fx)$$

. . . .

welches für den Coefficienten von k,

562. $\varphi x\frac{d}{y}\varphi y+\varphi y\frac{d}{x}\varphi x+fx\frac{d}{y}fy+fy\frac{d}{x}fx=0$

giebt.

III. Man setze in die zweite Gleichung $x+k$ statt x und $y-k$ statt y, so erhält man, weil $r\varphi(x+y)$ unverändert das Nemliche bleibt,

$$\varphi x\varphi y-fxfy=\left(\varphi x+k\frac{d}{x}\varphi x\ldots.\right)\left(\varphi y-k\frac{d}{y}\varphi y\ldots.\right)$$
$$-\left(fx+k\frac{d}{x}fx\ldots.\right)\left(fy-k\frac{d}{y}fy\ldots.\right)$$

oder

$$\varphi x\varphi y-fxfy=\varphi x\varphi y-fxfy$$
$$+k\left(\varphi y\frac{d}{x}\varphi x-\varphi x\frac{d}{y}\varphi y+fx\frac{d}{y}fy-fy\frac{d}{x}fx\right)$$

. . . .

welches für den Coefficienten von k,

563. $\varphi y\frac{d}{x}\varphi x-\varphi x\frac{d}{y}\varphi y+fx\frac{d}{y}fy-fy\frac{d}{x}fx=0$

giebt.

IV. Man addire und subtrahire die Gleichungen (562 und 563.), so erhält man

$$564.\ \begin{cases}\varphi y \frac{d}{x}\varphi x + fx\frac{d}{y}fy = 0 \text{ und} \\ \varphi x \frac{d}{y}\varphi y + fy\frac{d}{x}fx = 0,\end{cases}$$

woraus

$$565.\ \frac{\frac{d}{y}fy}{\varphi y} = -\frac{\frac{d}{x}\varphi x}{fx} \text{ und } \frac{\frac{d}{y}\varphi y}{fy} = -\frac{\frac{d}{x}fx}{\varphi x}$$

folgt.

V. Da die Grössen x und y, nach der Voraussetzung, gänzlich von einander unabhängig sein sollen, so folgt aus den Gleichungen (563.) dass nothwendig

$$566.\ \frac{\frac{d}{y}fy}{\varphi y} = -\frac{\frac{d}{x}\varphi x}{fx} = Const = c$$

sein muss, weil sonst, wenn sich z. B. in $\frac{\frac{d}{y}fy}{\varphi y}$, y veränderte, ohne dass sich zugleich in $-\frac{\frac{d}{x}\varphi x}{fx}$, x ändert, die Gleichung $\frac{\frac{d}{y}fy}{\varphi y} = -\frac{\frac{d}{x}\varphi x}{fx}$ nicht mehr Statt finden könnte.

VI. Man erhält also

$$567.\ \frac{d}{x}\varphi x = -c\varphi x \text{ und } \frac{d}{x}fx = +cfx.$$

Bedeutung der Winkel-Functionen.

Dieses sind zwar bestimmte Ausdrücke der ersten Ableitungen von φx und $f x$, die im Wesentlichen mit den Ausdrücken (554.) übereinstimmen; allein die Constante, welche sie enthalten, bleibt abermals unbestimmt und daher können auch auf diesem Wege die Grössen φx und $f x$ in x nicht *vollständig* entwickelt werden.

82.

Es könnte zwar noch scheinen, dass es, weil man *zwei* ganz entwickelte Gleichungen (544 und 545.) hat, die beide die Constante a enthalten und ausserdem weiss, dass, wenn in $f x = r$, $x = \frac{1}{2}\pi$ gesetzt wird, zugleich $\varphi x = 0$ ist (510.) möglich sei, aus jenen zwei Gleichungen die Constante a zu finden, indem man nur die unbestimmte Grösse $\frac{1}{2}\pi$ wegschaffen dürfe, um eine Gleichung zu haben, die nur a, r und absolute Zahlen enthält, und aus welcher sich also a finden lasse; indessen ist leicht zu zeigen, dass die auf diese Weise entstehende Gleichung mit a, in Beziehung auf diese Grösse, identisch ist und sie also ebenfalls nicht giebt.

Setzt man nemlich in (544 und 545) $x = \frac{1}{2}\pi$, so erhält man

$$0 = r\left(1 - \frac{a^2}{2}\frac{(\frac{1}{2}\pi)^2}{r^2} + \frac{a^4}{2.3.4}\frac{(\frac{1}{2}\pi)^4}{r^4}\dots\right) \text{ und}$$

$$r = ar\left(\frac{\frac{1}{2}\pi}{r} - \frac{a^2}{2.3}\frac{(\frac{1}{2}\pi)^3}{r^3} + \frac{a^4}{2.3.4.5}\frac{(\frac{1}{2}\pi)^5}{r^5}\dots\right),$$

oder

$$568.\quad \begin{cases} 0 = 1 - \frac{1}{2}\left(\frac{a\pi}{2r}\right)^2 + \frac{1}{2.3.4}\left(\frac{a\pi}{2r}\right)^4 \ldots\ldots \text{ und} \\ 1 = \left(\frac{a\pi}{2r}\right) - \frac{1}{2.3}\left(\frac{a\pi}{2r}\right)^3 + \frac{1}{2.3.4.5}\left(\frac{a\pi}{2r}\right)^5 \ldots\ldots \end{cases}$$

Diese beiden Gleichungen können nur Ausdrücke der Grösse $\frac{a\pi}{2r}$ in absoluten Zahlen geben, die nothwendig identisch die nemlichen sein müssen; also findet man nicht a in absoluten Zahlen, sondern $\frac{a\pi}{2r}$ und folglich bleibt a dennoch unbekannt, weil π unbekannt ist.

83.

Die Grösse a (544 und 545.) ist also aus der vorausgesetzten Gleichung (498.) nemlich aus

$$569.\quad r \cos(x-y) = \cos x \cdot \cos y + \sin x \sin y$$

allein, aus welcher alles Bisherige entwickelt wurde, auf keine Weise zu finden; welches auch seinen bestimmten Grund hat.

Durch die Gleichung (569.) wird nemlich zwar ein Verhältniss zwischen den Grössen φx und fx, und sogar gewissermaassen zwischen φx, fx und x vorausgesetzt, nicht aber wird vorausgesetzt, *dass x den Bogen einer Curve bedeuten soll, dessen zugehörige Coordinaten φx uud fx sind.* Diese zweite Voraussetzung ist, wie sich bald zeigen wird, eine zweite analytische Bedingung für das Verhältniss

Bedeutung der Winkel-Functionen.

zwischen den Functionen φx, fx und ihrem Elemente x, welche bis jetzt nicht vorgeschrieben war. *Daher kommt es, dass die Grösse a unbestimmt blieb.*

Nimmt man diese zweite Bedingung zu Hülfe, so findet sich *a* sogleich.

Gewöhnlich bringt man dieselbe durch den Archimedischen Satz, dass die Sehne allemal kürzer, die Tangente allemal länger als der zugehörige Bogen eines Kreises ist, welches ein rein geometrischer Satz ist, der nur aus der Figur genommen werden kann, in Rechnung.

Aus diesem Satze folgt, wie leicht zu sehen, dass

570. $\sin x$, oder $fx < x$ u. $\tan g\, x$, oder $\frac{\sin x}{\cos x}$, oder $\frac{fx}{\varphi x} >$

ist.

Dieses giebt

571. $\frac{fx}{x} < 1$ und $r.\frac{fx}{x} > \varphi x$, oder $\frac{fx}{x} > \frac{\varphi x}{r}$.

Die beiden Grenzen für $\frac{fx}{x}$ sind also 1 und $\frac{\varphi x}{r}$.

Für $x = 0$ ist aber φx *gleich* r (502.), also fallen für $x = 0$ die beiden Grenzen zusammen und sind beide gleich 1, daher ist nothwendig

572. $\frac{f0}{0} = 1$.

Diese Grösse $\frac{f0}{0}$ war der gesuchte Coefficient *a* (547., 554.), also ist dieser Coefficient

573. $a = 1$,

wodurch nunmehr die Ausdrücke von φx und fx in (544 und 545.) oder in (559 und 560.) vollständig gemacht sind. Man erhält

574. φx, oder auch

$$\cos x = r\left(1 - \frac{1}{2}\frac{x^2}{r^2} + \frac{1}{2.3\,4}\frac{x^4}{r^4} - \frac{1}{2.3.4.5.6}\frac{x^6}{r^6}\ldots\right) \text{und}$$

575. fx, oder auch

$$\sin x = r\left(\frac{x}{r} - \frac{1}{2.3}\frac{x^3}{r^3} + \frac{1}{2.3.4.5}\frac{x^5}{r^5}\ldots\right)$$

So lassen sich die Ausdrücke der Grössen φx und fx, und folglich die Eigenschaften derselben *vollständig* finden; allein es ist dazu, auf *diese* Weise, durchaus ein zweiter geometrischer Satz nöthig.

84.

Man sieht hieraus, dass man, wenn man die Functionen *cos* x und *sin* x aus der Geometrie hernimmt, nicht genug, dass das Verfahren selbst unpassend und inconsequent ist, auch noch obendrein in Schwierigkeiten und Weitläuftigkeiten geräth, die nicht geringe sind, weil die geometrischen Beweise der Sätze, in ihrer allgemeinen Gestalt, Schwierigkeiten haben.

Man muss nemlich erst geometrisch die vorausgesetzte Gleichung (498.) beweisen, und zwar, wenn man strenge verfahren will, *ganz allgemein*, für jeden möglichen Werth von x und y, welches nicht geringe Schwierigkeiten hat, wenigstens ohne Weitläuftigkeiten schwerlich möglich sein dürfte.

Sodann aber muss man obendrein den Archimedischen Satz von Sehne, Bogen und Tangente haben, und die Anwendung dieses Satzes ist hier um so unpassender, weil es eine Anwendung auf einen einzelnen Fall ist, die sich bei jeder *andern* Curve wiederholt, was aber vermieden werden kann, weil sich vielmehr, mittelst des Archimedischen Satzes, unmittelbar das Verhältniss der ersten Ableitung, nicht bloss eines Kreis-Bogens, sondern jedes beliebigen Curven-Bogens zu ihren Coordinaten ausdrücken lässt. Das Verfahren ist also auf alle Weise nicht angemessen.

85.

Besser schon verfährt man, im Fall man die Grössen *cos* x und *sin* x aus der Geometrie hernehmen will, wie folgt.

Die Aufgabe ist nemlich, *genauer bestimmt*, folgende.

Es ist ein Kreis gegeben, dessen Halbmesser durch r und dessen *Bogen*, vom Durchschnitte des Umfanges mit demjenigen Durchmesser, welcher zur Abcissen-Axe genommen wird, angerechnet, durch x bezeichnet werden. *Die Coordinaten des Endpunctes dieses Bogens werden als Functionen des Bogens betrachtet* und durch *cos* x und *sin* x bezeichnet. Man soll *cos* x und *sin* x durch x ausdrücken.

Sobald dieses *vollständig* geschehen, müssen sich rückwärts alle Verhältnisse zwischen *cos* x, *sin* x und x, also auch die Gleichung (498.) und Alles was daraus folgt von selbst geben, und es ist dann weiter kein geometrischer Beweis dieser Gleichung, oder eine sonstige geometrische Herleitung der Eigenschaften des Kreises nöthig.

I. Da die Summe der Quadrate der Coordinaten, für jeden Punct des Umfanges, den Eigenschaften des Kreises zu Folge, dem Quadrate des Halbmessers gleich ist, so ist allgemein

$$576. \quad \cos x^2 + \sin x^2 = r^2.$$

Dieses ist die *erste*, aus der geometrischen Eigenschaft des Kreises hergenommene *Grund- oder Bestimmungs-Gleichung.*

II. Ferner lässt sich, bekanntlich, mit Hülfe des Archimedischen Satzes: dass jeder Curven-Bogen länger ist als seine Sehne, und kürzer als seine Tangente, allgemein, nicht bloss für den Kreis, sondern für jede beliebige Curve zeigen, dass, wenn z. B. *u* und *v* die Coordinaten einer solchen beliebigen Curve und x den zugehörigen Bogen bezeichnen,

$$577. \quad \frac{d}{u}x = \sqrt{\left(1 + \frac{d}{u}v^2\right)}$$

ist. Nun wird in der Ableitungs- (Differential-) Rechnung allgemein gezeigt, dass, für jede beliebige Abhängigkeit von Grössen,

$$578. \quad \frac{d}{u}x\,\frac{d}{x}u = 1 \text{ und } \frac{d}{u}v\,\frac{d}{x}u = \frac{d}{x}v$$

Bedeutung der Winkel-Functionen.

ist. Dieses giebt $\frac{d}{u}x = \frac{1}{\frac{d}{x}u}$ und $\frac{d}{u}v = \frac{\frac{d}{x}v}{\frac{d}{x}u}$. Substituirt man Solches in (577.), so erhält man

$$\frac{1}{\frac{d}{x}u} = \sqrt{\left(1 + \left(\frac{\frac{d}{x}v}{\frac{d}{x}u}\right)^2\right)}, \text{ oder}$$

$$579. \quad \frac{d}{x}u^2 + \frac{d}{x}v^2 = 1.$$

In dem gegenwärtigen Falle war $u = \cos x$ und $v = \sin x$, also ist allgemein, für jede Curve, folglich auch für den Kreis,

$$580. \quad \frac{d}{x}\cos x^2 + \frac{d}{x}\sin x^2 = 1.$$

Dieses ist die *zweite* aus der geometrischen Eigenschaft der Curven überhaupt (die also auch dem Kreise eigen sind) hergenommene *Grund- oder Bestimmungs-Gleichung.*

III. Diese beiden *Grund- oder Bestimmungs-Gleichungen*

$$581. \quad \cos x^2 + \sin x^2 = r^2 \quad \text{und}$$

$$582. \quad \frac{d}{x}\cos x^2 + \frac{d}{x}\sin x^2 = 1$$

sind hinreichend, um die Grössen $\cos x$ und $\sin x$ in x *vollständig* zu entwickeln.

IV. Man setze nemlich, wie in (§. 79., III.) den, dort über die nothwendige Form der Reihen angestellten Betrachtungen zu Folge,

Ueber die analytische u. geometrische

583. $\begin{cases} \cos x = r + \alpha x^2 + \beta x^4 + \gamma x^6 \ldots \\ \sin x = ax + bx^3 + cx^5 \ldots, \end{cases}$

so erhält man

584. $\begin{cases} \frac{d}{x} \cos x = 2\alpha x + 4\beta x^3 + 6\gamma x^5 \ldots \\ \frac{d}{x} \sin x = a + 3bx^2 + 5cx^4 \ldots \end{cases}$

V. Substituirt man diese Ausdrücke in (581 und 582.), so erhält man

585. $$\begin{aligned} r^2 = r^2 &+ 2\alpha r x^2 + 2\beta r x^4 + 2\gamma r x^6 + 2\delta r x^8 \ldots \\ &+ \alpha^2 x^4 + 2\alpha\beta x^6 + 2\alpha\gamma x^8 \ldots \\ &+ \beta^2 x^8 \ldots \\ &+ a^2 x^2 + 2abx^4 + 2acx^6 + 2adx^8 \ldots \\ &+ b^2 x^6 + 2bcx^8 \ldots \end{aligned}$$

und

586. $$\begin{aligned} 1 = &\ 4\alpha^2 x^2 + 16\alpha\beta x^4 + 24\alpha\gamma x^6 + 32\alpha\delta x^8 \ldots \\ &+ 16\beta^2 x^6 + 48\beta\gamma x^8 \ldots \\ &+ a^2 + 6abx + 10acx^4 + 14adx^6 + 18aex^8 \ldots \\ &+ 9b^2 x^4 + 30bcx^6 + 42bdx^8 \ldots \\ &+ 25c^2 x^8 \ldots \end{aligned}$$

VI. Aus diesen Gleichungen folgt

587. $\begin{cases} 2\alpha r + a^2 = c,\ 2\beta r + \alpha^2 + 2ab = 0,\ 2\gamma r + 2\alpha\beta + 2ac + b^2 = 0 \text{ etc.} \\ a^2 = 1,\ 4\alpha^2 + 6ab = 0,\ 16\alpha\beta + 10ac + 9b^2 = 0 \text{ etc.} \end{cases}$

Dieses giebt

588. $$\begin{cases} a = 1,\ \alpha = -\frac{1}{2r}, \\ b = -\frac{1}{2.3r^2},\ \beta = \frac{1}{2.3.4r^3}, \\ c = \frac{1}{2.3.4.5r^4},\ \gamma = -\frac{1}{2.3.4.5.6r^5}, \end{cases}$$

Bedeutung der Winkel-Functionen.

Also erhält man, vermöge (583.),

$$\cos x = r - \frac{x^2}{2r} + \frac{x^4}{2.3.4 r^3} - \frac{x^6}{2.3.4.5.6 r^5} - \text{ und}$$

$$\sin x = r - \frac{x^3}{2.3 r^2} + \frac{x^5}{2.3.4.5 r^4} \dots,$$

oder

589. $$\begin{cases} \cos x = r\left(1 - \frac{1}{2}.\frac{x^2}{r^2} + \frac{1}{2.3.4}.\frac{x^4}{r^4} - \frac{1}{2.3.4.5.6}.\frac{x^6}{r^6} \dots\right) \\ \sin x = r\left(\frac{x}{r} - \frac{1}{2.3}\frac{x^3}{r^3} + \frac{1}{2.3.4.5}\frac{x^5}{r^5} \dots\right). \end{cases}$$

VII. Dieses sind *vollständige* Ausdrücke von *cos* x und *sin* x in x und *r*, in welchen *Nichts* mehr unbestimmt, und durch welche also die Aufgabe vollständig gelöset ist.

Dass daraus die Gleichung (498.) und folglich alle mögliche trigonometrische Formeln, ohne weitere Hülfssätze, hergeleitet werden können, werden wir in der Folge sehen. Die Auflösung der Aufgabe kann also auf diese Weise wenigstens vereinfacht und auf einen regelmässigen, elementaren und verständlichen Gang gebracht werden, an welchem man deutlich sieht, woher die Ausdrücke kommen und wohin sie führen. Indessen hat die Auflösung immer noch den Mangel, *dass sie aus der Geometrie anhebt und in der Analysis endigt*, statt dass es, dem Obigen zu Folge, umgekehrt sein sollte.

Wir geben daher nunmehr diese Art der Auflösung von hier ab ganz auf, und wollen auseinandersetzen, wie der Gegenstand, der Natur der Sache und der Wissenschaft gemäss, statt aus der *Geometrie* aus der *Analysis* genommen, und rückwärts von dieser der Geometrie zugeführt werden könne, oder, richtiger, nicht zugeführt werden könne, sondern zugeführt werden müsse. Es wird sich zeigen, dass die Grössen φx und $f x$ nicht *willkürlich*, sondern *nothwendig* aus der Analysis und zwar aus den *Potestäten* entspringen, und dass der Keim des Gegenstandes keinesweges in der Geometrie, sondern *wesentlich* in der Analysis liegt.

Wir haben oben bei der Theorie der Potestäten und Facultäten der Winkel-Functionen noch kaum erwähnt, obgleich sie auch nach den gewöhnlichen, mit geometrischen Sätzen vermischten Ansichten, mit Potestäten und Logarithmen nahe verwandt sind. Dieses ist absichtlich geschehen, weil die obigen Entwickelungen, zu ihrem Zwecke der Winkel-Functionen nicht *bedürfen* und *diese erst auf jene folgen, nicht umgekehrt.* Die Theorie der Potestäten besteht, wie man oben sahe, rein für sich; die Theorie der Winkel-Functionen ist nur eine *nothwendige Folge* daraus, gleichsam ihre erste *Anwendung*, die dann wieder, rückwärts, die Theorie der Potestäten vervollständigt.

Ana-

Analytische Herleitung der Winkel-Functionen.

86.

Wie bekannt, giebt es zwei wesentlich von einander verschiedene Arten von Grössen, *mögliche* und *unmögliche*, oder *reelle* und *imaginaire.* Sie sind deshalb *wesentlich* von einander verschieden, weil eine Art nicht auf die andere gebracht, das heisst, der Werth einer unmöglichen Grösse auf keine Weise durch mögliche Grössen ausgedrückt werden kann, und umgekehrt. Die analytische Theorie muss also *nothwendig* überall, wo sie vollständig sein soll, untersuchen, was ihre Sätze für die *beiden* Arten von Grössen geben. Sie würde unvollständig sein und nur die Hälfte ihres Umfanges haben, wenn sie blos bei der einen Art stehen bliebe. Es ist also auch bei den Potestäten nothwendig, zu untersuchen, was sie giebt, wenn *unmögliche* Grössen in Rechnung kommen.

87.

Die Grössen-Verbindung, aus welcher die gesammte Theorie der Potestäten, Logarithmen und Exponential-Grössen hergenommen wurde, war diejenige, welche die Gleichung

$$u^y = z$$

unter den Bedingungen bezeichnet, dass

Analytische Herleitung

$$u^{y+k} = u^y . u^k$$

$$(uk)^y = u^y . k^y$$

$$(u^y)^k = u^{yk} \text{ und}$$

$$u^y = 1 \text{ für } y = 0$$

ist. Es frägt sich nun, was der Ausdruck $u^y = z$, unter diesen Bedingungen, mit seinen, auf letzteren gegründeten allgemeinen Entwickelungen giebt, wenn unter den in Rechnung kommenden Grössen *imaginaire* Grössen sind.

Offenbar kann von den drei Grössen u, y, z nie *eine allein* unmöglich sein, weil eine umögliche Grösse nie reellen Grössen gleich ist. Es müssen nothwendig zwei von den drei Grössen u, y, z *zugleich* imaginair sein, damit sich die imaginairen Theile in der Gleichuug möglicher Weise aufheben können.

Es sind also drei Fälle möglich, nemlich:

u und z können unmöglich sein und y reell,
y und u können umöglich sein und z reell,
z und y können unmöglich sein und u reell,

Der dritte Fall führt, wie sich zeigen wird, auf die Winkel-Functionen. Die beiden ersten verdienen eine eigene Untersuchung, welche wir aber hier, wo es insbesondere nur auf die Winkel-Functionen ankommt, bei Seite setzen.

Es frägt sich also insbesondere, was die Gleichung $u^y = z$ unter den obigen Bedingungen in dem

Falle giebt, wenn y und z *unmögliche* Grössen sind.

88.

Alle unmögliche Grössen, ohne Ausnahme, lassen sich, wie bekannt, auf

$$\pm\sqrt{-1}$$

bringen und zwar nicht sowohl auf $+\sqrt{-1}$ oder $-\sqrt{-1}$ allein, sondern nothwendig auf die beiden Grössen $+\sqrt{-1}$ und $-\sqrt{-1}$ *zugleich*, weil die Grösse -1 *zwei* Wurzeln zugleich hat, von welchen keine vor der andern etwa vorzugsweise Statt findet, sondern die immer beide zugleich existiren. Man darf deshalb die Grössen $+\sqrt{-1}$ und $-\sqrt{-1}$ auch nie trennen. Wir wollen diese unzertrennlichen Grössen $+\sqrt{-1}$ und $-\sqrt{-1}$, nach dem Beispiele mehrerer Schriftsteller, der Kürze wegen, und zwar beide zugleich, durch den einen Buchstaben i bezeichnen, so dass

590. $$i = \pm\sqrt{-1}$$

ist. Es ist alsdann

591. $i^2 = -1$, $i^3 = -i$, $i^4 = +1$, $i^5 = +i$ etc.

und wenn $-i$ vorkommt, so bedeutet solches

592. $-i = \mp\sqrt{-1}$ und es ist

593. $(-i)^2 = -1$, $(-i)^3 = i$, $(-i)^4 = +1$, $(-i)^5 = -i$ etc.

Dieses vorausgeschickt, so wird die Aufgabe vollständig ausgedrückt, wenn man in $u^y = z$

Analytische Herleitung

$\pm iy$ statt y

setzt und sucht, was alsdann z ist, so also, dass man, wenn der entstehende Werth von z einen Augenblick durch Z bezeichnet wird, die Gleichung

$$u^{\pm iy} = Z$$

erhält, welche unter den obigen Bedingungen untersucht werden muss.

89.

Da unter diesen Bedingungen die oben gefundenen in (§. 29.) zusammengestellten Entwickelungen *ganz allgemein für jeden beliebigen Werth der Grössen u, y und z gelten*, so gelten sie auch wenn man $\pm iy$ statt y setzt, das heisst, die Entwickelungen entsprechen den Bedingungen auch *in diesem* Falle.

Man kann also die Grösse $u^{\pm iy}$ z. B. nach Maassgabe der Reihe

$$u^{y} = 1 + y.{}^{e}u + \frac{y^2}{2}.{}^{e}u^2 + \frac{y^3}{2.3}.{}^{e}u^3 \ldots . \quad (194.)$$

entwickeln, indem man in dieselbe $u^{\pm iy}$ statt y setzt.

Dieses giebt

594. $$u^{+iy} = 1 + iy.{}^{e}u - \frac{y^2}{2}.{}^{e}u^2 - \frac{iy^3}{2.3}.{}^{e}u^3 + \frac{y^4}{2.3.4}.{}^{e}u^4 + \ldots .$$

595. $$u^{-iy} = 1 - iy.{}^{e}u - \frac{y^2}{2}.{}^{e}u^2 + \frac{iy^3}{2.3}.{}^{e}u^3 + \frac{y^4}{2.3.4}.{}^{e}u^4 - \ldots .$$

der Winkel-Functionen.

oder

$$596.\quad u^{+iy} = 1 - \frac{y^2}{2}.{}^{e}u^2 + \frac{y^4}{2.3.4}.{}^{e}u^4 - \ldots$$
$$+ i\left(y.{}^{e}u - \frac{y^3}{2.3}.{}^{e}u^3 + \frac{y^5}{2.3.4.5}.{}^{e}u^5 - \ldots\right)$$

$$597.\quad u^{-iy} = \left(1 - \frac{y^2}{2}.{}^{e}u^2 + \frac{y^2}{2.3.4}.{}^{e}u^4 - \ldots\right)$$
$$- i\left(y.{}^{e}u - \frac{y^3}{2.4}.u^3 + \frac{y^5}{2.3.4.5}.{}^{e}u^5 - \ldots\right)$$

oder, zusammen ausgedrückt,

$$598.\quad u^{\pm iy} = 1 - \frac{y^2}{2}.u^2 + \frac{y^4}{2.3.4}.{}^{e}u^4 - \ldots$$
$$\pm i\left(y.{}^{e}u - \frac{y^3}{2.3}.{}^{e}u^3 + \frac{y^5}{2.3.4.5}.{}^{e}u^5 - \ldots\right).$$

Man sieht hieraus, dass die entwickelte Grösse $u^{\pm iy}$ oder Z allemal aus zwei Theilen besteht, einem *möglichen* und einem *unmöglichen*, und dass folglich

599. Z durch $P \pm iQ$, oder
600. Z durch $\varphi y \pm i f y$

bezeichnet werden kann, wo

$$601.\quad \begin{cases} P = \varphi y = 1 - \frac{y^2}{2}.{}^{e}u^2 + \frac{y^4}{2.3.4}.{}^{e}u^4 - \frac{y^6}{2.3.4.5.6}.{}^{e}u^6 \ldots \text{ und} \\ Q = f y = y.{}^{e}u - \frac{y^3}{2.3}.{}^{e}u^3 + \frac{y^5}{2.3.4.5}.{}^{e}u^5 \ldots \end{cases}$$

ist.

Es ist also allgemein

$$602.\quad \begin{cases} u^{+iy} = \varphi y + i f y \text{ und} \\ u^{-iy} = \varphi y - i f y \end{cases}$$

Analytische Herleitung

und es kommt nun weiter auf die etwaige Bedeutung der Grössen φy und $f y$ an, deren Ausdrücke ganz in reelle Grössen entwickelt sind (601.).

90.

I. Aus (602.) folgt, wenn man die beiden Gleichungen addirt und subtrahirt und durch 2 und $2i$ dividirt,

$$603. \begin{cases} \varphi y = \dfrac{u^{+iy} + u^{-iy}}{2} \\ f y = \dfrac{u^{+iy} - u^{-iy}}{2i} \end{cases}$$

Dieses giebt, wenn man quadrirt,

$$604. \begin{cases} \varphi y^2 = \dfrac{u^{+2iy} + 2 + u^{-2iy}}{4} \\ f y^2 = \dfrac{u^{+2iy} - 2 + u^{-2iy}}{4}, \end{cases}$$

weil $(2i)^2 = -4$ ist (591.), und wenn man diese beiden Gleichungen addirt,

$$605. \quad \varphi y^2 + f y^2 = 1.$$

II. Ferner erhält man, wenn man von beiden Gleichungen (703.) die ersten Ableitungen nimmt, vermöge der Gleichungen (188 und 123.),

$$\frac{d}{y} \varphi y = \frac{i.u^{+iy}.{}^{e}u - i.u^{-iy}.{}^{e}u}{2},$$

$$\frac{d}{y} f y = \frac{i.u^{+iy}.{}^{e}u + i.u^{-iy}.{}^{e}u}{2i},$$

oder, wenn man die erste Gleichung rechterhand, oben und unten mit i multiplicirt, die zweite oben und unten mit i dividirt, weil $i^2 = -1$ ist (591.)

$$606. \begin{cases} \frac{d}{y}\varphi y = \frac{u^{+iy.^eu} - u^{-iy.^eu}}{2i}, \\ \frac{d}{y} f y = \frac{u^{+iy.^eu} + u^{-iy.^eu}}{2}, \end{cases}$$

woraus auch, wie man sieht, vermöge (603.) folgt, dass

$$607. \begin{cases} \frac{d}{y}\varphi y = -{}^eu.f y \text{ und} \\ \frac{d}{y} f y = {}^eu.\varphi y. \end{cases}$$

III. Quadrirt man wieder diese Gleichungen und addirt sie, so erhält man

$$608. \quad \frac{d}{y}\varphi y^2 + \frac{d}{y} f y^2 = {}^eu^2 (\varphi y^2 + f y^2)$$

folglich, weil vermöge (605.) $\varphi y^2 + f y^2 = 1$ ist,

$$609. \quad \frac{d}{y}\varphi y^2 + \frac{d}{y} f y^2 = {}^eu^2.$$

IV. Ferner erhält man, wenn man z. B. in die erste Gleichung (603.) $x - y$ statt y setzt,

$$610. \quad \frac{u^{+i(x-y)} + u^{-i(x-y)}}{2} = \varphi(x-y);$$

hingegen, wenn man in beide Gleichungen (603.) x statt y setzt,

$$611.\ \begin{cases} \varphi x = \dfrac{u^{+ix} + u^{-ix}}{2} \text{ und} \\ f x = \dfrac{u^{+ix} - u^{-ix}}{2i}. \end{cases}$$

Dieses giebt, wenn man die Gleichungen (603 und 611.) mit einander multiplicirt und zwar die erste mit der ersten, die zweite mit der zweiten,

$$612.\ \begin{cases} \varphi x \varphi y = \dfrac{u^{i(x+y)} + u^{i(x-y)} + u^{i(y-x)} + u^{-i(y+x)}}{4} \text{ und} \\ f x f y = -\dfrac{u^{i(x+y)} - u^{i(x-y)} - u^{i(y-x)} + u^{-i(y+x)}}{4} \end{cases}$$

Addirt man diese beiden Gleichungen, so erhält man

$$613.\ \varphi x \varphi y + f x f y = \frac{u^{i(x-y)} + u^{-i(x-y)}}{2}.$$

Es war aber

$$\frac{u^{i(x-y)} + u^{-i(x-y)}}{2} = \varphi(x-y) \quad (610.)$$

also ist allgemein

$$614.\ \varphi(x-y) = \varphi x \varphi y + f x f y.$$

Dieses sind die nächsten Eigenschaften der Grössen φy und $f y$ *welche unmittelbar aus der Entwickelung der Grösse* $u^{\pm iy}$ *folgen.*

91.

Für den besondern Fall, wenn

$$615.\ u = e,$$

der Winkel-Functionen.

nemlich *gleich der Basis des natürlichen Logarithmen* ist, gehen die vorstehenden Resultate, weil in diesem Falle

$$616.\quad {}^{e}u = 1$$

ist, in folgende über:

$$617.\ \left\{\begin{array}{l} \varphi y = 1 - \frac{y^2}{2} + \frac{y^4}{2.3.4} - \frac{y^6}{2.3.4.5.6} \cdots \\ f y = y - \frac{y^3}{2.3} + \frac{y^5}{2.3.4.5} \cdots \end{array}\right\}\ (601.)$$

$$618.\ \left\{\begin{array}{l} e^{+iy} = \varphi y + i f y \\ e^{-iy} = \varphi y - i f y \end{array}\right\}\ (602.)$$

$$619.\ \left\{\begin{array}{l} \varphi y = \frac{e^{+iy} + e^{-iy}}{2} \\ f y = \frac{e^{+iy} - e^{-iy}}{2i} \end{array}\right\}\ (603.)$$

$$620.\quad \varphi y^2 + f y^2 = 1 \quad (605.)$$

$$621.\quad \frac{d}{y}\varphi y^2 + \frac{d}{y} f y^2 = 1 \quad (609.)$$

$$622.\ \left\{\begin{array}{l} \frac{d}{y}\varphi y = - f y \\ \frac{d}{y} f y = \varphi y \end{array}\right\}\ (607.)$$

$$623.\quad \varphi x \varphi y + f x f y = \varphi(x - y) \quad (614.)$$

92.

Nun lässt sich, wie in (§. 85.) bemerkt, in der Geometrie *allgemein* beweisen, dass wenn man die rechtwinkligen Coordinaten einer *beliebigen* Curve in der Ebene, als Functionen des zugehörigen Curven-Bogens betrachtet und den Bogen durch y und die Coordinaten durch φy und $f y$ bezeichnet, allemal

$$624. \quad \frac{d}{y}\varphi y^2 + \frac{d}{y} f y^2 = 1$$

ist. Nimmt man zu dieser allgemein geltenden Gleichung die Gleichung der Curve selbst zwischen den Coordinaten, für jeden besondern Fall, so lassen sich aus den beiden Gleichungen die Grössen φy und $f y$ allemal in y entwickeln.

Für den Kreis ist die Gleichung zwischen den Coordinaten

$$625. \quad \varphi y^2 + f y^2 = 1,$$

wenn der Halbmesser der Einheit gleich ist; also finden für den Kreis die beiden Gleichungen

$$626. \quad \begin{cases} \varphi y^2 + f y^2 = 1 \quad \text{und} \\ \frac{d}{y}\varphi y^2 + \frac{d}{y} f y^2 = 1 \end{cases}$$

Statt.

Diese beiden Gleichungen sind genau diejenigen (620., 621.) auf welche oben die Entwickelung der Potestät $\pm iy$, der Basis e, der natürlichen Logarithmen, nemlich die Entwickelung von

$$627. \quad e^{\pm iy} = \varphi y \pm i f y$$

führte.

Da nun aus Beidem, sowohl aus den Gleichungen (626.) wie in (§. 85.) gezeigt, als durch Ent-

der Winkel-Functionen.

wickelung der Grösse $e^{\pm iy}$, zu Folge (§. 89 und 90.) die Grössen φy und $f y$ *vollständig* in y ausgedrückt werden können, so folgt, dass *alle* Eigenschaften des Gegenstandes der Gleichungen (626.) auch dem Gegenstande der Gleichung (627.) zukommen und dass also alle in (§. 91.) zusammengestellten und aus der Entwickelung von $e^{\pm iy}$ gefundenen Resultate *auf einen Kreis passen, dessen Halbmesser gleich* 1 *ist.*

Es folgt also, dass weil φy und $f y$ in (626.) die rechtwinkligen Crordinaten des Kreises, die man Cosinus und Sinus des Bogens y nennt, bedeuten, auch die Grössen φy und $f y$ in (§. 91.) diesen Cosinus und Sinus von y ausdrücken und dass also Cosinus und Sinus von y ganz allgemein durch die Reihen (617.) ausgedrückt werden.

Ferner folgt, dass auch die Gleichung (623.) dem Kreise zukommt; für welchen sie durch

628. $\cos(x-y) = \cos x \cos y + \sin x \sin y$

ausgedrückt werden kann. Und da nun, wie in (§. 78.) gezeigt, aus dieser einzigen Gleichung alle übrige trigonometrische Formeln gefunden werden können, so folgt, dass auch diese unmittelbar aus der Entwickelung der Grösse $e^{\pm iy}$ folgen, ohne dass weiter ein *geometrischer* Beweis derselben nöthig wäre.

Alles was den Kreis angeht, liegt daher, im weitesten Umfange, einzig und allein in der Potestät der Basis e des natürlichen Logarithmen mit dem unmöglichen Exponenten $\pm y\sqrt{-1}$, nemlich in der Grösse $e^{\pm iy}$ und in ihrer analytischen Entwickelung nach der Theorie der Potestäten. Um diese Grösse und ihre Entwickelung auf den Kreis anzuwenden, ist nichts weiter nöthig, als die Gleichung des Kreises und der für alle Curven geltende allgemeine Ausdruck des Verhältnisses der ersten Ableitungen der Coordinaten zu der ersten Ableitung des Bogens.

So führt die Analysis allein auf die Winkel-Functionen, und, weit entfernt, dass sie, um diese Functionen in ihrer höchsten Allgemeinheit zu entwickeln, der Figur des Kreises, oder sonst geometrischer Sätze bedürfte, liefert sie vielmehr der Geometrie, mit der grössten Einfachheit und Leichtigkeit, alle trigonometrische Formeln, zu denen dieselbe nur mit Mühe und schwerfällig gelangt und erspart ihr also diese Mühe.

93.

Es ist um so sonderbarer, dass man diesen natürlichen Gang der Theorie hier gewöhnlich übersieht, da man doch in dem ganz nahe verwandten Falle, bei den Logarithmen, in der That ganz richtig verfährt.

Man pflegt nemlich keinesweges bei der Theorie der natürlichen Logarithmen von der *Hyperbel* auszugehen, sondern man stellt die Theorie, wie es sich gehört, rein analytisch auf und zeigt erst dann, dass sie mit der Hyperbel insofern zusammenhänge, dass der natürliche Logarithme einer Zahl unmittelbar die *Fläche* einer darauf sich beziehenden Hyperbel unter den Coordinaten ausdrückt.

Bei der Hyperbel ist es die *Fläche*, durch welche sie mit dem zugehörigen analytischen Ausdrucke zusammenhängt, bei dem Kreise ist es der *Bogen*. Warum nimmt man nun den Satz von der Hyperbel-Fläche aus der Analysis, und den Satz von den Winkel-Functionen aus der Geometrie? warum den natürlichen Logarithmen nicht auch aus der Geometrie?

Das gewöhnliche Verfahren ist also bei diesem Gegenstande nicht consequent und es ist wichtig, solches auch in den Lehrbüchern zu ändern.

Einen Anstoss machen hier nicht etwa die Ableitungen, in den Ausdrücken (620., 621 und 622.) auf welchen der Zusammenhang der Grösse $e^{\pm iy}$ mit den Winkel-Functionen beruhet. Dieselben sind keinesweges Differentiale, aus der sogenannten Rechnung des Unendlichen. Es ist von dem Unendlichen, oder von jenen wunderlichen Nullen, die eine kleine unsichtbare Gnomen-Welt unter sich ausmachen sollen, gar keine Rede. Es kommen nur lauter gewöhnliche, Jedermann begreifliche, endliche Grössen vor und zu der Rechnung mit dem *d* gehört nichts weiter, als blosse einfache

Buchstaben-Rechnung. Sie ist, wie man im ersten Abschnitt sahe, mit Regeln des Addirens, Subtrahirens, Multiplicirens und Dividirens mit Buchstaben gethan.

94.

Wir sahen in (§. 91.), dass, um auf den Kreis zu kommen, das heisst, um die Gleichungen (620.) zu finden, welche zugleich die Eigenschaften des Kreises ausdrücken, die Basis u des Logarithmanden $z = u^{\pm iy}$ gleich e gesetzt werden muss, und dass man also zu *diesem* Zwecke von *beliebigen* Logarithmen zu den *natürlichen* Logarithmen übergehen muss.

Dieses ist *für den Kreis* nothwendig, nicht aber für die Analysis überhaupt, und die Ausdrücke (§. 89.) sind keinesweges auf den Fall beschränkt, wenn $u = e$ ist, sondern sie gelten *allgemein*, *für jedes beliebige* u, mit allen ihren Resultaten, ohne Ausnahme. Der Kreis entspricht nur einem besondern Falle derselben. Es ist wiederum wie bei der Hyperbel. Man kommt durch sie auf die *natürlichen* Logarithmen insbesondere, während die Logarithmen-Theorie allgemein gilt. Geht man vom Kreise aus, so kommt man auf den Fall $u = e$, auf welchen aber die analytischen Ausdrücke (§. 89 und 90.) nicht beschränkt sind.

Wir müssen, dieses Umstandes wegen, um bei der Allgemeinheit der Ausdrücke bleiben zu können, noch den Werth der Grösse $\frac{1}{2}\Pi$, das heisst, den Werth von y für $f\gamma = 1$ suchen, welche Grösse nicht allgemein der vierte Theil des Kreis-Umfanges für den Halbmesser 1 ist.

Dieses geschieht leicht aus den Ausdrücken (602 und 618.), Man setze nemlich in den ersten $y = \Pi$, in den zweiten $y = \pi$, so erhält man, weil sowohl $\varphi\,\Pi$ als $\varphi\,\pi$ oder $\cos\pi = 1$, und $f\,\Pi$ so wie $f\pi$ oder $\sin\pi = 0$ ist (511 und 515.) $u^{\pm i\Pi} = -1$ und $e^{\pm i\pi} = -1$, also

$$u^{\pm i\Pi} = e^{\pm i\pi}.$$

Nimmt man hiervon die Logarithmen für die Basis e, so erhält man

$$\pm i\Pi . {}^{e}u = \pm i\pi,$$

also

$$629.\quad \Pi = \pi \frac{1}{{}^{e}u}.$$

Da $\frac{1}{{}^{e}u}$ der Modul des logarithmischen Systems für die Basis u ist, (Gleichung 192.), so sieht man, dass man die Grösse Π erhält, wenn man den halben Kreis-Umfang für den Halbmesser 1, oder π, mit dem Modul des logarithmischen Systems für die Basis u multiplicirt.

Daraus folgt, dass die obigen, aus Potestäten mit unmöglichen Exponenten hergeleiteten Grössen um eben so viel allgemeiner als Kreis-Functionen sind, wie allgemeine Logarithmen im Verhältniss zu den hyperbolischen oder natürlichen.

Analytische Herl. der Wink. Funct.

Die unnöthige Beschränkung der, rein analytisch, aus Potestäten mit unmöglichen Exponenten folgenden Ausdrücke durch den Kreis ist ebenfalls eine Folge des nicht vortheilhaften Ganges von der Geometrie zur Analysis, statt von dieser zu jener.

Wenn man die Allgemeinheit der Ansdrücke (§. 89 und 90.) nicht aufgeben will, so muss man nicht $u = e$ und $\varphi u = \cos u$, $f u = \sin u$ setzen, welches für die Analysis nicht nöthig ist, sondern die allgemeinen Zeichen beibehalten.

Da der Kreis dem besondern Falle $u = e$ entspricht, so kann man von Allem, was man erhält, auch sogleich die Anwendung auf den Kreis machen, wenn man blos $u = e$, $\varphi u = \cos u$ und $f u = \sin u$ setzt.

Zwei-

Zweitens.

Bemerkungen über die Entwickelung der Potestäten trigonometrischer Linien beliebiger Bogen durch ähnliche Linien der vielfachen Bogen, und umgekehrt.

95.

Da alle trigonometrische Linien leicht durch Sinus und Cosinus ausgedrückt werden können, so umfasst die Untersuchung der Sinus und Cosinus zugleich die übrigen Linien.

Die folgenden Bemerkungen werden sich also insbesondere nur auf die Entwickelungen der Ausdrücke $(2\cos y)^m$ und $(2\sin y)^m$ und $\cos my$ und $\sin my$, für jedes beliebige y und m beziehen.

A. Ueber die allgemeine Entwickelung der Ausdrücke von $(2\cos y)^m$ und $(2\sin y)^m$.

96.

Gewöhnlich verfährt man bei der Entwickelung einer beliebigen Potestät z. B. von $\cos y$ durch die Cosinus und Sinus Vielfacher von y, im Wesentlichen, wie folgt.

Man schreibt statt $2\cos y$,

$$\cos y + \sin y\sqrt{-1} + \cos y - \sin y\sqrt{-1},$$

woraus, weil, wie leicht zu sehen,

Entwickel. von $(2\cos y)^m$ *und* $(2\sin y)^m$.

$$(\cos y + \sin y\sqrt{-1}).(\cos y - \sin y\sqrt{-1}) = 1\text{, also}$$

630. $\cos y - \sin y\sqrt{-1} = \dfrac{1}{\cos y + \sin \sqrt{-1}}$

ist,

631. $2\cos y = \cos y + \sin y\sqrt{-1} + \dfrac{1}{\cos y + \sin y\sqrt{-1}}$

folgt.

Setzt man, der Kürze wegen,

632. $\cos y + \sin y\sqrt{-1} = v$.

so ist

632. $2\cos y = v + \dfrac{1}{v} = \dfrac{1}{v} + v$

Dieses giebt, wenn man die zweitheilige Grösse rechterhand nach dem binomischen Lehrsatze entwickelt,

633. $\begin{cases} (2\cos y)^m = v^m + mv^{m-2} + \dfrac{m.(m-1)}{2}v^{m-4}\ldots\text{, oder} \\ (2\cos y)^m = v^{-m} + mv^{-m+2} + \dfrac{m.(m-1)}{2}v^{-m+4}\ldots; \end{cases}$

für ein beliebiges *m*.

Nun ist, vermöge (602.), wenn man φu und fu für den besondern Fall $u = e$, und von $e^{y\sqrt{-1}}$ die *m* Potestät nimmt

634. $e^{my\sqrt{-1}} = (\cos y + \sin y\sqrt{-1})^m$,

hingegen, wenn man in eben die Gleichung (602.) my statt y setzt,

635. $e^{my\sqrt{-1}} = \cos my + \sin my\sqrt{-1}$.

Entwickel. von $(2\cos y)^m$ und $(2\sin y)^m$.

Daraus schliesst man, allgemein für jedes m,

636. $(\cos y + \sin y \sqrt{-1})^m = \cos my + \sin my \sqrt{-1}$.

Dieses giebt, weil vorhin $\cos y + \sin y \sqrt{-1} = v$ war,

$$637. \begin{cases} v^m = \cos my + \sin my \sqrt{-1}, \\ v^{m-2} = \cos(m-2)y + \sin(m-2)y \sqrt{-1}, \\ v^{m-4} = \cos(m-4)y + \sin(m-4)y \sqrt{-1}, \end{cases}$$

etc., desgleichen, weil z. B. $\cos -my = \cos my$ und $\sin -my = -\sin my$ ist, auch

$$638. \begin{cases} v^{-m} = \cos my - \sin my \sqrt{-1}, \\ v^{-m+2} = \cos(m-2)y - \sin(m-2)y \sqrt{-1}, \\ v^{-m+4} = \cos(m-4)y - \sin(m-4)y \sqrt{-2}, \text{ etc.} \end{cases}$$

Substituirt man dieses in (633.), so erhält man,

$$639. (2\cos y)^m = \cos my + m\cos(m-2)y + \frac{m.(m-1)}{2}\cos(m-4)y \ldots$$
$$+ \sqrt{-1}(\sin my + m\sin(m-2)y + \frac{m.(m-1)}{2}\sin(m-4)y \ldots$$

und

$$640. (2\cos y)^m = \cos my + m\cos(m-2)y + \frac{m.(m-1)}{2}\cos(m-4)y \ldots$$
$$-\sqrt{-1}\left(\sin my + m\sin(m-2)y + \frac{m.(m-1)}{2}\sin(m-4)y \ldots\right)$$

welches sich, wenn man der Kürze wegen,

$$\cos my + m\cos(m-2)y + \frac{m.(m-1)}{2}\cos(m-4)y \ldots = P,$$

$$\sin my + m\sin(m-2)y + \frac{m.(m-1}{2}\sin(m-4)y \ldots = Q$$

setzt, durch

Entwickel. von $(2\cos y)^m$ *und* $(2\sin y)^m$.

641. $$\begin{cases}(2\cos y)^m = P + Q\sqrt{-1} \text{ und}\\ (2\cos y)^m = P - Q\sqrt{-1}\end{cases}$$

bezeichnen lässt.

Da diese beiden Gleichungeu (641.) linkerhand identisch, nemlich derselben Grösse $(2\cos y)^m$ gleich sind uud folglich

642. $$P + Q\sqrt{-1} = P - Q\sqrt{-1}$$

zu sein scheint, so schliesst man, dass allgemein

643. $$Q = 0$$

und folglich blos

644. $(2\cos y)^m =$

$$P = \cos my + m\cos(m-2)y + \frac{m(m-1)}{2}\cos(m-4)y \ldots.$$

sei.

Dieser Ausdruck für $(2\cos y)^m$ passt nun aber nicht, wie es sein sollte, für jedes beliebige m, wie leicht an Beispielen zu sehen. Denn es sei z. B. $y = \pi$ und $m = \frac{1}{2}$, so ist $(2\cos y)^m = (-2)^{\frac{1}{2}} = \sqrt{2}.\sqrt{-1}$ und folglich eine unmögliche Grösse. Hingegen rechterhand stehen lauter mögliche Grössen, so dass also Unmögliches Möglichem gleich sein soll, welches nicht sein kann.

Die Grösse $Q\sqrt{-1}$ oder der unmögliche Theil von $(2\cos y)^m$ kann also nicht immer Null sein; denn es können, wie Beispiele zeigen, Fälle vorkommen, wo $(2\cos y)^m$ wirklich eine unmögliche Grösse ist. Indessen ist auch, wenn man auch Q beibehält, noch wenig gewonnen; denn setzt man z. B.

$$(2\cos y)^m = P \pm Q\sqrt{-1},$$

so hat man wieder die entgegengesetzte Schwierigkeit, wenn $(2\cos y)^m$ blos eine mögliche Grösse, ohne imaginairen Theil ist. Dann sieht man wieder nicht, wie eine reelle Grösse einer zum Theil unmöglichen Grösse gleich sein kann.

Es ist also hier in jedem Falle eine Schwierigkeit.

Euler und Lagrange und die Ihnen nachfolgten, Letzterer noch im Jahre 1806, nahmen an, dass $(2\cos y)^m$ blos $= P$ sei, welches doch, wie sich oben zeigte, nicht immer der Fall ist. Lagrange findet das Resultat $(2\cos y)^m = P$ auf einem ganz andern Wege durch die Ableitungs-Rechnung, wobei aber eine Coefficienten-Bestimmung ist, die Zweifel hat.

Besonders in der neuesten Zeit sind vielfache Versuche, die Schwierigkeit zu heben, gemacht worden und man findet interessante Arbeiten darüber, von Poisson in der „Correspondence sur l'ecole polytechnique", von Deflers, bei Lacroix, von Plana in den „annales des mathematiques" des Herrn Gergonne, von Tralles in den Berliner Memoiren und andere. Allein alle diese Bemühungen scheinen noch nicht ganz gelungen. Poisson hatte den Weg zur Auflösung der Schwierigkeiten gebahnt, aber das Ziel, wie es scheint, nicht erreicht.

Entwickel. von $(2\cos y)^m$ und $(2\sin y)^m$.

Auch ich habe in einer Uebersetzung der „Leçons sur le calcul des fonctions" von Lagrange, Mittel die Schwierigkeit zu heben, in einer Anmerkung zu dem Lagrangischen Vortrage dieses Gegenstandes anzugeben gesucht und dabei gezeigt, warum durch die Lagrangische Entwickelung nicht der allgemein richtige Ausdruck gefunden wird.

Da aber auch wieder gegen diese Mittel Einwendungen gemacht werden können, und die Schwierigkeit sich noch etwas allgemeiner, genauer und deutlicher erklären lässt, so will ich den Gegenstand wieder aufnehmen, und die Auflösung strenger durchzuführen suchen.

97.

Wir wollen denselben, auf den Grund der obigen Theorie, vom Anfange an durchgehen.

Zu Folge der Gleichung (598.) ist

$$645.\quad u^{\pm iy} = \varphi y \pm i f y,$$

wo y jeden beliebigen Werth haben kann. Wir wollen bei reellen Werthen von y stehen bleiben. Schreibt man in diese Gleichung

$$646.\quad m\,y \text{ statt } y$$

wo m jeden beliebigen, reellen oder unmöglichen Werth haben kann, so erhält man

$$647.\quad u^{\pm imy} = \varphi m y \pm i f m y.$$

Entwickel. von $(2\cos y)^m$ und $(2\sin y)^m$.

Nun ist, nach den allgemeinen Grund-Gleichungen der Potestäten,

$$648. \quad u^{my} = (u^y)^m \quad (7.)$$

also ist

$$649. \quad u^{\pm imy} = (u^{\pm iy})^m.$$

Setzt man in diese Gleichung die Ausdrücke von $u^{\pm iy}$ und $u^{\pm imy}$ (645 und (647.), so erhält man

$$650. \quad \varphi my \pm ifmy = (\varphi y \pm ify)^m,$$

welche Gleichung für jeden beliebigen Werth von m gilt, er sei rational oder irrational, transcendent oder unmöglich, weil sie allein aus der allgemeinen *Definition* der Potestäten folgt.

Diese Gleichung (650.) ist die Grund-Gleichung aller Entwickelungen bei den Winkel-Functionen.

Für den Fall des Kreises, für welchen

$$651. \quad \varphi y = \cos y, fy = \sin y \text{ und } \Pi = \pi \text{ ist}$$

heisst derselbe wie folgt:

$$652. \quad \cos my \pm i \sin my = (\cos y \pm i \sin y)^m$$

wofür man auch, wenn man, allgemein, y sowohl positiv als negativ nimmt, blos

$$653. \quad \cos my + i \sin my = (\cos y + i \sin y)^m$$

schreiben kann, weil das obere Zeichen in (652.) *auf beiden Seiten* in das untere übergeht, wenn man —y statt + y setzt.

Der Bequemlichkeit und Gewohnheit wegen, kann man die Grund-Gleichung in dieser Gestalt beibehalten. Die Allgemeinheit wird dadurch nicht vermindert, weil man jeden Augenblick die allgemeinen Ausdrücke wieder herstellen kann, indem man nur φ statt *cos*, *f* statt *sin* und Π statt π schreiben darf, wo

$$654. \quad \Pi = \pi . \frac{1}{\overset{\circ}{u}} \quad (629.)$$

ist.

98.

I. Diese Grund-Gleichung scheint nun aber für einen *beliebigen* Werth von *m* nicht vollständig. Denn ist z. B. *m* irgend ein Bruch, so hat die *m* Potestät $(\cos y \pm i \sin y)^m$ von der Grösse $\cos y + i \sin y$, wie aus der Theorie der Gleichungen bekannt, so viele verschiedene Werthe, als der Nenner des Bruchs *m* Einheiten. Hingegen der Theil der Gleichung rechterhand, $\cos my + i \sin my$, hat nur einen einzigen Werth, weil jeder Bogen my nur einen Cosinus und nur einen Sinus hat. Die Gleichung (653.) drückt also, wie es scheint, rechterhand mehr Grössen aus, als linkerhand.

II. Eigentlich ist es nicht so. Vielmehr *folgt* daraus, dass die Gleichung (652.) linkerhand nur einen einzigen Werth hat, dass sie auch rechterhand nur einen, von den verschiedenen Werthen, die sie ausdrücken kann, bezeichne.

III. Da sie indessen rechterhand mehrere Werthe ausdrücken *kann*, so muss auch der Theil linkerhand eben so viele Werthe ausdrücken *können*, und dieses ist in der That der Fall, weil sich der Theil rechterhand, wenn man zu y eine *beliebige* Zahl von Umfängeu des Kreises hinzurechnet, oder davon abzieht, gar nicht ändert, der Theil linkerhand aber allerdings.

IV. Es ist nemlich für jedes beliebige, positive oder negative y, allgemein

$$\cos(y + 2n\pi) = \cos y \text{ und}$$
$$\sin(y + 2n\pi) = \sin y,$$

wo *n* eine beliebige *ganze*, positive oder negative Zahl bedeuten kann; denn es ist

$$\cos(y + 2n\pi) = \cos y \cos 2n\pi - \sin y \sin 2n\pi \text{ und}$$
$$\sin(y + 2n\pi) = \sin y \cos 2n\pi + \cos y \sin 2n\pi,$$

welches, weil $\sin 2n\pi = 0$ und $\cos 2n\pi = 1$ ist,

$$\cos(y + 2n\pi) = \cos y \text{ und}$$
$$\sin(y + 2n\pi) = \sin y$$

giebt.

V. Setzt man also in (653.) $y + 2n\pi$ statt y, so ändert sich der Theil der Gleichung rechterhand, nemlich $(\cos y + i \sin y)^m$ gar nicht, hingegen der Theil linkerhand geht in

$$\cos m(y + 2n\pi) + i \sin m(y + 2n\pi)$$

über, und diese Grösse kann allerdings, je nachdem das *willkürliche n* diesen oder jenen Werth hat, verschiedene Werthe haben.

VI. Die Grund-Gleichung (653.) heisst also eigentlich *vollständig*, wie folgt:

Entwickel. von $(2\cos y)^m$ *und* $(2\sin y)^m$.

655. $\cos m(y+2n\pi)+i\sin m(y+2n\pi)=(\cos y+i\sin y)^m$.

VII. Entwickelt man diese Gleichung linkerhand, so erhält man

$$\cos my\cos 2mn\pi-\sin my\sin 2mn\pi$$
$$+i(\sin my\cos 2mn\pi+\cos my\sin 2mn\pi)$$
$$=(\cos y+i\sin y)^m,$$

oder

$$\cos my(\cos 2mn\pi+i\sin 2mn\pi)$$
$$+i\sin my(\cos 2mn\pi+i\sin 2mn\pi)$$
$$=(\cos y+\sin y)^m,$$

oder

656. $(\cos my+i\sin my)(\cos 2mn\pi+i\sin 2mn\pi)$
$$=(\cos y+i\sin y)^m;$$

wo n jede beliebige *positive* oder *negative* ganze Zahl bedeuten kann.

VIII. Dieses, oder (655.) ist nun die *vollständige* Grund-Gleichung, die nothwendig für jedes m, auf beiden Seiten gleich viel verschiedene, und zwar *alle mögliche* Werthe geben muss.

Das Letzte ist nicht erst besonders zu beweisen nöthig, sondern es *folgt* vielmehr aus der Gleichung, weil eine *vollständige* Gleichung nie auf der einen Seite mehr Werthe enthalten kann, als auf der andern.

IX. Man kann sich davon auch in bestimmten Fällen a posteriori überzeugen.

Es sei z. B. m ein beliebiger Bruch $\frac{1}{q}$ so hat $(\cos y+i\sin y)^m$, wie aus der Theorie der Gleichungen bekannt, q verschiedene Werthe. So viele Werthe muss also auch der Theil der Gleichung linkerhand haben. Diese Werthe hängen nur von der willkürlichen Grösse n, und folglich nur von dem Factor $\cos 2mn\pi + i \sin 2mn\pi$ allein ab.

Man setze, der Reihe nach, weil n nur eine ganze Zahl sein kann, $n = 0, 1, 2, 3 \ldots$ und $= 0, -1, -2, -3 \ldots$, so geht der Factor $\cos 2mn\pi + i \sin 2mn\pi$ in

557. $$\begin{cases} \cos 0 + i \sin 0, \\ \cos\frac{2\pi}{q} + i \sin\frac{2\pi}{q}, \\ \cos\frac{4\pi}{q} + i \sin\frac{4\pi}{q}, \\ \ldots\ldots \\ \cos\frac{2(q-1)\pi}{q} + i \sin\frac{2(q-1)\pi}{q}, \\ \cos\frac{2q\pi}{q} + i \sin\frac{2q\pi}{q}, \\ \ldots\ldots \end{cases}$$

558. $$\begin{cases} \cos(-0) + i \sin(-0) \\ \cos\left(-\frac{2\pi}{q}\right) + i \sin\left(-\frac{2\pi}{q}\right) \\ \cos\left(-\frac{4\pi}{q}\right) + i \sin\left(-\frac{4\pi}{q}\right) \\ \ldots\ldots \\ \cos\left(-\frac{2(q-1)\pi}{q}\right) + i \sin\left(-\frac{2(q-1)\pi}{q}\right) \\ \cos\left(-\frac{2q\pi}{q}\right) + i \sin\left(-\frac{2q\pi}{q}\right) \\ \ldots\ldots \end{cases}$$

über.

Die Werthe $\cos\frac{2q\pi}{q} + i \sin\frac{2q\pi}{q}$ und $\cos\left(-\frac{2q\pi}{q}\right) + i \sin\left(-\frac{2q\pi}{q}\right)$ sind aber wieder die ersten Werthe $\cos 0 + i \sin 0$ oder $\cos(-0) + i \sin(-0)$; denn es ist

$$\cos\frac{2q\pi}{q} + i \sin\frac{2q\pi}{q} = \cos 2\pi + i \sin 2\pi = \cos 0 + \sin 0,$$

und

$\cos\left(-\frac{2q\pi}{q}\right)+i\sin\left(-\frac{2q\pi}{q}\right)=\cos(-2\pi)+i\sin(-2\pi)=$ $\cos(-0)+i\sin(-0)$. Die auf $\cos\frac{2q\pi}{q}+i\sin\frac{2q\pi}{q}$ und $\cos\left(-\frac{2q\pi}{q}\right)+i\sin\left(-\frac{2q\pi}{q}\right)$ folgenden Werthe des Factors sind diejenigen, welche auf $\cos 0+i\sin 0$ und $\cos(-0)+i\sin(-0)$ folgen, und so wiederholen sich die Werthe bis ins Unendliche. Es bleiben also nur q verschiedene Werthe des Factors $\cos 2mn\pi+i\sin 2mn\pi$ für positive und q Werthe für negative n übrig.

Dieses sind aber im Ganzen nicht $2q$, sondern nur q verschiedene Werthe, denn der letzte Werth des Factors, vor der Wiederholung, in (657.) $\cos\frac{2q\pi}{q}+i\sin\frac{2q\pi}{q}$ oder $\cos 2\pi+i\sin 2\pi$ ist wieder dem ersten Werthe des Factors $\cos(-0)$ $+i\sin(-0)$ in (658.), der vorletzte Werth des Factors in (657.) $\cos\frac{2(q-1)}{q}\pi+i\sin\frac{2(q-1)}{q}\pi$, oder $\cos\left(2\pi-\frac{2\pi}{q}\right)+i\sin\left(2\pi-\frac{2\pi}{q}\right)$, oder $\cos\left(-\frac{2\pi}{q}\right)$ $+i\sin\left(-\frac{2\pi}{q}\right)$ ist dem zweiten Werthe des Factors in (658.) gleich u. s. w. so dass immer zwei Werthe von den $2q$ Werthen gleich sind und folglich überhaupt nur q Werthe Statt finden.

Der Factor $\cos(2mn\pi)+i\sin(2mn\pi)$, und folglich der linkseitige Theil der Gleichung (658.) hat also nur immer nur q verschiedene Werthe und folglich nicht mehr und nicht weniger, als der rechtseitige Theil; wie gehörig.

99.

I. Nun ist weiter, was die Entwickelung von $(2\cos y)^m$ betrifft,

659. $2\cos y = \cos y + i\sin y + \cos y - i\sin y$,

und weil $(\cos y + i\sin y)(\cos y - i\sin y) = \cos y^2 - i^2 \sin y^2 = \cos y^2 + \sin y^2$ (588.) $= 1$ (605.) also

660. $\cos y - i\sin y = \frac{1}{\cos y + i\sin y}$ und

661. $\cos y + i\sin y = \frac{1}{\cos y - i\sin y}$

ist,

662. $2\cos y = \cos y + i\sin y + \frac{1}{\cos y + i\sin y}$ und

663. $2\cos y = \cos y - i\sin y + \frac{1}{\cos y - i\sin y}$.

II. Die Grösse $2\cos y$ lässt sich also auf zwei verschiedene Arten ausdrücken und diese Zweifachheit des Ausdrucks hat folgende Bedeutung.

Wie man sieht, geht nemlich der Ausdruck (662.) genau in den Ausdruck (663.) über, wenn man $-y$ statt $+y$ setzt. Obgleich also $2\cos y$ identisch das Nemliche ist, wie $2\cos(-y)$, so sind die Ausdrücke dieser Grösse dennoch nothwendig verschieden, sobald man *unmögliche* Grössen in dieselben bringt.

Entwickel. von $(2\cos y)^m$ *und* $(2\sin y)^m$.

Da nun die Winkel $+ y$ *und* $- y$, *für jeden möglichen Werth von* y, *immer auf verschiedenen Seiten des mit dem Cosinus parallelen Durchmessers liegen*, so folgt, dass wenn man z. B. den Ausdruck (662.) auf Winkel anwendet, die im ersten und zweiten Quadranten liegen, für Winkel im dritten und vierten Quadranten, wenn gleich *cos* y den nemlichen Werth hat, dennoch nothwendig der zweite Ausdruck (663.) genommen werden muss; und umgekehrt.

III. Auch Folgendes ist über die Zwiefachheit des Ausdrucks von $2\cos y$ durch *unmögliche* Grössen, zu bemerken.

Man setze nemlich, der Kürze wegen,

$$664. \begin{cases} \cos y + i \sin y = v \text{ und} \\ \cos y - i \sin y = w, \end{cases}$$

so ist, zu Folge (662 und 663.)

$$665. \quad 2\cos y = v + \frac{1}{v} \text{ und}$$

$$666. \quad 2\cos y = w + \frac{1}{w}.$$

Es ist offenbar das Nemliche, wenn man

$$667. \quad 2\cos y = \frac{1}{v} + v, \text{ oder}$$

$$668. \quad 2\cos y = \frac{1}{w} + w$$

schreibt; allein nimmt man z. B. eine Potestät *m* von $(2\cos y)$ nach dem binomischen Lehrsatze, so macht es einen Unterschied, ob man $\left(v+\frac{1}{v}\right)^m$ oder $\left(\frac{1}{v}+v\right)^m$ und $\left(w+\frac{1}{w}\right)^m$ oder $\left(\frac{1}{w}+w\right)^m$ entwickelt, denn es ist

669. $$\begin{cases} \left(v+\frac{1}{v}\right)^m = v^m + m v^{m-2} + \frac{m.(m-1)}{2} v^{m-4} \ldots \\ \left(\frac{1}{v}+v\right)^m = v^{-m} + m v^{-m+2} + \frac{m.(m-1)}{2} v^{-m+4} \ldots \\ \left(w+\frac{1}{w}\right)^m = w^m + m w^{m-2} + \frac{m.(m-1)}{2} w^{m-4} \ldots \\ \left(\frac{1}{w}+w\right)^m = w^{-m} + m w^{-m+2} + \frac{m.(m-1)}{2} w^{-m+4} \ldots \end{cases}$$

welches also vier verschiedene Ausdrücke zu geben scheint. Allein dieses ist nicht der Fall; sondern die vier Ausdrücke reduciren sich auf zwei. Denn nach (660 und 661.) ist

670. $$w = \frac{1}{v} \text{ und } v = \frac{1}{w};$$

also sind die beiden Gleichungen (665 und 668.) desgleichen die beiden Gleichungen (666 und 667.) und folglich auch je zwei von den vier Entwickelungen (669.) identisch die nemlichen und es giebt also auch für die Entwickelung einer beliebigen Potestät von $(2\cos y)^m$ *nur die zwei* wirklich verschiedenen Ausdrücke von $2\cos y$ (662 und 663.) welche die in (II.) angezeigten Bedeutungen haben, *nicht vier*.

Entwickel. von $(2\cos y)^m$ und $(2\sin y)^m$.

100.

I. Nun nehme man eine beliebige Potestät von $2\cos y$, worin die Aufgabe besteht, z. B. die m Potestät

671. $(2\cos y)^m$

wo m jede rationale oder irrationale, transcendente oder unmögliche Grösse bedeuten kann. Man erhebe, um diese Potestät zu finden, die beiden Ausdrücke von $2\cos y$ (662 und 663.) nach dem binomischen Lehrsatze, der ebenfalls ganz allgemein, für jedes beliebige m gilt, zur m Potestät.

II. Man kann die Ausdrücke von $2\cos y$ zuvor, der Kürze wegen, in einen zusammenziehen und wie folgt schreiben:

672. $2\cos y = \cos y \pm i\sin y + \frac{1}{\cos y \pm i\sin y}$,

oder genauer,

673. $2\cos \pm y = \cos y \pm i\sin y + \frac{1}{\cos y \pm i\sin y}$,

oder auch

674. $2\cos \pm y = \cos \pm y \pm i\sin y + \frac{1}{\cos \pm y + i \pm \sin y}$

oder auch, wenn man wieder y positiv und negativ nehmen will, blos

675. $2\cos y = \cos y + i\sin y + \frac{1}{\cos y + i\sin y}$,

welches von selbst positive Sinus giebt, wenn der Win-

Entwickel. von $(2\cos y)^m$ *und* $(2\sin y)^m$.

Winkel y in dem ersten und zweiten Quadranten, und negative Sinus, wenn y in dem dritten und vierten Quadranten liegt, oder gegen das erste negativ ist.

III. Entwickelt man nun die *m* Potestäten von dem Ausdrucke $(2\cos y)$ (675.) nach dem binomischen Lehrsatze, so erhält man

$$676.\quad (2\cos y)^m = (\cos y + i\sin y)^m + m(\cos y + i\sin y)^{m-2} + \frac{m.(m-1)}{2}(\cos y + i\sin y)^{m-4} \ldots$$

Substituirt man hierin die vollständigen Werthe der verschiedenen, m, $m-2$, $m-4$ etc. Potestäten von $\cos y + i\sin y$ aus der Grund-Gleichung (655.), so erhält man

$$677.\quad (2\cos y)^m = \cos m(y+2n\pi) + i\sin m(y+2n\pi) + m\Big(\cos(m-2)(y+2n\pi) + i\sin(m-2)(y+2n\pi)\Big) + \frac{m.(m-4)}{2}\Big(\cos(m-4)(y+2n\pi) + i\sin(m-4)(y+2n\pi)\Big) \ldots,$$

welches der vollständige Ausdruck *aller der verschiedenen Werthe zugleich ist*; welche $(2\cos y)^m$ haben kann. Die Verschiedenheit entsteht durch die willkürliche Grösse n, welche jede beliebige ganze, positive oder negative Zahl bedeuten kann.

IV. Setzt man, der Kürze wegen,

678. $\cos m(y+2n\pi)+m\cos(m-2)(y+2n\pi)$
$+\frac{m(m-1)}{2}\cos(m-4)(y+2n\pi)\ldots = P_{2n}$ und

679. $\sin m(y+2n\pi)+m\sin(m-2(y+2n\pi)$
$+\frac{m.(m-1)}{2}\sin(m-4)(y+2n\pi)\ldots = Q_{2n}$

indem man durch $2n$, unten an P und Q, die Zahl der halben Umfänge π bezeichnet, welche zu y hinzukommen, oder davon weggenommen werden sollen; so lässt sich auch die vollständige Entwickelung von $(2\cos y)^m$ durch

680. $(2\cos y)^m = P_{2n} + iQ_{2n}$

ausdrücken, wo, wie gesagt, die Verschiedenheit der Werthe von $(2\cos y)^m$ von der willkürlichen Grösse n abhängt.

101.

Dass der Ausdruck von $(2\cos y)^m$ auf diese Weise durch die willkürliche Grösse n vervollständigt werden könne und müsse, hat meines Wissens zuerst Poisson, im zweiten Bande der „Correspondence sur l'ecole polytechnique“ S. 212. etc. gezeigt. Allein einen zweiten Theil der Schwierigkeit macht noch die Frage, *welche von den verschiedenen Werthen der Grösse* $(2\cos y)^m$ *ganz reell, ganz imaginair, oder von der Form* (680.) *sind und für welche Werthe von* n *dergleichen Werthe von* $(2\cos y)^m$ *Statt finden.* Dieser Theil der Schwierigkeit bleibt noch zu heben übrig. Er ist der Gegenstand der folgenden Bemerkungen.

I. Wenn y eine reelle Grösse ist, wovon hier die Rede sein soll, so sind zwei Fälle möglich: entweder ist $\cos y$ positiv, oder negativ.

Bezeichnet man daher den absoluten Zahlenwerth von $(2\cos y)^m$, ohne Rücksicht auf das Zeichen von $2\cos y$, durch

$$681.\quad |2\cos y|^m$$

um ihn von dem allgemeinen Ausdrucke $(2\cos y)^m$ zu unterscheiden, welcher verschiedene, z. B. wenn $m = \frac{1}{q}$ ist, q verschiedene Werthe haben kann, während der absolute Zahlen-Ausdruck $|2\cos y|^m$ immer nur einen einzigen Werth hat, so sind zwei Fälle möglich. Entweder ist

$$682.\quad (2\cos y)^m = (+2)^m |\cos y|^m \text{ oder}$$
$$683.\quad (2\cos y)^m = (-2)^m |\cos y|^m.$$

Das erste ist der Fall, wenn y im ersten oder vierten, das zweite, wenn y im zweiten oder dritten Quadranten liegt. Die Werthe der Grössen $(+2)^m$ und $(-2)^m$ sind jetzt allein vielfach; $|\cos y|^m$ hat immer nur einen einzigen Werth.

II. Die Grösse $+2$ ist nichts anders als $2\cos 2\mu\pi$; die Grösse -2 ist nichts anders als $2\cos(2\mu+1)\pi$, wenn μ *irgend eine beliebige; positive oder negative, ganze Zahl bezeichnet.* Man darf also nur in (677.) oder in (680.) $y = 2\mu\pi$ und $y = (2\mu+1)\pi$ setzen, so findet man die Werthe von $(+2)^m$ und $(-2)^m$ aus der Formel für $(2\cos y)^m$ selbst.

Man erhält in (678 und 679.) wenn man $y = 2\mu\pi$ setzt,

$$P_{2n} = \cos 2m(\mu+n)\pi + m\cos 2(m-2)(\mu+n)\pi + \ldots,$$
$$Q_{2n} = \sin 2m(\mu+n)\pi + m\sin 2(m-2)(\mu+n)\pi + \ldots,$$

oder, weil μ und n ganze Zahlen sind, und also auch z. B.

$$\cos 2(m-2)(\mu+n)\pi = \cos 2m(\mu+n)\pi$$
$$\sin 2(m-2)(\mu+n)\pi = \sin 2m(\mu+n)\pi$$

etc. ist

$$P_{2n} = \cos 2m(\mu+n)\pi\left(1+m+\frac{m.(m-1)}{2}\ldots\right),$$

$$Q_{2n} = \sin 2m(\mu+n)\pi\left(1+m+\frac{m.(m-1)}{2}\ldots\right),$$

oder

$$P_{2n} = \cos 2m(\mu+n)\pi . |2|^m$$
$$Q_{2n} = \sin 2m(\mu+n)\pi . |2|^m;$$

also, nach (680.)

684. $(+2)^m = |2|^m.(\cos 2m(\mu+n)\pi + i\sin 2m(\mu+n)\pi)$.

Setzt man in (678 und 679.) $y = (2\mu+1)\pi$, so erhält man

$$P_{2n} = \cos m(2\mu+1+2n)\pi + m\cos(m-2)(2\mu+1+2n)\pi\ldots$$
$$Q_{2n} = \sin m(2\mu+1+2n)\pi + m\sin(m-2)(2\mu+1+2n)\pi\ldots,$$

oder, weil z. B.

Entwickel. von $(2\cos y)^m$ und $(2\sin y)^m$.

$$\cos(m-2)(2\mu+1+2n)\pi = \cos m(2\mu+1+2n)\pi$$
$$\sin(m-2)(2\mu+1+2n)\pi = \sin m(2\mu+1+2n)\pi$$

etc. ist,

$$P_{2n} = \cos m(2(\mu+n)+1)\pi\left(1+m+\frac{m.(m-1)}{2}\ldots\right),$$

$$Q_{2n} = \sin m(2(\mu+n)+1)\pi\left(1+m+\frac{m.(m-1)}{2}\ldots\right),$$

oder

$$P_{2n} = \cos m(2(\mu+n)+1)\pi.|2|^m$$
$$Q_{2n} = \sin m(2(\mu+n)+1)\pi.|2|^m$$

also, nach (680.)

685. $(-2)^m = |2|^m\left(\cos m(2(\mu+n)+1)\pi + i\sin m(2(\mu+n)+1)\pi\right)$

III. Substituirt man Dieses in (682 und 683.), so erhält man, weil $|2|^m.|\cos y|^m = |2\cos y|^m$ ist,

686. $(2\cos y)^m = |2\cos y|^m\left(\cos 2m(\mu+n)\pi + i\sin 2m(\mu+n)\pi\right)$

und

687. $(2\cos y)^m = |2\cos y|^m\Big(\cos m(2(\mu+n)+1)\pi$

$+ i\sin m(2(\mu+n)+1)\pi\Big).$

Der erste Ausdruck (686.) gilt, wenn $\cos y$ positiv ist, oder in dem ersten oder vierten Quadranten liegt, der zweite Ausdruck, wenn $\cos y$ negativ ist, oder in dem zweiten oder dritten Quadranten liegt.

IV. Man kann auch diese Ausdrücke, wenn man will, aus der Grund-Gleichung (655.) finden.

Entwickel. von $(2\cos y)^m$ *und* $(2\sin y)^m$.

Es ist nemlich

688. $(2\cos y)^m = (+1)^m |2\cos y|^m$,

wenn $\cos y$ positiv, und

689. $(2\cos y)^m = (-1)^m |2\cos y|^m$,

wenn $\cos y$ negativ ist.

Nun ist $\cos y = +1$ und $\sin y = 0$, wenn $y = 2\mu\pi$, und $\cos y = -1$, $\sin y = 0$, wenn $y = (2\mu + 1)\pi$ ist, wo μ eine beliebige ganze Zahl bedeutet.

Setzt man daher in (655.) erstlich $y = 2\mu\pi$, so erhält man

690. $\cos 2m(\mu + n)\pi + i\sin 2m(\mu + n)\pi = (+1)^m$.

Setzt man $y = (2\mu + 1)\pi$, so erhält man

691. $\cos m(2(\mu + n) + 1)\pi + i\sin m(2(\mu + u) + 1)\pi = (-1)^m$.

Substituirt man Dieses in (688 und 689.), so erhält man

692. $(2\cos y)^m = |2\cos y|^m \left(\cos 2m(\mu + n)\pi + i\sin 2m(\mu + n)\pi\right)$

für ein positives $\cos y$, und

693. $(2\cos y)^m = |2\cos y|^m \Big(\cos m(2(\mu + n) + 1)\pi$
$+ i\sin m(2(\mu + n) + 1)\pi\Big)$

für ein negatives $\cos y$: Beides wie in (686 und 687.)

V. Setzt man nun diese beiden neuen Ausdrücke von $(2\cos y)^m$ dem Ausdrucke (677.) gleich, so erhält man

$$694.\ \left\{\begin{array}{l}\cos m(y+2n\pi)+m\cos(m-2)(y+2n\pi)\ldots\\ +i\left(\sin m(y+2n\pi)+m\sin(m-2)(y+2n\pi)\ldots\right)\\ =|2\cos y|^m\left(\cos 2m(\mu+n)\pi+i\sin 2m(\mu+n)\pi\right)\end{array}\right.$$

wenn y im ersten oder vierten Quadranten liegt, und

$$695.\ \left\{\begin{array}{l}\cos m(y+2n\pi)+m\cos(m-2)(y+2n\pi)\ldots\\ +i\left(\sin m(y+2n\pi)+m\sin(m-2)(y+2n\pi)\ldots\right)\\ =|2\cos y|^m\left(\cos m(2(\mu+n)+1)\pi+i\sin m(2(\mu+n)+1)\pi\right)\end{array}\right.$$

wenn y im zweiten oder dritten Quadranten liegt.

VI. Aus diesen beiden Gleichungen (694 und 695.) hatte ich in meiner, oben erwähnten Anmerkung zu der Lagrangischen Untersuchung der Entwickelung von $(2\cos y)^m$ geschlossen, dass *für die nemlichen Werthe von n*, für welche rechterhand, entweder der unmögliche, oder der reelle Theil der gesammten Grösse wegfällt, auch linkerhand der unmögliche oder der reelle Theil der gesammten Grösse verschwinden müsse.

Dieser Schluss ist zwar richtig, *wenn man* μ *gleich Null setzt*, wie ich daselbst annahm, weil ich davon ausging, dass $\cos y = 1$ und $\sin y = 0$ ist für $y = 0$ und $\cos y = -1$ und $\sin y = 0$ für $y = \pi$. Denn setzt man in (694 und 695.) $\mu = 0$, so bleibt von denjenigen Grössen, *von welchen die Verschiedenheit der Werthe von* $(2\cos y)^m$ *abhängt*, auf beiden Seiten nur allein die Grösse n übrig, und da diese Grösse, wie aus der Herleitung der Ausdrücke (694 und 695.) in (II.) erhellet, auf beiden Seiten *identisch die nemliche ist*, so muss dann allerdings, nothwendiger Weise, *für die nemlichen Werthe von* n, für welche rechterhand der unmögliche, oder der reelle Theil verschwindet, auch linkerhand der unmögliche oder reelle Theil wegfallen.

Da indessen der Werth von μ keinesweges *nothwendig* Null ist, indem eben so wohl $\cos y = 1$ und $\sin y = 0$ ist, für $y = 2\mu\pi$, als für $y = 0$ und eben so wohl $\cos y = -1$ und $\sin y = 0$ für $y = (2\mu + 1)\pi$, als für $y = \pi$ ist, so findet die *Grundlage* des Schlusses nicht Statt und es folgt mithin nicht *nothwendig*, dass für die nemlichen Werthe von n, für welche rechterhand der reelle oder der unmögliche Theil verschwinden, linkerhand ein Gleiches geschehen muss, so dass man also auch auf diesem Wege die ganz reellen und die ganz imaginairen Werthe von $(2\cos y)^m$ *nicht finden kann.*

Meine Erläuterung der so oft verfehlten Entwickelung von $(2\cos y)^m$, am angezeigten Orte, bedarf daher ebenfalls noch einer fernern Berichtigung.

Wir wollen diese Berichtigung versuchen.

VII. Es kann, wie gesagt, aus den Gleichungen (694 und 695.) die übrigens allerdings auf beiden Seiten gleich viele Werthe haben, nicht geschlossen werden, dass für die *nemlichen* Werthe von n, für welche rechterhand, entweder der unmögliche oder der reelle Theil verschwindet, linkerhand das Nemliche geschieht. *Es kann aber geschlossen werden, dass in eben so vielen Fällen, als rechterhand der unmögliche oder der reelle Theil wegfällt, auch linkerhand ein Gleiches geschehen muss*, weil Reelles nur Reellem und Unmögliches nur Unmöglichem gleich sein kann.

Man sieht dieses am deutlichsten aus den Gleichungen (688 und 689.) welche, wie sich in (IV.) zeigte, ebenfalls auf die Gleichungen (694 und 695.) führen. Da nemlich in

$$696. \quad (2\cos y)^m = (\pm 1)^m |2\cos y|^m$$

welches die Gleichungen (688 und 696.) sind, die Grösse $|2\cos y|^m$ rechterhand nur einen einzigen Werth hat, so hat nothwendig $(2\cos y)^m$ linkerhand *eben so viele* ganz reelle oder ganz imaginaire Werthe als $(\pm 1)^m$. Da nun

$(+1)^m = \cos 2m(\mu+n)\pi + i\sin 2m(\mu+n)\pi$ (690.) und

$(-1)^m = \cos m(2(\mu+n)+1)\pi + i\sin m(2(\mu+n)+1)\pi$ (691.)

und also $(\pm 1)^m$ von der Form

$$697. \quad a + ib,$$

ist, der *allgemeine* Ausdruck von $(2\cos y)^m$ aber, zu Folge (680.), wie gehörig, *ebenfalls* diese Form hat, folglich, wenn man $|2\cos y|^m$ durch c bezeichnet, allgemein die Gleichung

$$698. \quad c(a+ib) = P_{2n} + iQ_{2n}$$

Statt findet, so folgt, dass, sobald b gleich Null ist, auch *nothwendig* Q_{2n} gleich Null sein muss, und sobald a gleich Null ist, auch P_{2n} gleich Null sein muss, weil eine reelle Grösse nur einer reellen und Unmögliches nur Unmöglichem gleich sein kann. Denn man setze, es könnte z. B. a gleich Null sein, ohne dass $P_{2n} = 0$ wäre, so wäre

$$c.ib = P_{2n} + iQ_{2n}, \text{ oder}$$

$$i(cb - Q_{2n}) = P_{2n},$$

welches unmöglich ist.

Es folgt also unbedingt, dass in *eben so vielen Fällen* als der Werth von $(\pm 1)^m$ ganz reell, oder ganz imaginair ist, auch nothwendig der Werth von $(2\cos y)^m$ ganz reell oder ganz imaginair sein, das heisst Q_{2n} oder P_{2n} verschwinden muss.

Für welche n aber $Q_{2n} = 0$ und $P_{2n} = 0$ ist, kann freilich *hieraus* noch nicht gefunden werden. Man findet nur erst die *Zahl* der Fälle, in welchen Q_{2n} und in welchen P_{2n} gleich Null ist.

Und zwar kommt es nur, diese Zahl der Fälle zu finden, wie leicht zu sehen, auf die Untersuchung der Grössen $(\pm 1)^m$ an.

102.

Schreibt man in (690 und 691.) statt der ganzen Zahl $\mu+n$, der Kürze wegen, bloss ν, so ist

Entwickel. von $(2\cos y)^m$ *und* $(2\sin y)^m$.

699. $(+1)^m = \cos 2\nu m\pi + i\sin 2\nu m\pi$,

700. $(-1)^m = \cos(2\nu+1)m\pi + i\sin(2\nu+1)m\pi$

Es ist nun zu untersuchen, *in wie vielen Fällen*, für einen beliebigen Werth von m, die Werthe von $(+1)^m$ und $(-1)^m$ *ganz reell*, und in wie vielen Fällen sie *ganz imaginair* sind. Es ist aber nur nöthig, m *positiv* zu nehmen; denn ist m negativ, so darf man nur $\frac{1}{(\pm 1)^m}$ und $\frac{1}{(2\cos y)^m}$ statt $(\pm 1)^m$ und $(2\cos y)^m$ schreiben, wo dann m wieder positiv ist. Dieses ist nöthig, weil für negative m der allgemeine Ausdruck von $(2\cos y)^m$ (677.) wegen der Binomial-Coefficienten divergirt.

Erstlich. Es sei also m eine ganze, positive Zahl.

In diesem Falle ist offenbar $2\nu m$ immer eine positive oder negative *ganze*, und zwar eine *grade* Zahl. Von jeder *beliebigen* graden Zahl von π ist aber der Sinus gleich Null, der Cosinus nie gleich Null; also ist in diesem Falle der Werth von $(+1)^m$ *immer* ganz reell und zwar hat $(+1)^m$ nur den einzigen reellen Werth $+1$, weil von *jeder* graden Zahl von π der Cosinus immer gleich $+1$ ist.

Die Grösse $(2\nu+1)m$ ist ebenfalls immer eine ganze positive oder negative Zahl, und zwar eine grade Zahl, wenn m grade ist, und eine ungrade Zahl, wenn m ungrade ist. In beiden Fällen aber ist $\sin(2\nu+1)m\pi$ gleich Null, der Cosinus ist nie

Entwickel. von $(2\cos y)^m$ *und* $(2\sin y)^m$.

gleich Null; also ist auch $(-1)^m$, wenn m eine ganze Zahl ist, *immer* ganz reel, und zwar hat $(-1)^m$ nur den einzigen Werth $+1$, wenn m grade, und den Werth -1, wenn m ungrade ist, weil $(2\nu+1)m$ im ersten Falle grade, im zweiten ungrade und also $\cos(2\nu+1)m\pi$ im ersten Falle gleich $+1$, im zweiten gleich -1 ist.

Zweitens. Es sei m ein beliebiger, positiver Bruch.

Man setze $m = \frac{\varkappa}{\lambda}$ wo $\varkappa$ und λ ganze Zahlen sind und vorausgesetzt wird, dass man den Bruch auf die kleinsten Zahlen gebracht hat, so ist

701. $$(+1)^m = \cos\left(\frac{2\varkappa\nu}{\lambda}\pi\right) + i\sin\left(\frac{2\varkappa\nu}{\lambda}\pi\right)$$

702. $$(-1)^m = \cos\left(\frac{(2\nu+1)\varkappa}{\lambda}\pi\right) + i\sin\left(\frac{(2\nu+1)\varkappa}{\lambda}\pi\right)$$

I. a. Da von $(+1)^m$ *der unmögliche Theil*, $i\sin 2\nu m\pi$ nur dann verschwinden kann, wenn $\frac{2\varkappa\nu}{\lambda}\pi$ irgend ein Vielfaches von π ist, so finden ganz reelle Werthe von $(+1)^m$ Statt, wenn $\frac{2\varkappa\nu}{\lambda}$ irgend eine *ganze* Zahl ist.

Ist nun λ grade, so ist $\frac{2\varkappa\nu}{\lambda}$ eine ganze Zahl, wenn

$$2\nu = \lambda,\ 2\lambda,\ 3\lambda \text{ etc.}$$

Ist λ ungrade, so ist $\frac{2\varkappa\nu}{\lambda}$ eine ganze Zahl, wenn

$$\nu = \lambda,\ 2\lambda,\ 3\lambda \text{ etc.}$$

und zwar ist im ersten Falle

$$\frac{2\varkappa\nu}{\lambda} = \varkappa,\ 2\varkappa,\ 3\varkappa\ \ldots.,$$

welche Zahlen $\varkappa$, $2\varkappa$, $3\varkappa$ .... grade und ungrade sein können, im andern Falle ist

$$\frac{2\varkappa\nu}{\lambda} = 2\varkappa,\ 4\varkappa,\ 6\varkappa\ \ldots.$$

welche Zahlen $2\varkappa$, $4\varkappa$, $6\varkappa$ .... immer grade sind.

Die Zahl $\frac{2\varkappa\nu}{\lambda}$ kann also *immer* eine ganze Zahl sein, und zwar eine grade und ungrade, wenn λ grade ist und nur eine grade, wenn λ ungrade ist. Der unmögliche Theil von $(+1)^m$ kann also *immer, für jedes* $m = \frac{\varkappa}{\lambda}$ verschwinden und der übrig bleibende reelle Theil ist gleich dem Cosinus einer graden oder ungraden Zahl von π, wenn λ grade und bloss einer graden Zahl von π, wenn λ ungrade ist. Da nun der Cosinus einer graden Zahl von π immer $+1$, und der Cosinus einer ungraden Zahl von π immer -1 ist, so folgt, dass für alle mögliche Werthe von ν nur zwei ganz reelle Werthe von $(+1)^m = (+1)^{\frac{\varkappa}{\lambda}}$, nemlich die beiden Werthe $+1$ und -1 Statt finden, wenn λ grade ist und nur der einzige ganz reelle Werth $+1$, wenn λ ungrade ist.

Entwickel. von $(2\cos y)^m$ und $(2\sin y)^m$.

b. *Der reelle Theil* $\cos\left(\frac{2\varkappa\nu}{\lambda}\pi\right)$ von $(+1)^m = (+1)^{\frac{\varkappa}{\lambda}}$ kann nur verschwinden, wenn

$$\frac{2\varkappa\nu}{\lambda} = \pm\frac{1}{2},\ \pm\frac{3}{2},\ \pm\frac{5}{2} \text{ etc. ist.}$$

Da $2\varkappa$ immer eine grade Zahl ist, so kann $\cos\frac{2\varkappa\nu}{\lambda}\pi$ nur verschwinden, wenn

$$(\tau + 1)\lambda = 4\nu,$$

wo τ eine beliebige ganze Zahl bedeutet und $\varkappa$ ungrade ist; denn nur für $(\tau + 1)\lambda = 4\nu$ ist

$$\frac{2\varkappa\nu}{\lambda} = \frac{\varkappa(\tau + 1)}{2}$$

und dieses giebt nur dann die Zahlen $\pm\frac{1}{2}$, $\pm\frac{3}{2}$, $\pm\frac{5}{2}$.... wenn $\varkappa$ ungrade ist.

Ganz imaginaire Werthe von $(2\cos y)^{\frac{\varkappa}{\lambda}}$ finden also nur dann Statt, wenn λ ein Vielfaches von 4, und zugleich $\varkappa$ eine ungrade Zahl ist.

Diese ganz imaginairen Werthe sind $\pm i$, weil für $\frac{2\varkappa\nu}{\lambda} = \pm\frac{1}{2}, \pm\frac{3}{2}, \pm\frac{5}{2}\ldots.$, $i\sin\left(\frac{2\varkappa\nu}{\lambda}\pi\right)$ immer nur, entweder $+i$ oder $-i$ ist.

II. Von $(-1)^m$ kann

a. *Der unmögliche Theil* $i\sin\left(\frac{(2\nu+1)\varkappa}{\lambda}\pi\right)$ nur dann verschwinden, wenn $\frac{(2\nu+1)\varkappa}{\lambda}\pi$ irgend ein

Entwickel. von $(2 \cos y)^m$ *und* $(2 \sin y)^m$.

Vielfaches von π, also $\frac{(2\nu+1)\varkappa}{\lambda}$ irgend eine *ganze* Zahl ist.

Wenn nun λ grade ist, so ist $\varkappa$ nothwendig ungrade, weil sonst der Bruch $\frac{\varkappa}{\lambda}$ nicht, der Voraussetzung gemäss, auf die kleinsten Zahlen gebracht sein würde. Aber $2\nu+1$ ist ebenfalls eine ungrade Zahl: also ist auch $(2\nu+1)\varkappa$ ungrade. Also kann λ in $(2\nu+1)\varkappa$ nie aufgehen, folglich $\frac{(2\nu+1)\varkappa}{\lambda}$ nie eine ganze Zahl sein und mithin der unmögliche Theil *nie* verschwinden, wenn λ eine grade Zahl ist. Für ein grades λ also giebt es *keine* ganz reellen Werthe von $(-1)^m = (-)^{\frac{\varkappa}{\lambda}}$.

Ist λ ungrade, so kann ν so angenommen werden, dass $\frac{2\nu+1}{\lambda}$ eine beliebige, und zwar nur eine beliebige *ungrade* ganze Zahl ist, weil Ungrades durch Ungrades dividirt, nur Ungrades giebt. Also kann $\frac{\varkappa(2\nu+1)}{\lambda}$ eine *grade* Zahl sein, wenn $\varkappa$ *grade* und eine *ungrade* Zahl, wenn $\varkappa$ *ungrade* ist. Mithin findet immer ein ganz reeller Werth von $(2 \cos y)^{\frac{\varkappa}{\lambda}}$ Statt wenn λ *ungrade* ist und zwar nur ein einziger reeller Werth. Derselbe ist gleich -1, wenn $\varkappa$ ungrade und gleich $+1$ wenn $\varkappa$ grade ist.

Entwickel. von $(2\cos y)^m$ *und* $(2\sin y)^m$.

b. *Der reelle Theil* $\cos\left(\frac{(2\nu+1)\kappa}{\lambda}\pi\right)$ von $(-1)^m$ kann nur verschwinden, wenn

$$\frac{(2\nu+1)\kappa}{\lambda} = \pm\frac{1}{2},\ \pm\frac{3}{2},\ \pm\frac{5}{2}\dots$$

ist.

Ist λ grade, so ist κ nothwendig ungrade, weil sonst der Bruch $\frac{\kappa}{\lambda}$ nicht, der Voraussetzung gemäss, auf die kleinsten Zahlen gebracht sein würde. Aber $2\nu+1$ ist ebenfalls eine ungrade Zahl, also ist $(2\nu+1)\kappa$, oder, was dasselbe ist, $(2\nu\pm1)\kappa$ *immer* ungrade. Mithin kann, wenn λ grade ist, $\frac{(2\nu\pm1)\kappa}{\lambda}$ die Werthe $\pm\frac{1}{2}, \pm\frac{3}{2}, \pm\frac{5}{2}\dots,$ oder, allgemein ausgedrückt, die Werthe $\mp\frac{\tau+1}{2}$, wo τ eine beliebige ganze Zahl bedeutet, *bedingungsweise* haben. Setzt man nemlich $\lambda = 2\varepsilon$, wo nun ε immer ungrade ist, und folglich $\frac{2\nu\pm1}{2\varepsilon}.\kappa = \pm\frac{\tau+1}{2}$; so folgt daraus $2\nu\pm1 = \pm\frac{\tau+1}{\nu}.\varepsilon$ oder $2\kappa = \mp\frac{\tau+1}{\nu}.\varepsilon\mp1$. Da nun ν, und folglich 2ν, nur eine *ganze* Zahl sein kann, so ist diese Gleichung nur möglich, wenn κ ungrade ist, weil $\tau+1$ sowohl, als ε, und folglich auch $(\tau+1)\varepsilon$, immer ungrade ist. Die erste Bedingung, wenn für ein grades λ der reelle Theil von $(-1)^{\frac{\kappa}{\lambda}}$ verschwinden soll, ist also, dass κ

ungrade

ungrade ist. Nun folgt weiter, aus $\frac{2\nu \pm 1}{\lambda}\varkappa = \mp\frac{\tau+1}{2}$, $4\nu \pm 2 = \mp\frac{\tau+1}{\varkappa}\lambda$, oder $4\nu = \mp\left(\frac{\tau+1}{\varkappa}\lambda + 2\right)$ und $\nu = \mp\left(\frac{\frac{\tau+1}{\varkappa}\lambda+2}{4}\right)$, wo $\frac{\tau+1}{\varkappa}$ nothwendig eine ungrade Zahl ist, weil $\tau+1$ und $\varkappa$ beide ungrade sind. Da nun ν nur eine *ganze* Zahl sein kann, so muss $\frac{\tau+1}{\varkappa}\lambda+2$, das heisst, die Summe eines beliebigen *ungraden* Vielfachen von λ und der Zahl 2, nothwendig ein Vielfaches von 4, also z. B. $\lambda = 2, 6, 14, 22$ etc. sein, wenn der reelle Theil von $(-1)^{\frac{\varkappa}{\lambda}}$ verschwinden soll. Ist dieses der Fall, so kann $\frac{(2\nu+1)\varkappa}{\lambda}$ sowohl $+\frac{1}{2}, +\frac{3}{2}, +\frac{5}{2} \ldots\ldots$ als $-\frac{1}{2}, -\frac{3}{2}, -\frac{5}{2} \ldots\ldots$ sein und es finden also alsdann die beiden imaginairen Werthe $+i$ und $-i$ Statt, aber auch nur diese beiden.

Ist λ ungrade, so kann $\frac{(2\nu+1)\varkappa}{\lambda}$ nie gleich $\pm\frac{1}{2}, \pm\frac{3}{2}, \pm\frac{5}{2} \ldots\ldots$, oder, allgemein, gleich $\pm\frac{\tau+1}{2}$ sein; denn es folgt daraus, $(2\nu+1)\varkappa = \pm\frac{\lambda(\tau+1)}{2}$, wo $(2\nu+1)\varkappa$ eine ganze Zahl ist, $\frac{\lambda(\tau+1)}{2}$ aber nicht, weil λ sowohl als $\tau+1$ ungrade sind. Für ein ungrades λ finden also keine ganz imaginairen Werthe von $(-1)^{\frac{\varkappa}{\lambda}}$ Statt.

Drittens. Es sei m eine positive, irrationale, transcendente oder unmögliche Grösse.

In diesem Falle kann, wie aus (699 und 700.) leicht zu sehen, nur allein der imaginaire Theil von $(+1)^m$ verschwinden und zwar für $\nu = 0$, denn $2\nu m$ und $(2\nu+1)m$ können sonst nie, weder ganze, noch eine von den Zahlen $\pm\frac{1}{2}$, $\pm\frac{3}{2}$, $\pm\frac{5}{2}$.... sein. In diesem Falle also ist nur der einzige reelle Werth $+1$ von $(+1)^m$ möglich. Alle übrigen Werthe von $(+1)^m$ und $(-1)^m$ sind von der Form $a+bi$.

103.

Die Zusammenstellung der Resultate dieser Untersuchung der Grössen $(+1)^m$ und $(-1)^m$ ist folgende.

Erstlich. Wenn m eine ganze positive Zahl ist, so hat $(+1)^m$ immer nur einen Werth, nemlich den ganz reellen Werth $+1$, $(-1)^m$ hat immer ebenfalls nur einen Werth und zwar den ganz reellen Werth $+1$, wenn m grade, und -1, wenn m ungrade ist.

Zweitens. Wenn m ein positiver Bruch $\frac{\varkappa}{\lambda}$ ist, so hat

Entwickel. von $(2\cos y)^m$ *und* $(2\sin y)^m$.

I. $(+1)^{\frac{\varkappa}{\lambda}}$ den einen ganz reellen Werth $+1$, wenn λ ungrade und die beiden ganz reellen Werthe $+1$ und -1, wenn λ grade ist. Ausserdem existiren nur noch, wenn λ ein Vielfaches von 4 und $\varkappa$ zugleich eine ungrade Zahl ist, die beiden ganz imaginairen Werthe $+i$ und $-i$ von $(+1)^m$. Alle übrigen Werthe dieser Grösse sind von der Form $a+bi$.

II. $(-1)^{\frac{\varkappa}{\lambda}}$ hat, wenn λ grade ist, keinen ganz reellen Werth, sondern nur im Fall $\varkappa$ ungrade und zugleich die Summe der Zahl 2 und eines beliebigen ungraden Vielfachen von λ, ein Vielfaches von 4, also $m = \frac{\varkappa}{\lambda}$ z. B. $\frac{1}{2}$, $\frac{1}{6}$, $\frac{1}{10}$, $\frac{2}{3}$, $\frac{3}{10}$ etc. ist, die beiden imaginairen Werthe $+i$ und $-i$. Ist λ ungrade so hat $(-1)^{\frac{\varkappa}{\lambda}}$ nur den einen ganz reellen Werth $+1$, wenn $\varkappa$ *grade* und nur den einen ganz reellen Werth -1 wenn $\varkappa$ *ungrade* ist. Alle übrigen Werthe der Grösse $(-1)^{\frac{\varkappa}{\lambda}}$ sind von der Form $a+bi$.

Drittens. Wenn m eine positive, irrationale, transcendente oder unmögliche Grösse ist, so existiren nur von $(+1)^m$ der einzige ganz reelle Werth $+1$; alle übrigen Werthe von $(+1)^m$ und $(-1)^m$ sind von der Form $a+bi$.

Entwickel. von $(2\cos y)^m$ *und* $(2\sin y)^m$.

104.

Diese Resultate kann man nun, wie folgt, auf die Grösse

701. $(2\cos y)^m = (\pm 1)\,|2\cos y|^m$

anwenden.

Man entwickele zuvor den allgemeinen Ausdruck derselben (677.) nemlich

702. $$(2\cos y)^m = \cos m(y+2n\pi) + i\sin m(y+2n\pi)$$
$$+ m\left(\cos(m-2)(y+2n\pi) + i\sin(m-2)(y+2n\pi)\right)$$
$$+ \frac{m(m-1)}{2}\left(\cos(m-4)(y+2n\pi) + i\sin(m-4)(y+2n\pi)\right)$$
$$\ldots\ldots\ldots\ldots$$

wie folgt.

Es ist

$$\cos m(y+2n\pi) = \cos my\cos 2mn\pi - \sin my\sin 2mn\pi$$
$$\cos(m-2)(y+2n\pi) = \cos(m-2)y\cos 2mn\pi - \sin(m-2)y\sin 2mn\pi$$
$$\ldots\ldots\ldots\ldots$$

weil z. B. $\cos(m-2)2n\pi = \cos 2mn\pi$ und $\sin(m-2)2n\pi = \sin 2mn\pi$ etc.; ferner

$$\sin m(y+2n\pi) = \sin my\cos 2mn\pi + \cos my\sin 2mn\pi$$
$$\sin(m-2)(y+2n\pi) = \sin(m-2)y\cos 2mn\pi + \cos(m-2)y\sin 2mn\pi$$
$$\ldots\ldots\ldots\ldots,$$

aus gleichen Gründen.

Also ist

703. $(2\cos y)^m =$

$$\cos 2mn\pi\left(\cos my + m\cos(m-2)y + \frac{m(m-1)}{2}\cos(m-4)y\ldots\right)$$

Entwickel. von $(2\cos y)^m$ *und* $(2\sin y)^m$.

$$-\sin 2mn\pi\left(\sin my + m\sin(m-2)y + \frac{m(m-1)}{2}\sin(m-4)y\ldots\right)$$

$$+i\cos 2mn\pi\left(\sin my + m\sin(m-2)y + \frac{m(m-1)}{2}\sin(m-4)y\ldots\right)$$

$$+i\sin 2mn\pi\left(\cos my + m\cos(m-2)y + \frac{m(m-1)}{2}\cos(m-4)y\ldots\right)$$

Die Coefficienten zu $\cos 2mn\pi$ und $\sin 2mn\pi$ sind nichts anders als P_0 und Q_0 (678 und 679.), denn es ist

704. $\cos my + m\cos(m-2)y + \frac{m(m-1)}{2}\cos(m-4)y\ldots = P_0$,

705. $\sin my + m\sin(m-2)y + \frac{m(m-1)}{2}\sin(m-4)y\ldots = Q_0$;

also ist allgemein

706. $$(2\cos y)^m = P_0\cos 2mn\pi - Q_0\sin 2mn\pi + i(P_0\sin 2mn\pi + Q_0\cos 2mn\pi) = (\pm 1)^m.|2\cos y|^m.$$

105.

Nun sei

Erstlich, m eine ganze positive Zahl,

so muss der unmögliche Theil $i(P_0\sin 2mn\pi + Q_0\cos 2mn\pi)$ des allgemeinen Ausdrucks (706.) nothwendig *immer* verschwinden, weil $(\pm 1)^m$ alsdann immer den einen reellen Werth $+1$ oder -1 hat. (§. 103. Erstlich.)

Von dieser Grösse

707. $i(P_0\sin 2mn\pi + Q_0\cos 2mn\pi)$,

die immer verschwinden soll, ist der Theil $iP_0 \sin 2mn\pi$ von selbst Null, denn von jedem beliebigen Vielfachen von π ist der Sinus gleich Null, also ist $\sin 2mn\pi$ immer gleich Null. Es bleibt daher nur der Theil $iQ_0 \cos 2mn\pi$ übrig, welcher *immer* Null sein soll. Daraus folgt, dass immer

708. Q_0 oder $\sin my + m \sin(m-2)y + \frac{m(m-1)}{2} \sin(m-4)y \ldots = 0$

ist, für jedes positive ganzzahlige m.

Dass dieses wirklich der Fall ist, lässt sich auch a posteriori nachweisen.

Zuerst nemlich ist klar, dass die Reihe

709. $\sin my + m \sin(m-2)y + \frac{m(m-1)}{2} \sin(m-4)y \ldots$

für ein ganzzahliges positives m nicht unendlich fortläuft, sondern beim $m+2$ten Gliede abbricht, weil die Binomial-Coefficienten zu diesem und allen folgenden Gliedern gleich Null sind. Sodann ist bekannt, dass die Binomial-Coefficienten für ein positives ganzzahliges m, Paarweise, in gleicher Entfernung vom Anfange und Ende der Reihe gleich sind. Ist m grade, so bleibt in der Mitte einer allein. Nun steht aber im letzten $m+1$ten Gliede, $\sin(m-2m)y = -\sin my$, im vorletzten, $m$ten Gliede, $\sin(m-2(m-1))y = -\sin(m-2)y$ u. s. w. und wenn m grade ist, so ist das mittlere Glied $= \sin(m-m)y = 0$. Gleiche Binomial-Coefficienten sind also in der Reihe auch mit gleich grossen Sinus, die aber entgegengesetzte Zeichen haben, multiplicirt; also heben sich alle Glieder auf und die Grösse Q_0 ist, wie gehörig, immer gleich Null.

Der übrig bleibende reelle Werth von $(2\cos y)^m$ ist, vermöge (706.)

$$(2\cos y)^m = P_0 \cos 2mn\pi - Q_0 \sin 2mn\pi$$

und weil $Q_0 = 0$ (708.) und $\cos 2mn\pi$, für jedes ganze positive oder negative n, immer gleich $+1$ ist, bloss

710. $(2\cos y)^m =$

$$P_0 = \cos my + m\cos(m-2)y + \frac{m(m-1)}{2}\cos(m-4)y \ldots .$$

Dieser Ausdruck soll nun, wenn m grade ist, *immer* positiv sein, $\cos y$ mag positiv oder negativ sein, weil dieses mit $(\pm 1)^m$ und folglich mit $(2\cos y)^m = (\pm 1)^m |2\cos y|^m$ der Fall ist (§. 103. Erstlich.). Da $\cos y$ das entgegengesetzte Zeichen annimmt, wenn man $\pi + y$ statt y setzt, so müssen

$$\cos m(\pi+y) + m\cos(m-2)(\pi+y) + \frac{m(m-1)}{2}\cos(m-4)(\pi+y) \ldots$$

und $\cos my + m\cos(m-2)y + \frac{m(m-1)}{2}\cos(m-4)y \ldots$,

oder P_1 und P_0, oder

$$\cos(m\pi)P_0 - \sin(m\pi)Q_0 \text{ (703.) und } P_0,$$

oder weil $Q_0 = 0$ (708.) ist,

711. $(\cos(m\pi).P_0$ und P_0

entgegengesetzte Zeichen haben, wenn m ungrade,

und gleiche Zeichen, wenn m grade ist, und dieses ist, wie man sieht, wirklich der Fall, weil $\cos m\pi$ gleich $+1$ ist, für ein grades m und gleich -1, für ein ungrades m.

Der Ausdruck (710.) gilt also ganz allgemein für jedes beliebige y und für jedes beliebige ganzzahlige positive m.

Ist m negativ, so erhält man

$$712.\quad (2\cos y)^m = \frac{1}{(2\cos y)^{-m}} = \frac{1}{P_0}$$

$$= \frac{1}{\cos my - m\cos(m+2)y + \frac{m(m-1)}{2}\cos(m-4)y \ldots}$$

106.

Zweitens, m sei ein beliebiger positiver Bruch $\frac{\varkappa}{\lambda}$.

I. Es sei cos y positiv

so hat $(2\cos y)^m$ oder $(2\cos y)^{\frac{\varkappa}{\lambda}}$ nur einen einzigen reellen positiven Werth, wenn λ ungrade und nur zwei gleiche, und dem Zeichen nach entgegengesetzte, reelle Werthe, wenn λ grade ist, weil $(2\cos y)^m = |2\cos y|^m (+1)^m$ ist, und es sich mit $(+1)^m$ so verhält. (§. 103. *Zweitens I.*) *Der unmögliche Theil des allgemeinen Ausdrucks von* $(2\cos y)^m$ (706.) *muss also in diesen Fällen nothwendig gleich Null sein.* Dieses giebt

$$713.\quad P_0 \sin 2mn\pi + Q_0 \cos 2mn\pi = 0,$$

und es bleibt für $(2\cos y)^m$ nur

$$714. \quad P_0 \cos 2mn\pi - Q_0 \sin 2mn\pi = (2\cos y)^m.$$

Dieser Ausdruck von $(2\cos y)^m$ *ist noch unbestimmt, weil man den Werth der darin vorkommenden willkürlichen Grösse n noch nicht kennt.* Der für diesen Fall passende Werth von n aber hängt, vermöge der Gleichung (713.), die nothwendig mit dem Ausdrucke (714.) *zugleich* Statt findet, von m und y ab. Man muss also der Grösse n in (714.) nothwendig grade denjenigen Werth geben, welchen (713.) bestimmt.

Es käme also darauf an, den Werth von n aus der Gleichung (713.) zu entwickeln und in die Gleichung (714.) zu substituiren. Die Entwickelung selbst aber kann man ersparen; denn Entwickelung und Substitution *zusammen*, ist nichts anders, als *Wegschaffung* der unbekannten Grösse n zwischen den beiden Gleichungen (713 und 714.) und diese ist leichter.

Man quadrire nemlich diese beiden Gleichungen (713 und 714.) und addire die Quadrate, so erhält man

$$P_0^2.\sin mn\pi^2 + 2P_0 Q_0.\sin 2mn\pi.\cos 2mn\pi + Q_0^2.\cos 2mn\pi^2$$
$$+ P_0^2.\cos 2mn\pi^2 - 2P_0 Q_0.\sin 2mn\pi.\cos 2mn\pi + Q_0^2.\sin 2mn\pi^2$$
$$= \left((2\cos y)^m\right)^2,$$

oder

$$\left((2\cos y)^m\right)^2 = P_0^2 + Q_0^2,$$

also

$$715. \quad (2\cos y)^m = \pm\sqrt{(P_0^2 + Q_0^2)};$$

welches der Ausdruck der reellen Werthe von $(2\cos y)^m$ für ein positives $\cos y$ ist.

Da es nur einen positiven Werth von $(+1)^{\frac{\varkappa}{\lambda}}$ giebt, wenn λ ungrade und zwei gleiche und entgegengesetzte Werthe, wenn λ grade ist, so findet ein Gleiches auch für $(2\cos y)^m$ Statt und es ist *für einen ungraden Nenner von m* bloss

$$716. \quad (2\cos y)^m = +\sqrt{(P_0^2 + Q_0^2)},$$

für einen graden Nenner von m aber

$$717. \quad (2\cos y)^m = \pm\sqrt{(P_0^2 + Q_0^2)}$$

Ausser den ganz reellen Werthen existiren noch zwei ganz unmögliche, gleiche und den Zeichen nach entgegengesetzte Werthe von $(2\cos y)^{\frac{\varkappa}{\lambda}}$ für einen positiven Cosinus, wenn λ ein Vielfaches von 4 und $\varkappa$ ungrade ist, weil es sich alsdann mit $(+1)^{\frac{\varkappa}{\lambda}}$ so verhält (§. 103. *Zweitens I.*). Für diese ganz imaginairen Werthe von $(2\cos y)^m$ ist also der reelle Theil des allgemeinen Ausdrucks (706.) gleich Null, folglich

$$718. \quad P_0 \cos 2mn\pi - Q_0 . \sin 2mn\pi = 0,$$

und es bleibt nun für $(2\cos y)^m$ nur der imaginaire Theil

Entwickel. von $(2\cos y)^m$ und $(2\sin y)^m$.

719. $i(P_0 \sin 2mn\pi + Q_0 \cos 2mn\pi) = (2\cos y)^m$

übrig.

Diese beiden Gleichungen geben, wenn man wieder zwischen denselben auf die obige Weise das unbekannte n eliminirt,

720. $(2\cos y)^m = \pm i\sqrt{(P_0^2 + Q_0^2)}$,

und dieses ist der Ausdruck der beiden ganz imaginairen Werthe von $(2\cos y)^m$, welche noch ausser den ganz reellen Werthen Statt finden, im Fall der Nenner von m ein Vielfaches von 4 und zugleich der Zähler von m ungrade ist.

II. Es sei cos y negativ.

In diesem Falle hat $(2\cos y)^m$ gar keinen ganz reellen Werth, wenn λ grade ist und wenn λ ungrade ist, einen reellen positiven Werth für ein grades $\varkappa$ und einen reellen negativen Werth für ein ungrades $\varkappa$, weil es sich in diesem Falle mit $(-1)^{\frac{\varkappa}{\lambda}}$ so verhält.

Für ein ungrades λ findet man also wieder den ganz reellen Werth von $(2\cos y)^m$, wenn man, wie in (I.), den imaginairen Theil des allgemeinen Ausdrucks (706.) gleich Null setzt und zwischen der dadurch entstehenden Gleichung und dem übrig bleibenden Ausdrucke von $(2\cos y)^m$ das unbekannte n eliminirt. Da die Rechnung ganz dieselbe ist, wie im Anfange von (I.), so findet man auch, wie dort,

$$721. \quad \left((2\cos y)^m\right)^2 = P_0^2 + Q_0^2.$$

Es ist also

Für einen ungraden Nenner von m,

$$722. \quad (2\cos y)^m = +\sqrt{(P_0^2 + Q_0^2)},$$

wenn der Zähler von *m* grade ist, und

$$723. \quad (2\cos y)^m = -\sqrt{(P_0^2 + Q_0^2)},$$

wenn der Zähler von *m* ungrade ist.

Ausser diesen reellen Werthen von $(2\cos y)^{\frac{\varkappa}{\lambda}}$ für einen negativen Cosinus, existiren noch, wenn λ grade ist, zwei gleiche und entgegengesetzte, ganz imaginaire Werthe, wenn $\varkappa$ ungrade und zugleich die Summe der Zahl 2 und eines beliebigen ungraden Vielfachen von λ ein Vielfaches von 4 ist. Man findet dieselben durch die nemliche Rechnung, wie in (I.) und sie sind also

$$724. \quad (2\cos y)^m = \pm i\sqrt{(P_0^2 + Q_0^2)}.$$

107.

Drittens. Wenn *m* eine positive, irrationale, transcendente oder unmögliche Grösse ist, so ist die Grösse $(2\cos y)^m$, für ein positives $\cos y$, in dem Falle von (§. 105. I. 716.). In allen übrigen Fällen ist $(2\cos y)^m$ von der Form $a + bi$.

108.

Ueber den Fall (§. 105.) wenn *m* ein Bruch $\frac{\varkappa}{\lambda}$ ist, wollen wir noch einige Bemerkungen machen.

Entwickel. von $(2\cos y)^m$ *und* $(2\sin y)^m$.

I. Die in diesem Falle öfter vorkommende Grösse $P_0^2 + Q_0^2$ lässt sich noch weiter entwickeln.

Da nemlich

725. $P_0 = \cos my + m\cos(m-2)y + \frac{m(m-1)}{2}\cos(m-4)y \ldots.$

726. $Q_0 = \sin my + m\sin(m-2)y + \frac{m(m-1)}{2}\sin(m-4)y \ldots,$

so erhält man, wenn man der Kürze wegen die Binomial-Coefficienten, der Reihe nach, durch m_1, m_2, m_3 etc. bezeichnet, so dass

727. $m = m_1, \quad \frac{m(m-1)}{2} = m_2, \quad \frac{m(m-1)(m-2)}{2.3} = m_3$ etc.

ist,

728. $$P_0^2 = \cos my^2 + m_1^2\cos(m-2)y^2 + m_2^2\cos(m-4)y^2 \ldots.$$
$$+ 2m_1\cos my\cos(m-2)y + 2m_2\cos my\cos(m-4)y \ldots.$$
$$+ 2m_1 m_2\cos(m-2)y\cos(m-4)y \ldots,$$

729. $$Q_0^2 = \sin my^2 + m_1^2\sin(m-2)y^2 + m_2^2\sin(m-4)y^2 \ldots.$$
$$+ 2m_1\sin my\sin(m-2)y + 2m_2\sin my\sin(m-4)y \ldots.$$
$$+ 2m_1 m_2\sin(m-2)y\sin(m-4) \ldots.$$

folglich

$$P_0^2 + Q_0^2 = 1 + m_1^2 + m_2^2 + m_3^2 \ldots.$$
$$+ 2m_1\cos 2y + 2m_2\cos 4y + 2m_3\cos 6y \ldots.$$
$$+ 2m_1 m_2\cos 2y + 2m_1 m_3\cos 4y \ldots.$$
$$+ 2m_2 m_3\cos 2y \ldots,$$

oder

Entwickel. von $(2\cos y)^m$ *und* $(2\sin y)^m$.

730. $$P_2^2 + Q_0^2 = 1 + m_1^2 + m_2^2 + m_3^2 + m_4^2 \ldots\ldots$$
$$+ 2\cos 2y\,(m_0 m_1 + m_1 m_2 + m_2 m_3 + m_3 m_4 \ldots\ldots)$$
$$+ 2\cos 4y\,(m_0 m_2 + m_1 m_3 + m_2 m_4 \ldots\ldots)$$
$$2\cos 6y\,(m_0 m_3 + m_1 m_4 \ldots\ldots)$$

so dass also die ganz reellen und die ganz imaginairen Werthe von $(2\cos y)^m$ immer durch die Cosinus *steigender* Vielfacher von y ausgedrückt werden.

II. Ist $y = \zeta\pi$, wo ζ irgend eine ganze Zahl bedeutet, so ist

$$P_0 = \cos m\zeta\pi + m_1 \cos(m\zeta\pi - 2\zeta\pi) + m_2 \cos(m\zeta\pi - 4\zeta\pi)\ldots\ldots$$
$$Q_0 = \sin m\zeta\pi + m_1 \sin(m\zeta\pi - 2\zeta\pi) + m_2 \sin(m\zeta\pi - 4\zeta\pi)\ldots\ldots$$

oder

$$P_0 = \cos m\zeta\pi\,(1 + m_1 + m_2 + m_3 \ldots\ldots)$$
$$Q_6 = \sin m\zeta\pi\,(1 + m_1 + m_2 + m_3 \ldots\ldots)$$

oder

$$P_0 = \cos m\zeta\pi \,.\, 2^m$$
$$Q_0 = \sin m\zeta\pi \,.\, 2^m$$

also

$$P_0^2 + Q_0^2 = (2^m)^2$$

und

731. $$\sqrt{(P_0^2 + Q_0^2)} = 2^m$$

Dieses giebt, z. B. in (716.) für ein grades ζ und ein ungrades λ,

$$(2\cos\zeta\pi)^m = +\,2^m,$$

oder, weil $\cos\zeta\pi = +1$,

$$(+1)^m = +1;$$

Entwickel. von $(2\cos y)^m$ und $(2\sin y)^m$.

und in (717.) für ein grades ζ und ein grades λ,

$$(+1)^m = \pm 1;$$

wie gehörig.

Ferner in (722.) für ein ungrades ζ, ein ungrades λ und ein grades $\varkappa$,

$$(2\cos\zeta\pi)^m = +2^m,$$

oder, weil $\cos\zeta\pi = -1$,

$$(-1)^m = +1;$$

und in (724.) für ein ungrades ζ, ein ungrades λ und ein ungrades $\varkappa$,

$$(-1)^m = -1;$$

wie gehörig.

III. Ist $y = \zeta\pi + \frac{1}{2}\pi$, wo ζ irgend eine ganze Zahl bedeutet, so ist

$$P_0 = \cos m(\zeta+\tfrac{1}{2})\pi + m_1 \cos(m(\zeta+\tfrac{1}{2})\pi - 2\zeta\pi - \pi)\ldots.$$
$$Q_0 = \sin m(\zeta+\tfrac{1}{2})\pi + m_1 \sin(m(\zeta+\tfrac{1}{2})\pi - 2\zeta\pi - \pi)\ldots.$$

oder

$$P_0 = \cos m(\zeta+\tfrac{1}{2})\pi(1 - m_1 + m_2 - m_3 \ldots.)$$
$$Q_0 = \sin m(\zeta+\tfrac{1}{2})\pi(1 - m_1 + m_2 - m_3 \ldots.)$$

oder

$$P_0 = \cos m(\zeta+\tfrac{1}{2})\pi.(1-1)^m$$
$$Q_0 = \sin m(\zeta+\tfrac{1}{2})\pi.(1-1)^m$$

also

$$P_0 = 0 \quad \text{und} \quad Q_0 = 0,$$

folglich

$$732. \quad \sqrt{(P_2^0 + Q_2^0)} = 0.$$

Dieses thut wiederum den obigen Gleichungen, überall wo die Grösse $(P_0^2 + Q_0^2)$ vorkommt, Genüge; denn es ist für $y = \zeta\pi + \frac{1}{2}\pi$, $\cos y = 0$.

109.

An den Resultaten (§. 105, 106, 107.) sieht man leicht die Abweichnngen des, gewöhnlich für $(2\cos y)^m$ angenommenen Ausdrucks, welcher die in (§. 96.) angezeigten Schwierigkeiten hat, von demjenigen, der für alle Fälle passt.

Der gewöhnliche Ausdruck nemlich ist

733. $(2\cos y)^m = \cos my + m\cos(m-2)y + \frac{m(m-1)}{2}\cos(m-4)y \ldots$

oder

$$(2\cos y)^m = P_0.$$

Der für alle Fälle passende Ausdruck dagegen ist

734. $(2\cos y)^m = P_{2n} + i . Q_{2n}.$

Der gewöhnliche Ausdruck weicht also von dem allgemeinen Ausdruck überhaupt ganz ab. Den bloss reellen Werth von $(2\cos y)^m$ giebt der gewöhnliche Ausdruck nur in dem einzigen Falle, wenn m eine ganze positive Zahl ist (§. 105.). Ist m irgend etwas anders, so passt der gewöhnliche Ausdruck, wie aus (§. 106 und 107.) zu sehen, nie.

110.

Die Reihe für

735. $(2\sin y)^m$

erhält

erhält man in allen Fällen unmittelbar, wenn man in diejenige für $(2\cos y)^m$ z. B. $\frac{1}{2}\pi - y$ statt y setzt, weil

$$\sin y = \cos\left(\tfrac{1}{2}\pi - y\right)$$

ist.

B. Ueber die Entwickelung der Ausdrücke von cos my und sin my.

111.

Die gewöhnlichen Ausdrücke der *Cosinus und Sinus vielfacher Bogen durch die Cosinus und Sinus der einfachen Bogen* haben ähnliche Schwierigkeiten, wie die Ausdrücke von $(2\cos y)^m$ und $(2\sin y)^m$. Lagrange, welcher diesem Gegenstande wohl am tiefsten auf den Grund gekommen ist, giebt in der eilften seiner Vorlesungen über die Functionen-Rechnung für $\cos my$ und $\sin my$, mit beliebigen m und y, folgende Ausdrücke

736. $$2\cos my = (2\cos y)^m - m(2\cos y)^{m-2} + \frac{m(m-3)}{2}(2\cos y)^{m-4} - \frac{m(m-4)(m-5)}{2.3}(2\cos y)^{m-6} \ldots + (2\cos y)^{-m} + m(2\cos y)^{-m-2} + \frac{m(m+3)}{2}(2\cos y)^{-m-4} + \frac{m(m+4)(m+5)}{2.3}(2\cos y)^{-m-6} \ldots$$

737. $$\cos my = \cos\frac{m\pi}{2}\left(1 - \frac{m^2}{2}\cos y^2 + \frac{m^2(m^2-4)}{2.3.4}\cos y^4 - \frac{m^2(m^2-4)(m^2-16)}{2.3.4.5.6}\cos y^6 \ldots\right)$$

Entwickel. von cos my und sin my.

$$+\cos\frac{(m-1)\pi}{2}\Big(m\cos y-\frac{m(m^2-1)}{2.3}\cos y^3$$

$$+\frac{m(m^2-1)(m^2-9)}{2.3.4.5}\cos y^5-\ldots\Big)$$

738. $$\cos my=1-\frac{m^2}{2}\sin y^2+\frac{m^2(m^2-4)}{2.3.4}\sin y^4$$

$$-\frac{m^2(m^2-4)(m^2-16)}{2.3.4.5.6}\sin y^6\ldots$$

739. $\cos my =$

$$\cos y\Big(1-\frac{m^2-1}{2}\sin y^2+\frac{(m^2-1)(m^2-9)}{2.3.4}\sin y^4\ldots\Big)$$

740. $$\sin my=\sin y\Big((2\cos y)^{m-1}-(m-2)(2\cos y)^{m-3}$$

$$+\frac{(m-3)(m-4)}{2}(2\cos y)^{m-5}-\ldots\Big)$$

$$-\sin y\Big((2\cos y)^{-m-1}+(m+2)(2\cos y)^{-m-3}$$

$$+\frac{(m+3)(m+4)}{2}(2\cos y)^{-m-5}\ldots\Big)$$

741. $$\sin my=-\sin y\cos\frac{m\pi}{2}\Big(-m\cos y-\frac{m(m^2-4)}{2.3}\cos y^3$$

$$+\frac{m(m^2-4)(m^2-16)}{2.3.4.5}\cos y^5-\ldots\Big)$$

$$+\sin y\cos\frac{(m-1)\pi}{2}\Big(1-\frac{m^2-1}{2}\cos y^2+\frac{(m^2-1)(m^2-9)}{2.3.4}\cos y^4\ldots\Big)$$

742. $\sin my =$

$$m\sin y-\frac{m(m^2-1)}{2.3}\sin y^3+\frac{m(m^2-1)(m^2-9)}{2.3.4.5}\sin y^5-\ldots$$

743. $\sin my =$

$$\cos y\Big(m\sin y-\frac{m(m^2-4)}{2.3}\sin y^3+\frac{m(m^2-4)(m^2-16)}{2.3.4.5}\sin y^5+\ldots\Big)$$

Entwickel. von cos my und sin my.

Die Allgemeinheit dieser Ausdrücke ist aus den, in meiner Uebersetzung der Lagrangischen Vorlesungen über die Functionen-Rechnung, bei der Abhandlnng dieses Gegenstandes angegebenen Gründen, zweifelhaft. Bei den beiden Ausdrücken (736 und 740.) fällt Solches bei der blossen Betrachtung der Ausdrücke, ohne in ihre Herleitung zurückzugehen, in die Augen. Man schreibe nemlich die beiden Ausdrücke wie folgt:

744. $$2\cos my = (2\cos y)^m \left[1 - m\frac{1}{(2\cos y)^2} + \frac{m(m-3)}{2}\,\frac{1}{(2\cos y)^4} - \frac{m(m-4)(m-5)}{2.3}\,\frac{1}{(2\cos y)^6}\ldots\right] + \frac{1}{(2\cos y)^m}\left[1 + m\frac{1}{(2\cos y)^2} + \frac{m(m+3)}{2}\,\frac{1}{(2\cos y)^4}\ldots + \frac{m(m+4)(m+5)}{2.3}\,\frac{1}{(2\cos y)^6}\ldots\right]$$

745. $$\sin y = \sin y\,(2\cos y)^{m-1}\left[1 - (m-2)\frac{1}{(2\cos y)^2} + \frac{(m+3)(m+4)}{2}.\frac{1}{(2\cos y)^4}\ldots\right] - \frac{\sin y}{(2\cos y)^{m+1}}\left[1 + (m+2)\frac{1}{(2\cos y)^2} + \frac{(m+3)(m+4)}{2}.\frac{1}{(2\cos y)^4}\ldots\right],$$

so ist leicht zu sehen, dass sie, wenn z. B. m ein Bruch $\frac{1}{v}$ ist, *erstlich* rechterhand v verschiedene Werthe, linkerhand aber nur einen einzigen Werth haben, also unvollständig sind; *zweitens* aber, dass sie auch, wenn $2\cos y < 1$ ist, divergiren und folglich nicht brauchbar sind, auch sogar für $\cos y = 0$, also z. B. für $y = \frac{1}{2}\pi$, $2\cos\frac{1}{2}m\pi = \infty$ geben, für jedes $m < \infty$, welches unrichtig ist.

Wir wollen versuchen, andere allgemeiner geltende Ausdrücke zu finden.

112.

I. Die *vollständige* Grund-Formel, aus welcher alle Entwickelungen bei Winkel-Functionen hervorgehen ist diejenige (655.) nemlich

746. $\cos m(y + 2n\pi) + i\sin m(y + 2n\pi) = (\cos y + i\sin y)^m$,

wo n jede beliebige positive oder negative, ganze Zahl sein kann, m und y aber beliebige, reelle oder imaginaire Werthe haben können. Die Werthe von y wollen wir einstweilen, wie oben, auf *reelle* beschränken.

II. Diese Formel hat auf beiden Seiten gleich viele Werthe. Man schreibe sie, wie folgt:

747. $\cos m(y + 2n\pi) + i\sin m(y + 2n\pi) = (\cos y)^m (1 + i\tang y)^m$

III. Nun entwickele man dieselbe, linkerhand nach den bekannten Ausdrücken für die Cosinus und Sinus der Summe zweier Winkel, rechterhand nach dem binomischen Lehrsatze, welcher allgemein für jeden beliebigen Werth des Exponenten m gilt, so erhält man

$$748.\quad \cos my \cos 2mn\pi - \sin my \sin 2mn\pi + i \sin my \cos 2mn\pi + i \cos my \sin 2mn\pi$$
$$= (\cos y)^m . \left(1 + mi \operatorname{tang} y - \frac{m(m-1)}{2} \operatorname{tang} y^2 - \frac{m(m-1)(m-2)}{2.3} i \operatorname{tang} y^3 + \ldots\right)$$

oder

$$749.\quad (\cos my + i \sin my)(\cos 2mn\pi + i \sin 2mn\pi)$$
$$= (\cos y)^m . \left(1 + mi \operatorname{tang} y - \frac{m(m-1)}{2} \operatorname{tang} y^2 - \frac{m(m-1)(m-2)}{2.3} i \operatorname{tang} y^3 + \ldots\right)$$

IV. Man bezeichne, auf die Weise wie (§. 101.) $(\cos y)^m$ durch

$$750.\quad (+1)^m |\cos y|^m \text{ und } (-1)^m |\cos y|^m,$$

je nachdem $\cos y$ positiv oder negativ ist, und substituire die in (§. 101. IV.) entwickelten Werthe von $(+1)^m$ und $(-1)^m$. Dieses giebt

$$751.\ (\cos y)^m = |\cos y|^m \left(\cos 2m(\mu + n)\pi + i \sin 2m(\mu + n)\pi\right)$$

wenn $\cos y$ positiv, und

$$752.\ (\cos y)^m = |\cos y|^m \left(\cos m(2(\mu + n) + 1)\pi + i \sin m(2(\mu + n) + 1)\pi\right)$$

wenn $\cos y$ negativ ist. μ bezeichnet irgend eine ganze Zahl.

V. Der Ausdruck (749.) geht also nunmehr in folgende beide über:

Entwickel. von cos my und sin my.

753. $(\cos my + i \sin my)(\cos 2mn\pi + i \sin 2mn\pi)$

$$= |\cos y|^m \left(\cos 2m(\mu+n)\pi + i \sin 2m(m+n)\pi\right)$$

$$\times\left(1 + mi\,tang\,y - \frac{m(m-1)}{2} tang\,y^2 - \frac{m(m-1)'m-2)}{2.3} i\,tang\,y^3 + \ldots\right)$$

für den Fall, wenn *cos* y positiv ist und

754. $(\cos my + i \sin my)(cys\, 2mn\pi + i \sin 2mn\pi)$.

$$= |\cos y|^m \left(\cos m(2(\mu+n)+1)\pi + i \sin m(2(\mu+n)+1)\pi\right)$$

$$\times\left(1 + mi\,tang\,y - \frac{m(m-1)}{2} tang\,y^2 - \frac{m(m-1)(m-2)}{2.3} i\,tang\,y^3 + \ldots\right)$$

für den Fall, wenn *cos* y negativ ist.

VI. In diesen Ausdrücken haben die Grössen $\cos my + i \sin my$ linkerhand und $|\cos y|^m$ und $1 + mi\,tang - \frac{m(m-1)}{2} tang\,y^2 - \ldots.$ rechterhand immer nur einen einzigen Werth. Dagegen haben die Grössen $\cos 2mn\pi + i \sin 2mn\pi$ linkerhand und $\cos 2m(\mu+n)\pi + i \sin 2m(\mu+n)\pi$ und $\cos m(2(\mu+n)+1)\pi + i \sin m(2(\mu+n)+1)\pi$ rechterhand so viele verschiedene Werthe, als die Grund-Gleichung (746.) von welcher die Rechnung ausging, zulässt. Die Verschiedenheit der Werthe entsteht durch die Willkür der Grössen *n* und μ. Aber, obgleich auf beiden Seiten nur gleich viele Werthe vorhanden sein können und auch wirklich vorhanden sind, weil auch

755. $\cos 2mn\pi + i \sin 2mn\pi = (+1)^m$

ist und man also die Gleichungen auch wie folgt schreiben kann:

Entwickel. von $\cos my$ *und* $\sin my$.

756. $(\cos my + i \sin my)(+1)^m$

$$= |\cos y|^m (+1)^m \left(1 + mi \tan y - \frac{m(m-1)}{2} \tan y^2 - \dots\right),$$

757. $(\cos my + i \sin my)(+1)^m$

$$= |\cos y|^m (-1)^m \left(1 + mi \tan y - \frac{m(m-1)}{2} \tan y^2 - \dots\right),$$

wo nun deutlich zu sehen, dass die Zahl der Werthe auf beiden Seiten gleich ist, indem $(+1)^m$ eben so viele Werthe hat als $(-1)^m$, so zeigen doch die Gleichungen (753 und 754.), dass die verschiedenen Werthe von $(+1)^m$ und $(+1)^m$ oder von $(+1)^m$ und $(-1)^m$ zu beiden Seiten keineswegs nothwendig *correspondiren*, oder dass z. B. für einen bloss reellen oder bloss imaginairen Werth von $(-1)^m$ links, wenn ein solcher möglich ist, nothwendig auch ein bloss reeller oder bloss imaginairer Werth von $(+1)^m$ rechts, gehöre; denn die *bestimmende* Grösse ist links eine andere, als rechts. Sie ist links n und rechts $\mu + n$, welches keineswegs nothwendig Eins und dasselbe ist. Aus den Gleichungen, wie sie jetzt sind, kann man für die ganz reellen, oder für die ganz imaginairen Theile derselben noch nichts weiter schliessen.

VII. Nun erwäge man aber, dass n und μ *willkürliche* Zahlen sind, die sich ändern können, ohne dass sich m und y ändern, und die also, obgleich sie *von einander* abhängen können, weder von m noch von y abhängen, so folgt, dass auch umgekehrt y nicht von n und von μ abhängt und dass man also *für die nemlichen Werthe von n und μ*, der Grösse y *verschiedene* Werthe geben kann.

VIII. Man kann also z. B. auch für die nemlichen Werthe von n und μ, $-y$ statt $+y$ setzen. Dieses giebt, aus (753 und 754.) weil in jedem Falle $\cos(-y) = \cos(+y)$ ist,

758. $$(\cos my - i \sin my)(\cos 2mn\pi + i \sin 2mn\pi)$$

$$= |\cos y|^m \left(\cos 2m(\mu+n)\pi + i \sin 2m(\mu+n)\pi\right)$$

$$\times\left(1 - mi \operatorname{tang} y - \frac{m(m-1)}{2} \operatorname{tang} y^2 + \frac{m(m-1)(m-2)}{2.3} i \operatorname{tang} y^3 + \ldots\right)$$

für den Fall, wenn $\cos y$ positiv ist und

759. $$(\cos my - i \sin my)(\cos 2mn\pi + i \sin 2mn\pi)$$

$$= |\cos y|^m \left(\cos m(2(\mu+n)+1)\pi + i \sin m(2(\mu+n)+1)\pi\right)$$

$$\times\left(1 - mi \operatorname{tang} y - \frac{m(m-1)}{2} \operatorname{tang} y^2 + \frac{m(m-1)(m-2)}{2.3} i \operatorname{tang} y^3 + \ldots\right)$$

für den Fall, wenn $\cos y$ negativ ist.

IX. Man addire die beiden Gleichungen (753 und 758.) und die beiden Gleichungen (754 und 759). Da in jedem Paare von Gleichungen n und μ nur *eine und dieselben* und nur *gleich viele* verschiedene Werthe haben können, so sind

Entwickel. von cos my und sin my.

760. $\begin{cases} \cos 2mn\pi + i \sin 2mn\pi \\ \cos 2m(\mu+n)\pi + i \sin 2m(\mu+n)\pi \text{ und} \\ \cos m(2(\mu+n)+1)\pi + i \sin m(2(\mu+n+1)\pi \end{cases}$

gemeinschaftliche Factoren und man erhält, wenn man die Summe durch 2 dividirt,

761. $\cos my(\cos 2mn\pi + i \sin 2mn\pi)$

$$= |\cos y|^m \left(\cos 2m(\mu+n)\pi + i \sin 2m(\mu+n\pi)\right)$$

$$\times\left(1 - \frac{m(m-1)}{2} \tan g\, y^2 + \frac{m(m-1)(m-2)(m-3)}{2.3.4} \tan g\, y^3 - \ldots\right)$$

für den Fall, wenn $\cos y$ positiv ist und

762. $\cos my(\cos 2mn\pi + i \sin 2mn\pi)$

$$= |\cos y|^m \left(\cos m(2(\mu+n)+1)\pi + i \sin m(2(m+n)+1)\pi\right)$$

$$\times\left(1 - \frac{m(m-1)}{2} \tan g\, y^2 + \frac{m(m-1)(m-2)(m-3)}{2.3.4} \tan g\, y^4 - \ldots\right)$$

für den Fall, wenn $\cos y$ negativ ist.

X. Zieht man (758.) von (753.) und (759.) von (754.) ab und dividirt die Reste durch $2i$, so erhält man

763. $\sin my(\cos 2mn\pi + i \sin 2mn\pi)$

$$= |\cos y|^m \left(\cos 2m(\mu+n)\pi + i \sin 2m(\mu+n)\pi\right)$$

$$\times\left(m \tan g\, y - \frac{m(m-1)(m-2)}{2.3} \tan g\, y^3 + \ldots\right)$$

für den Fall, wenn $\cos y$ positiv ist und

Entwickel. von cos my und sin my.

764. $\sin my(\cos 2mn\pi + i \sin 2mn\pi)$

$$= |\cos y|^m \left(\cos m(2(\mu+n)+1)\pi + i \sin m(2(\mu+n)+1)\pi\right)$$
$$\times \left(m \tan y - \frac{m(m-1)(m-2)}{2.3} \tan y^3 + \ldots\right)$$

für den Fall, wenn *cos* y negativ ist.

XI. Nun giebt es allemal eine ganze Zahl n, für welche

$$\sin 2mn\pi = 0$$

ist. Diese Zahl ist 0, m sei was man wolle. Man kann also allemal, wenn man $n = 0$ setzt, welches angeht, weil n willkürlich ist, den imaginairen Theil der vier Gleichungen (761, 762, 763 und 764.) *linkerhand* wegschaffen.

Da aber mit $n = 0$ nicht μ nothwendig zugleich verschwindet, sondern nur irgend einen *bestimmten* von n *abhängigen* Werth haben muss, der durch μ' bezeichnet werden mag, so erhält man, wenn man $n = 0$ setzt, welches zugleich $\cos 2mn\pi = 1$ giebt, weil allemal $(\cos 2mn\pi)^2 + (\sin 2mn\pi)^2 = 1$ ist,

765. $\cos my = |\cos y|^m (\cos 2m\mu'\pi + i \sin 2m\mu\pi)$

$$\times \left(1 - \frac{m(m-1)}{2} \tan y^2 + \frac{m(m-1)(m-2)(m-3)}{2.3.4} \tan y^4 - \ldots\right)$$

Für positive *cos* y

766. $\cos my = |\cos y|^m \left[\cos m(2\mu'+1)\pi + i \sin m(2\mu'+1)\pi\right)$

$$\times \left(1 - \frac{m(m-1)}{2} \tan y^2 + \frac{m(m-1)(m-2)(m-3)}{2.3.4} \tan y^4 - \ldots\right)$$

für negative *cos* y,

767. $\sin m y = |\cos y|^m (\cos 2 m \mu' \pi + i \sin 2 m \mu' \pi)$

$$\times \left(m \tang y - \frac{m(m-1)(m-2)}{2.3} \tang y^3 + \ldots \right)$$

für positive *cos* y und

768. $\sin m y = |\cos y|^m \left(\cos m (2\mu' + 1)\pi + i \sin m (2\mu' + 1)\pi \right)$

$$\times \left(m \tang y - \frac{m(m-1)(m-2)}{2.3} \tang y^3 + \ldots \right)$$

für negative *cos* y.

XII. Diese Gleichungen enthalten nun aber sämmtlich links *ganz reelle*, rechts hingegen *zum Theil imaginaire* Grössen. Da solche Gleichungen nicht Statt finden, weil Reelles nicht Imaginairem gleich sein kann, so können die Gleichungen überhaupt nur in so fern bestehen, *als es möglich ist*, dass auch rechts der unmögliche Theil verschwindet. *Dass* dieser alsdann verschwinden müsse, folgt, wie gesagt, aus den Gleichungen selbst, weil Reelles nur Reellem gleich sein kann.

Die Gleichungen können also nur bestehen, in so fern $\sin 2 m \mu' \pi$ und $\sin m(2\mu' + 1)$ Null sein *können*, das heisst, in so fern eine ganze Zahl möglich ist, für welche, wenn man sie statt μ' setzt (denn nur eine ganze Zahl soll μ' sein) $\sin 2 m \mu' \pi$ und $\sin m (2\mu' + 1)$ Null sind.

Für $\sin 2m\mu'\pi$ ist *dieses* immer möglich, denn die ganze Zahl 0 macht, für μ' gesetzt, $\sin 2m\mu'\pi$ gleich Null, was auch m sein mag, nicht aber immer für $\sin m(2\mu'+1)$. Für $\sin m(2\mu'+1)$ giebt es, z. B. wenn m *irrational*, oder auch nur ein Bruch mit *gradem* Nenner ist, keine ganze Zahl, für welche, dieselbe statt μ' gesetzt, $m(2\mu'+1)$ eine ganze Zahl wäre, und für welche also $\sin m(2\mu'+1)$ verschwände.

XIII. Die beiden Gleichungen (765 und 767.) sind also *allgemein* für jedes beliebige m möglich, die Gleichungen (766 und 768.) aber nicht immer, z. B. nicht, wenn m irrational, transcendent etc., oder auch nur ein Bruch mit gradem Nenner ist. Man kann daher, wenigstens auf diesem Wege $\cos my$ und $\sin my$ für den Fall, wenn $\cos y$ *negativ* ist, das heisst, y im zweiten und dritten Quadranten liegt, nicht entwickeln.

Dagegen, wenn $\cos y$ positiv ist, das heisst, wenn y im ersten und vierten Quadranten liegt, geben die Ausdrücke (765 und 767.) ganz reelle Entwickelungen von $\cos my$ und $\sin my$. Dieselben sind, weil, wie gesagt, nothwendig $\sin 2m\mu'\pi$ gleich Null sein muss und folglich $\cos 2m\mu'\pi = 1$ ist,

769. $\cos my =$

$$|\cos y|^m \cdot \left(1 - \frac{m(m-1)}{2} \tan g\, y^2 + \frac{m(m-1)(m-2)(m-3)}{2.3.4} \tan g\, y^4 - \ldots\right)$$

Entwickel. von cos my und sin my.

770. $\sin my =$

$$|\cos y|^m . \left(m \operatorname{tang} y - \frac{m'm-1)(m-2)}{2.3} \operatorname{tang} y^3 + \ldots . \right)$$

welche Ausdrücke also ganz allgemein, für jedes beliebige, y im ersten und vierten Quadranten, und für jedes beliebige m gelten.

XIV. Man darf in diese Gleichungen nicht mehr $y + 2n\pi$ statt y setzen, weil dieselben rechterhand nur einen Werth haben und also, wenn man $y + 2n\pi$ statt y setzte, linkerhand mehr Werthe entstehen würden, als rechts. Der Bogen y kann also, weil zugleich $\cos$ y positiv sein soll, nie grösser als $\frac{1}{2}\pi$ und nie kleiner als $-\frac{1}{2}\pi$ sein. Für grössere und kleinere Bogen gelten die Formeln (769 und 770.) nicht.

113.

Es kommt noch darauf an, auch für Bogen y, welche in den zweiten oder dritten Quadranten fallen, und für welche sich der reelle Theil der Gleichungen des vorigen Paragraphs von dem imaginairen nicht sondern liess, die Ausdrücke von $\cos my$ und $\sin my$ zu finden.

Dieses geschieht leicht, wenn man den Anfangs-Punct der Bogen verlegt.

Man bezeichne nemlich irgend einen Bogen zwischen $\frac{1}{2}\pi$ und $\frac{3}{2}\pi$ dessen Cosinus also negativ ist, durch z, so ist unfehlbar $z - \pi$ ein Bogen, der zwischen $-\frac{1}{2}\pi$ und $+\frac{1}{2}\pi$ liegt und für welchen daher die Ausdrücke (769 und 770.) gelten.

Man setze also

771. $z - \pi = y$, so dass $z = \pi + y$,

so ist

772. $\cos mz = \cos m\pi \cos my - \sin m\pi \sin my$,

773. $\sin mz = \sin m\pi \cos my + \cos m\pi \sin my$.

Substituirt man hierin die Werthe von $\cos my$ und $\sin my$ aus (769 und 770.) so erhält man

774. $\cos mz =$

$$\cos m\pi |\cos y|^m . \left(1 - \frac{m(m-1)}{2} \tang y^2 + \frac{m \ldots (m-3)}{2.3.4} \tang y^4 - \ldots\right)$$

$$- \sin m\pi |\cos y|^m . \left(\tang y - \frac{m(m-1)(m-2)}{2.3} \tang y^3 + \ldots\right)$$

775. $\sin mz =$

$$\sin m\pi |\cos y|^m . \left(1 - \frac{m(m-1)}{2} \tang y^2 + \frac{m \ldots (m-3)}{2.3.4} \tang y^4 - \ldots\right)$$

$$+ \cos m\pi |\cos y|^m . \left(m \tang y - \frac{m(m-1)(m-2)}{2.3} \tang y^3 + \ldots\right).$$

Nun ist

$$y = z - \pi,$$

woraus folgt

$$\tang y = - \tang z$$

und weil *cos* y und *cos* z, zwar dem Zeichen nach verschieden, an absoluter Grösse aber gleich sind,

$$|\cos y|^m = |\cos z|^m.$$

Man erhält also, wenn man Dieses in (774 und 775.) substituirt, und zugleich wieder y statt z schreibt,

$$776. \quad \cos my =$$

$$\cos m\pi\,|\cos y|^m.\left(1 - \frac{m(m-1)}{2}\,\mathrm{tang}\,y^2 + \frac{m\ldots(m-3)}{2.3.4}\,\mathrm{tang}\,y^4 - \ldots\right)$$

$$+ \sin m\pi\,|\cos y|^m.\left(m\,\mathrm{tang}\,y - \frac{m(m-1)(m-2)}{2.3}\,\mathrm{tang}\,y^3 + \ldots\right)$$

$$777. \quad \sin my =$$

$$\sin m\pi\,|\cos y|^m.\left(1 - \frac{m(m-1)}{2}\,\mathrm{tang}\,y^2 + \frac{m\ldots(m-3)}{2.3.4}\,\mathrm{tang}\,y^4 - \ldots\right)$$

$$- \cos m\pi\,|\cos y|^m\left(m\,\mathrm{tang}\,y - \frac{m(m-1)(m-2)}{2.3}\,\mathrm{taug}\,y^3 + \ldots\right)$$

welches die Ausdrücke für die Cosinus und Sinus der Vielfachen von Winkeln y sind, die zwischen $\frac{1}{2}\pi$ und $\frac{3}{2}\pi$ fallen.

114.

Die Ausdrücke (769, 770, 776 und 777.) umfassen alle mögliche Fälle, denn sie geben die Cosinus und Sinus der Vielfachen jedes beliebigen Winkels, der kleiner als vier rechte ist. Es ist bloss zu beobachten, dass man, wenn Winkel vorkommen, die grösser sind als vier Rechte, so viel mal vier rechte, davon abziehe, als angeht.

Die Ausdrücke haben aber noch, wenn man sie bis an ihre Grenzen ausdehnt, den Mangel, dass sie nicht immer convergiren. Sobald nemlich *tang* y grösser als 1 ist, divergiren sie. Sie convergiren nur, so lange *tang* y kleiner als 1 ist, das heisst, so lange der Winkel y, für positive Cosinus, zwischen $-\frac{1}{4}\pi$ und $+\frac{1}{4}\pi$, und für negative Cosinus, zwischen $\frac{3}{4}\pi$ und $\frac{5}{4}\pi$ fällt, denn nur in diesem Falle nehmen die Potestäten von *tang* y immer fort ab, wie die Binomial-Coefficienten, die, wenigstens von irgend einem Gliede an, so lange *m* positiv ist, welches immer angenommen werden kann, weil $\cos(-my) = \cos(+my)$ ist, allemal abnehmen. Es lässt sich selbst zeigen, dass die Factoren von $|\cos y|^m$ in den vier Gleichungen (769, 770, 776 und 777.) nie unendlich gross sein können, so lange *tang* y < 1 ist. Denn man setze, im äussersten Falle, $\tan y = 1$, so ist $\cos y = \sqrt{\frac{1}{2}}$ und $|\cos y|^m = |\frac{1}{2}|^{\frac{1}{2}m}$, welches nie verschwindet, so lange nicht *m* unendlich gross ist. Da nun die Producte von $|\cos y|^m$ in ihre Factoren, Grössen sein sollen, die nothwendig immer kleiner als 1 siud, nemlich die Grössen $\cos my$ und $\sin my$, so folgt, dass besagte Factoren nie unendlich gross sein können.

Die

Entwickel. von cos my und sin my.

Die Convergenz der Reihen für $\cos my$ und $\sin my$ ist aber, wie gesagt, durch die Bedingung beschränkt, dass $\tan g\, y$ nicht grösser als 1 sein soll.

Daraus folgt, dass die Reihen (769 und 770.) nur dann nutzbar sind, wenn y zwischen $-\frac{1}{4}\pi$ und $\frac{1}{4}\pi$, oder, was dasselbe ist, zwischen $\frac{7}{4}\pi$ und $\frac{1}{4}\pi$ fällt und die Reihen (776 und 777.) nur dann, wenn y zwischen $\frac{3}{4}\pi$ und $\frac{5}{4}\pi$ liegt. Es bleibt also noch übrig, für Bogen, welche zwischen $\frac{1}{4}\pi$ und $\frac{3}{4}\pi$, und zwischen $\frac{5}{4}\pi$ und $\frac{7}{4}\pi$ liegen, convergirende Reihen zu finden.

Dieses kann durch das nemliche Mittel geschehen, welches in (§. 112.) angewendet wurde.

I. Wenn man z. B. einen Bogen z hat, der zwischen $\frac{1}{4}\pi$ und $\frac{3}{4}\pi$ liegt, so setze man

$$778. \quad z = y + \tfrac{1}{2}\pi.$$

Alsdann ist y nothwendig ein Bogen, der zwischen $-\frac{1}{4}\pi$ und $+\frac{1}{4}\pi$ fällt und für welchen also die Ausdrücke (769 und 770.), nicht bloss gelten, sondern auch allemal convergiren.

Es ist aber, für $z = y + \frac{1}{2}\pi$,

$$779. \quad \cos mz = \cos my \cos \tfrac{1}{2} m\pi - \sin my \sin \tfrac{1}{2} m\pi,$$
$$780. \quad \sin mz = \cos my \sin \tfrac{1}{2} m\pi + \sin my \cos \tfrac{1}{2} m\pi.$$

Setzt man hierin die Ausdrücke von $\cos my$ und $\sin my$ aus (769 und 770.) so erhält man

Entwickel. von cos my und sin my.

781. $\cos mz =$

$$\cos\tfrac{1}{2}m\pi |\cos y|^m . \left(1 - \frac{m(m-1)}{2} \tang y^2 + \frac{m....(m-3)}{2.3.4} \tang y^4 - ....\right)$$

$$- \sin\tfrac{1}{2}m\pi |\cos y|^m . \left(m \tang y - \frac{m(m-1)(m-2)}{2.3} \tang y^3 + ...\right)$$

782. $\sin mz =$

$$\sin\tfrac{1}{2}m\pi |\cos y|^m . \left(1 - \frac{m(m-1)}{2} \tang y^2 + \frac{m....(m-3)}{2.3.4} \tang y^4 - ....\right)$$

$$+ \cos\tfrac{1}{2}m\pi |\cos y|^m . \left(m \tang y - \frac{m(m-1)(m-2)}{2.3} \tang y^3 + ...\right)$$

Nun ist aus $z = y + \frac{1}{2}\pi$, $y = z - \frac{1}{2}\pi$ und folglich

783. $\cos y = \sin z$ und $\tang y = - \cot z$.

Substituirt man Dieses statt $\cos y$ und $\tang y$ in (781 und 782.) und schreibt zugleich wieder y statt z, so erhält man

784. $\cos my =$

$$\cos\tfrac{1}{2}m\pi |\sin y|^m . \left(1 - \frac{m(m-1)}{2} \cot y^2 + \frac{m....(m-3)}{2.3.4} \cot y^4 - ....\right)$$

$$- \sin\tfrac{1}{2}m\pi |\sin y|^m . \left(m \cot y - \frac{m(m-1)(m-2)}{2.3} \cot y^3 + ...\right)$$

785. $\sin my =$

$$\sin\tfrac{1}{2}m\pi |\sin y|^m . \left(1 - \frac{m(m-1)}{2} \cot y^2 + \frac{m....(m-3)}{2.3.4} \cot y^4 - ....\right)$$

$$+ \cos\tfrac{1}{2}m\pi |\sin y|^m . \left(m \cot y - \frac{m(m-1)(m-1)}{2.3} \cot y^3 + ...\right)$$

Entwickel. von cos my und sin my.

welches die Ausdrücke für *cos* my und *sin* my in den Fällen sind, wenn y zwischen $\frac{1}{4}\pi$ und $\frac{3}{4}\pi$ fällt.

II. Hat man einen Bogen z, welcher zwischen $\frac{5}{4}\pi$ und $\frac{7}{4}\pi$ liegt, so setze man

786. $z = y + \frac{3}{2}\pi$.

Alsdann ist y nothwendig ein Bogen, welcher zwischen $-\frac{1}{4}\pi$ und $+\frac{1}{4}\pi$ fällt und für welchen also wieder die Ausdrücke (769 und 770.) nicht allein gelten, sondern auch immer convergiren.

Es ist aber, für $z = y + \frac{3}{2}\pi$,

787. $\cos mz = \cos my \cos \frac{3}{2}m\pi - \sin my \sin \frac{3}{2}m\pi$

788. $\sin mz = \cos my \sin \frac{3}{2}m\pi + \sin my \cos \frac{3}{2}m\pi$.

Setzt man hierin die Ausdrücke von *cos* my und *sin* my aus (769 und 770.) so erhält man

789. $\cos mz =$

$$\cos\tfrac{3}{2}m\pi|\cos y|^m.\left(1-\frac{m(m-1)}{2}\text{tang}\, y^2+\frac{m\ldots(m-3)}{2.3.4}\text{tang}\, y^4-\ldots\right)$$

$$-\sin\tfrac{3}{2}m\pi|\cos y|^m.\left(m\,\text{tang}\, y-\frac{m(m-1)(m-2)}{2.3}\text{tang}\, y^4-\ldots\right)$$

790. $\sin mz =$

$$\sin\tfrac{3}{2}m\pi|\cos y|^m.\left(1-\frac{m(m-1)}{2}\text{tang}\, y^2+\frac{m\ldots(m-3)}{2.3.4}\text{tang}\, y^4-\ldots\right)$$

$$+\cos\tfrac{3}{2}m\pi|\cos y|^m.\left(m\,\text{tang}\, y-\frac{m(m-1)(m-2)}{2.3}\text{tang}\, y^3\ldots\right)$$

Nun ist, aus $z = y + \frac{3}{2}\pi$, $y = z - \frac{3}{2}\pi$, also

791. $\cos y = -\sin z$ und $\tang y = -\cot z$.

Substituirt man Dieses statt $\cos y$ und $\tang y$ in (789 und 790.) und schreibt zugleich wieder y statt z, so erhält man:

792. $\cos m y =$

$$\cos\tfrac{3}{2}m\pi|\sin y|^m.\left(1-\frac{m(m-1)}{2}\cot y^2+\frac{m\ldots(m-3)}{2.3.4}\cot y^4-\ldots\right)$$

$$+\sin\tfrac{3}{2}m\pi|\sin y|^m.\left(m\cot y-\frac{m(m-1)(m-2)}{2.3}\cot y^3+\ldots\right)$$

793. $\sin m y =$

$$\sin\tfrac{3}{2}m\pi|\sin y|^m.\left(1-\frac{m(m-1)}{2}\cot y^2+\frac{m\ldots(m-3)}{2.3}\cot y^4-\ldots\right)$$

$$-\cos\tfrac{3}{2}m\pi|\sin y|^m.\left(m\cot y-\frac{m(m-1)(m-2)}{2.3}\cot y^3+\ldots\right)$$

welches die Ausdrücke für $\cos m y$ und $\sin m y$ in den Fällen sind, wenn y zwischen $\frac{5}{4}\pi$ und $\frac{7}{4}\pi$ fällt.

115.

Zusammen genommen sind die Ausdrücke für die Cosinus und Sinus der Vielfachen eines gegebenen Bogens y folgende.

Entwickel. von cos my und sin my.

Erstlich, wenn y zwischen $\frac{7}{4}\pi$ und $\frac{1}{4}\pi$, oder zwischen $-\frac{1}{4}\pi$ und $+\frac{1}{4}\pi$ fällt.

794. $\cos my =$

$$|\cos y|^m . \left(1 - \frac{m(m-1)}{2} \tang y^2 + \frac{m(m-1)(m-2)(m-3)}{2.3.4} \tang y^4 - \ldots\right) \quad (769.)$$

795. $\sin my =$

$$|\cos y|^m . \left(m \tang y - \frac{m(m-1)(m-2)}{2.3} \tang y^3 + \ldots\right) \quad (770.)$$

Zweitens, wenn y zwischen $\frac{1}{4}\pi$ und $\frac{3}{4}\pi$ fällt.

796. $\cos my =$

$$\cos \tfrac{1}{2} m\pi \, |\sin y|^m . \left(1 - \frac{m(m-1)}{2} \cot y^2 + \frac{m(m-1)(m-2)(m-2)}{2.3.4} \cot y^4 - \ldots\right)$$

$$- \sin \tfrac{1}{2} m\pi \, |\sin y|^m . \left(m \cot y - \frac{m(m-1)(m-2)}{2.3} \cot y^3 + \ldots\right) \quad (784.)$$

797. $\sin my =$

$$\sin \tfrac{1}{2} m\pi \, |\sin y|^m . \left(1 - \frac{m(m-1)}{2} \cot y^2 + \frac{m(m-1)(m-2)(m-3)}{2.3.4} \cot y^4 - \ldots\right)$$

$$+ \cos \tfrac{1}{2} m\pi \, |\sin y|^m . \left(m \cot y - \frac{m(m-1)(m-2)}{2.3} \cot y^3 + \ldots\right) \quad (785.)$$

Drittens, wenn y zwischen $\frac{3}{4}\pi$ und $\frac{5}{4}\pi$ fällt.

798. $\cos my =$

$$\cos m\pi \, |\cos y|^m . \left(1 - \frac{m(m-1)}{2} \tang y^2 + \frac{m(m-1)(m-2)(m-3)}{2.3.4} \tang y^4 - \ldots\right)$$

$$+ \sin m\pi \, |\cos y|^m . \left(m \tang y - \frac{m(m-1)(m-2)}{2.3} \tang y^3 + \ldots\right) \quad (776.)$$

Entwickel. von cos my und sin my.

799. $\sin my =$

$$\sin m\pi|\cos y|^m.\left(1-\frac{m(m-1)}{2}\tan y^2+\frac{m(m-1)(m-2)(m-3)}{2.3.4}\tan y^4-\ldots\right)$$

$$-\cos m\pi|\cos y|^m.\left(m\tan y-\frac{m(m-1)(m-2)}{2.3}\tan y^3+\ldots\right) \quad (777.)$$

Viertens, wenn y zwischen $\frac{5}{4}\pi$ und $\frac{7}{4}\pi$ fällt.

800. $\cos my =$

$$\cos\tfrac{1}{2}m\pi|\sin y|^m.\left(1-\frac{m(m-1)}{2}\cot y^2+\frac{m(m-1)(m-2)(m-3)}{2.3.4}\cot y^4-\ldots\right)$$

$$+\sin\tfrac{1}{2}m\pi|\sin y|^m.\left(m\cot y-\frac{m(m-1)(m-2)}{2.3}\cot y^3+\ldots\right) \quad (792.)$$

801. $\sin my =$

$$\sin\tfrac{1}{2}m\pi|\sin y|^m.\left(1-\frac{m(m-2)}{2}\cot y^2+\frac{m\ m-1)(m-2)(m-3)}{2.3.4}\cot y^4-\ldots\right)$$

$$-\cos\tfrac{1}{2}m\pi|\sin y|^m.\left(m\cot y-\frac{m(m-1)(m-2)}{2.3}\cot y^3+\ldots\right) \quad (793.)$$

Diese Ausdrücke umfassen alle Fälle und *convergiren immer.* Kommen Winkel vor, welche grösser als 2π, oder grösser als vier Rechte sind, so muss man vier Rechte so oft davon abziehen, als es angeht. Für den Rest passen dann, von den obigen, die zugehörigen Ausdrücke immer.

116.

Wir geben, wie gesagt, die vorstehenden Bemerkungen über die Berichtigung der Entwickelungen der Winkel-Functionen nur für einen *Versuch*. Die Ausdrücke (§. 105, 106 und 107.) für beliebige Potestäten der Cosinus und Sinus, oder für $(2 \cos y)^m$ und $(2 \sin y)^m$ und in (§. 115.) für die Cosinus und Sinus beliebiger Vielfacher gegebener Winkel, oder für $\cos my$ und $\sin my$, sämmtlich für ein ganz beliebiges m, müssen aber so lange als die richtigen gelten, bis man ihnen, oder ihrer Herleitung, *mit Gründen* Mängel nachweiset.

117.

Wir wollen zum Schlusse noch kürzlich der Vervollständigung der Theorie der Potestäten erwähnen, welche die Winkel-Functionen an die Hand geben.

Dass nemlich die gewöhnlichen Ausdrücke der Potestäten, wie sie oben im ersten Abschnitte entwickelt worden, in gewissem Betrachte unvollständig sind, ist leicht zu sehen. Nach dem binomischen Lehrsatze z. B. soll, allgemein für jedes m,

802. $$(1+x)^m = 1 + mx + \frac{m(m-1)}{2}x^2 + \frac{m(m-1)(m-2)}{2.3}x^3 \ldots.$$

Hat

sein. Ist nun aber m ein Bruch, z. B. $m = \frac{1}{v}$, so hat die Grösse $(1+x)^{\frac{1}{v}}$, v verschiedene Werthe. In der Gleichung (802.) hat also der Theil linkerhand v verschiedene Werthe, hingegen der Theil rechterhand, wie man sieht, nur einen einzigen; folglich ist die Gleichung offenbar unvollständig und drückt nur einen einzigen, von den möglichen v verschiedenen Fällen aus. Dieses kann in der Analysis, wenn man fernere Rechnungen auf solche Ausdrücke gründet, von Einfluss auf das Resultat sein, und gelegentlich Zweifel gegen Resultate erregen, die, wenn sie *vollständig* wären, sich auch vollständig rechtfertigen lassen würden.

Die Theorie der Winkel-Functionen, welche recht eigentlich derjenige Theil der Analysis ist, der sich mit der Vielfachheit der Werthe einer Grösse beschäftigt, giebt das Mittel an die Hand, die Potestäten-Ausdrücke zu vervollständigen.

118.

Wir mussten, oben in (§. 101.) die vielfachen Wurzel-Werthe von den absoluten Zahlen-Werthen der Grössen unterscheiden. Dieses lässt sich auch hier anwenden.

Vielfachheit d. Werthe v. Potest. etc.

Hat man z. B. die Potestät y der Grösse u, also die Grösse u^y, so versteht man gewöhnlich, ohne ausdrücklich das Gegentheil zu sagen, eigentlich unter dem Zeichen u^y nur die oben durch $|u|^y$ bezeichnete Grösse, nicht die Grösse $(u)^y$, das heisst, nur den absoluten Zahlen-Werth von u^y, nicht die sämmtlichen verschiedenen Werthe dieser Grösse und auch die Entwickelungen geben nur den absoluten Zahlen-Werth. Ist derselbe nicht reell, so kann man überdem mit den Entwickelungen in Verlegenheit kommen und auf Resultate stossen, die unerklärlich scheinen.

Will man dagegen die *sämmtlichen* verschiedenen Werthe von u^y ausdrücken, so muss man $|u|^y.(\pm 1)^y$ statt u^y schreiben. Alsdann erst ist die Gleichung (802.) vollständig und also eigentlich folgende:

803. $$(1+x)^m = (\pm 1)^m.\left(1 + mx + \frac{m.(m-1)}{2} x^2 \ldots\right)$$

Die Gleichung $(a+b)^m = a^m + m\,a^{m-1}.b + \frac{m.(m-1)}{2} a^{m-2}.b^2 \ldots$ ist vollständig folgende:

804. $$(a+b)^m = (\pm a)^m.\left(1 + m.\frac{b}{a} + \frac{m.(m-1)}{2}.\frac{b^2}{a^2} \ldots\right)$$

oder

805. $$(a+b)^m = (\pm 1)^m.|a|^m.\left(1 + m.\frac{b}{a} + \frac{m.(m-1)}{2}.\frac{b^2}{a^2} \ldots\right)$$

Diese Gleichungen haben rechts und links gleich viel Werthe. Den Werth der Grösse $(\pm 1)^m$ findet man, wie oben, durch die Winkel-Functionen. Es ist also

$$806.\quad (a+b)^m = \left(\varphi(\pm 2mn\pi) \pm i f(\pm 2mn\pi)|a|^m\right) \cdot \left(1 + m\frac{b}{a} + \frac{m.(m-1)}{2}\frac{b^2}{a^2}\ldots\right)$$

oder

$$807.\quad (a+b)^m \left(\varphi(\pm(2n+1)m\pi) \pm i f(\pm(2n+1)m\pi)|a|^m\right) \cdot \left(1 + m\frac{b}{a} + \frac{m.(m-1)}{2}\frac{b^2}{a^2}\ldots\right)$$

je nachdem $a + b$ positiv oder negativ ist.

119.

Für die Logarithmen erhält man aus

$$808.\quad u^{iy} = \varphi y + i f y \quad (602.)$$

wenn man $y + 2n\pi$ statt y setzt,

$$809.\quad u^{i(y+2n\pi)} = \varphi(y+2n\pi) + i f(y+2n\pi);$$

und wenn man $y = 0$ setzt

$$810.\quad u^{2in\pi} = +1.$$

Auf ähnliche Weise

$$811.\quad u^{i(2n+1)\pi} = -1.$$

Vielfachheit d. Werthe v. Potest. etc.

Da nun $(u)^y = |u|^y.(\pm 1)^y$, so ist, wenn man nach (810 und 811.) $(\pm 1)^y = (u^{2ni\pi})^y$ und $(-1)^y = (u^{(2n+1)i\pi})^y$ setzt,

$$812.\quad (u)^y = |u|^y.(u^{+2ni\pi})^y = |u|^y.|u^{+2ni\pi}|^y.(+1)^y$$
$$= |u^{1+2ni\pi}|^y(+1)^y$$
$$= (u^{1+2ni\pi})^y;$$

desgleichen eben so

$$813.\quad (-u)^y = (-u^{1+(2n+1)i\pi})^y.$$

Es ist also eigentlich; wenn

$$814.\quad (u)^y = z$$

gesetzt wird,

815. ${}^u z = y\,(1+2ni\pi)$ wenn u positiv und

816. ${}^{-u} z = y\Big(1+(2\,(n+1)i\pi\Big)$ wenn u negativ

ist; also, nach der Gleichung (202.)

$$817.\quad z^u = \left(\frac{z-1-\frac{1}{2}(z-1)^2+\frac{1}{3}(z-1)^3\ldots}{u-1-\frac{1}{2}(u-1)^2+\frac{1}{3}(u-1)^3\ldots}\right)(1+2ni\pi)$$

wenn u positiv, und

$$818.\quad z^{-u} = \left(\frac{z-1-\frac{1}{2}(z-1)^2+\frac{1}{3}(z-1)^3\ldots}{u-1-\frac{1}{2}(u-1)^2+\frac{1}{3}(u-1)^3\ldots}\right)(1+(2n+1)i\pi)$$

wenn u negativ ist.

Die Grösse π ist gleich $\frac{\pi}{{}^e u}$. (§. 96. IV.)

Diese Vervollständigungen der Ausdrücke sind nothwendig, wenn man analytische Rechnungen so genau ausdrücken will, als es angeht.

Wir wollen die weitere Ausführung einer anderen Gelegenheit vorbehalten.

Einige bemerkte, wesentliche Druckfehler.

Seite 7. *Zeile* 7. *von oben steht* Definition der *statt* Definitionen in der.

— 14. — 12. *v. o. steht* $[\int(u,y),k]$ *statt* $\int[(u,y),k]$.

— 15. — 6. *v. unten steht* wie y *statt* wie z.

— 36. — 3. *v. u. fehlt das Wort* „man" *hinter dass und in der folgenden Zeile fällt das Comma hinter dem Worte* „Grösse" *weg.*

— 40. — 4. *v. u. steht* δx^0 *statt* δx^3 *und in der letzten Zeile* $y x^2$ *statt* $y x$.

— 53. — 9. *v. u. steht* z *statt* 1.

— 54. — 12. *v. u. steht* „Um indessen, weil es hier" *statt* „Weil es indessen hier".

— 55. *soll das Gleichungs-Zeichen* = *am Ende der 13ten Zeile von oben, am Ende der 16ten Zeile stehen.*

— 59. *Zeile* 5. *v. u. steht* $B(y+k+$ *statt* $B(y+k)+$.

— 74. — 5. *v. u. steht* Logarithme *statt* Logarithmen.

— 84. — 11. *v. u. steht* $+xX_1, +$ *statt* $+kX_1+$.

— 87. — 8. *v. u. steht* da x *statt* aus x.

— 98. — 10. *v. o. steht* nemlich k *statt* nemlich von k.

— 101. — 5. *v. u. steht* §. 19. *statt* §. 18.

— 112. — 7. *v. u. steht* 101. *statt* 161.

— 139. — 8. *v. o. steht* $\int x \frac{d}{x} x$ *statt* $\int x \frac{d}{x} \int x$.

— 147. — 5. *v. o. steht* könne *statt* könnte.

— 162. — 7. *v. o. steht* $u^{n|x}$ *statt* $u^{y|x}$.

— 162. — 6. *v. u. steht* Function *statt* Facultät.

— 167. — 7 *und* 6 *v. u. steht* der Grund-Gleichung *statt* den Grund-Gleichungen.

— 170. — 6. *v. u. steht* $\left(1+\frac{x}{u}\right)^y$ *statt* $\left(1,+\frac{x}{u}\right)^y$.

— 170. — 4. *v. u. steht* $\left(u,+\frac{x}{u}\right)^{y+k}$ *statt* $\left(1,+\frac{x}{u}\right)^{y+k}$

Seite 175. *Zeile* 7. *v. u. steht* $(u+k,+x)^{y+k}$ *statt* $(u+k,+x)^{y+1}$

— 190. — 6. *v. o. steht* $(1,+k)^{y-1} = (1,+)x^1$ *statt* $(1,+x)^{y+1} = (1,+x)^1$.

— 190. — 14. *v. o. steht* $(1,+)x^{y+1}$ *statt* $(1,+x)^{y+1}$.

— 198. — 13. *v. o. fällt das Wort* „sollen" *weg.*

— 200. — 4. *v. o. steht* $3\int(x+3\varepsilon)$ *statt* $3\int(x+2e)$.

— 204. — 12. *v. o. steht* (344.) auch nur *statt* (344.) nur.

— 205. — 7. *v. o. steht* welche *statt* welchen.

— 224. — 5. *v. u. fehlt* $(u,+1)^y$ *hinter* $(u+k,+1)^y =$

— 224. — 2. *v. u. soll es heissen* „weil sich jede Facultät".

— 229. — 8. *v. o. steht* Facultät *statt* Facultäten.

— 249. — 14. *v. u. steht* $(u^y)k$ *statt* $(u^y)^k$

— 249. — 2. *v. u. steht* $u+((n-1).m+2)x$ *statt* $u+((n-1).m+(m-2)x)$.

— 252. *in der untersten Zeile steht* $(u,+k,+x)^y$ *statt* $(u+k,+x)^y$.

— 256. *Zeile* 7. *v. o. steht* $(u,+1)^y$ *statt* $(1,+1)^y$

— 276. — 10. *v. u. steht* Bedingnngen *statt* Satze.

— 291. — 2. *v. u. fällt das Comma hinter dem Worte* „Lehrsatzes" *weg.*

— 292. — 7. *v. o. steht* $\int x$ *statt* $\int k$.

— 323. — 8. *v. u. fehlt am Ende der Zeile die Klammer*).

— 324. — 6 *und* 7. *v. o. steht* identisch, nemlich derselben Grösse $(2\cos y)^m$ gleich sind und *statt* identisch sind, nemlich dieselbe Grösse $(2\cos y)^m$ haben und

— 332. *in der untersten Zeile steht* aiso nur immer *statt* also immer.

— 337. *Zeile* 6 *v. o. steht* Potestäten *statt* Potestät.

FSC
www.fsc.org
MIX
Papier | Fördert gute Waldnutzung
FSC® C083411

Kolibri 360 GmbH
Ferdinand-Jühlke-Straße 7
99095 Erfurt, Deutschland
produktsicherheit@kolibri360.de